2025

맞춤형화장품 조제관리사

핵심요약+적중문제

타임 맞춤형화장품 연구소

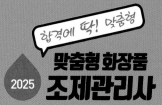

합격에 딱! 맞춤형

2025 **맞춤형 화장품**
조제관리사 핵심요약+적중문제

인쇄일 2025년 3월 1일 4판 2쇄 인쇄   **발행처** 시스컴 출판사
발행일 2025년 3월 5일 4판 2쇄 발행   **발행인** 송인식
등 록 제17-269호   **지은이** 타임 맞춤형화장품 연구소
판 권 시스컴2025

ISBN 979-11-6941-534-7 13570
정 가 20,000원

주소 서울시 금천구 가산디지털1로 225, 514호(가산포휴) | **홈페이지** www.nadoogong.com
E-mail siscombooks@naver.com | **전화** 02)866-9311 | **Fax** 02)866-9312

식품의약품안전처는 "맞춤형화장품 도입으로 새로운 일자리를 창출하는 등 국내 화장품 산업이 혁신 성장할 것으로 기대 한다"며 "또한 영·유아, 어린이 화장품 안전관리가 강화돼 소비자가 안심하고 화장품을 사용할 수 있는 환경 조성에도 기여할 수 있을 것"이라고 밝혔습니다.

우리나라의 뷰티산업은 향후 전망이 밝고, 이러한 시대 상황과 부합하여 '맞춤형화장품조제관리사'인 전문가 양성과 활용은 그 어느 때보다도 필요하고 중요하다고 생각합니다.

본서는 초창기 출제경향이나 출제범위 등에서 면밀히 검토하여 최대한 알차게 포함시키고자 심혈을 기울였으며, 특징은 아래와 같습니다.

– 무엇보다도 출제범위에 대한 내용을 충실하게 담았습니다.
– 여러 자료를 가지고 산만하게 산재한 내용들을 일목요연하게 정리하였습니다.
– 최신 자료를 참조하고 수험생 여러분들에 도움이 될 수 있도록 하였습니다.
– 각종 법규 및 참고문헌의 확인을 통해 정확한 정보의 전달이 되도록 하였습니다.

아무쪼록 수험생 여러분의 건승을 기원드리며, 수험준비의 반려자가 되었으면 합니다.

맞춤형화장품 조제관리사 시험 안내

● **시험소개**

맞춤형화장품 조제관리사 자격시험은 화장품법 제3조의4에 따라 맞춤형화장품의 혼합·소분 업무에 종사하고자 하는 자를 양성하기 위해 실시하는 시험입니다.

● **시험정보**

- **자격명** : 맞춤형화장품 조제관리사
- **관련 부처** : 식품의약품안전처
- **시행 기관** : 대한상공회의소
- **응시 자격** : 응시 자격과 인원에 제한이 없음
- **합격자 기준** : 전 과목 총점(1,000점)의 60%(600점) 이상을 득점하고, 각 과목 만점의 40% 이상을 득점한 자
- **응시 수수료** : 100,000원
- **원서 제출 기간** : 24시간 제출 가능합니다.(단, 원서 제출 시작일은 10:00부터, 원서 제출 마감일은 17:00까지 제출 가능)
- **온라인 원서 접수만 가능** : 최근 6개월 이내에 촬영한 탈모 상반신 사진을 그림 파일로 첨부 제출 (사진은 JPG, PNG 파일이어야 하며, 크기는 150픽셀 X 200픽셀 이상, 300dpi 권장, 500KB 이하여야 업로드 가능합니다. 원서 제출 기간 내에 사진 변경이 가능합니다.)
- **시험 장소** : 원서 접수 시 수험자 직접 선택

● 시험 영역

시험 영역		주요 내용	세부 내용
1	화장품법의 이해	화장품법	화장품의 정의 및 유형 화장품의 유형과 종류 및 특성 화장품법에 따른 영업의 종류 화장품의 품질 요소 화장품의 사후관리 기준
		개인정보 보호법	고객 관리 프로그램 운용 개인정보보호법에 근거한 고객정보 입력 개인정보보호법에 근거한 고객정보 관리 및 상담
2	화장품 제조 및 품질관리	화장품 원료의 종류와 특성 및 제품의 제조관리	화장품 원료의 종류 화장품에 사용된 성분의 특성 원료 및 제품의 성분 정보 화장품 제조의 원리 화장품의 제조공정 및 특성
		화장품의 기능과 품질	화장품의 유형 및 특성 제조 및 품질관리 문서구비
		화장품 사용제한 원료	화장품의 사용제한 원료 및 제한사항 착향제(향료) 성분 중 알레르기 유발 물질
		화장품 관리	화장품의 취급방법 및 보관방법 화장품의 사용방법 화장품 사용할 때의 주의사항
		위해사례 판단 및 보고	위해여부 판단 및 보고

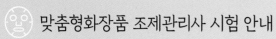
3	유통 화장품의 안전관리	작업장 위생관리	작업장의 위생 기준 작업장의 위생 상태 작업장의 위생 유지관리 활동 작업장 위생 유지를 위한 세제의 종류와 사용법 작업장 소독을 위한 소독제의 종류와 사용법
		작업자 위생관리	작업장 내 직원의 위생 기준 설정 작업장 내 직원의 위생 상태 판정 혼합 · 소분 시 위생관리 규정 작업자 위생 유지를 위한 세제의 종류와 사용법 작업자 소독을 위한 소독제의 종류와 사용법 작업자 위생 관리를 위한 복장 청결상태 판단
		설비 및 기구 관리	설비 및 기구의 위생 기준 설정 설비 및 기구의 위생 상태 판정 오염물질 제거 및 소독 방법 설비 및 기구의 구성 재질 구분 설비 및 기구의 유지관리 및 폐기 기준
		원료 및 내용물의 관리	원료 및 내용물의 입고 기준 유통화장품의 안전관리 기준 입고된 원료 및 내용물 관리기준 보관중인 원료 및 내용물 출고기준 원료 및 내용물의 폐기 기준 원료 및 내용물의 개봉 후 사용기간 또는 사용기한 확인 · 판정 원료 및 내용물의 변질 상태 확인 원료 및 내용물의 폐기 절차
		포장재의 관리	포장재의 입고 기준 입고된 포장재 관리기준 보관중인 포장재 출고기준 포장재의 폐기 기준 포장재의 변질 상태 확인 포장재의 폐기 절차

4	맞춤형 화장품의 이해	맞춤형화장품 개요	맞춤형화장품 정의 맞춤형화장품 주요 규정 맞춤형화장품의 안전성 맞춤형화장품의 유효성 맞춤형화장품의 안정성
		피부 및 모발 생리구조	피부의 생리 구조 모발의 생리 구조 피부 모발 상태 분석
		관능평가 방법과 절차	관능평가 방법과 절차
		제품 상담	맞춤형화장품의 효과 맞춤형화장품의 부작용의 종류와 현상 원료 및 내용물의 사용제한 사항
		제품 안내	맞춤형화장품의 사용법
		혼합 및 소분	원료 및 제형의 물리적 특성 배합 금지 및 사용 제한 원료에 관한 사항 판매가능한 맞춤형화장품 구성 안전기준 및 위생관리 맞춤형화장품판매업 준수사항에 맞는 혼합 · 소분 활동
		충진 및 포장	제품에 맞는 충진 방법 및 포장 방법

맞춤형화장품 조제관리사 시험 안내

● 시험방법 및 문항유형

과목명	문항유형	과목별 총점	시험방법
화장품법의 이해	선다형 7문항 단답형 3문항	100점	필기시험
화장품 제조 및 품질관리	선다형 20문항 단답형 5문항	250점	
유통화장품의 안전관리	선다형 25문항	250점	
맞춤형화장품의 이해	선다형 28문항 단답형 12문항	400점	

※ 문항별 배점은 난이도별로 상이하며, 시험 당일 문제에 표기하여 공개됩니다.

● 시험 시간

과목명	입실시간	시험시간
1. 화장품법의 이해 2. 화장품 제조 및 품질관리 3. 유통화장품의 안전관리 4. 맞춤형화장품의 이해	09:00까지	09:15〜11:15 (120분)

● 수험자 유의사항

- 수험 원서, 제출 서류 등의 허위 작성, 위조, 기재 오기, 누락 및 연락 불능의 경우에 발생하는 불이익은 전적으로 수험자 책임입니다.

- 수험자는 시험 시행 전까지 시험장 위치 및 교통편을 확인하여야 하며(단, 시험실 출입은 할 수 없음), 시험 당일 입실 시간까지 신분증, 수험표, 필기구를 지참하고 해당 시험실의 지정된 좌석에 착석하여야 합니다.

  - 입실시간(9 : 00) 이후 입실이 불가합니다.
  - 신분증 인정 범위 : 주민등록증, 운전면허증, 공무원증, 유효 기간 내 여권, 복지카드(장애인등록증), 국가유공자증, 외국인등록증, 재외동포 국내거소증, 신분확인증빙서, 주민등록발급신청서, 국가자격증
  - 신분증 미지참시 시험응시가 불가합니다.

- 시험 도중 포기하거나 답안지를 제출하지 않은 수험자는 시험 무효 처리됩니다.

- 지정된 시험실 좌석 이외의 좌석에서는 응시할 수 없습니다.

- 개인용 손목시계를 준비하여 시험 시간을 관리하기 바라며, 휴대전화를 비롯하여 데이터를 저장할 수 있는 전자기기는 시계 대용으로 사용할 수 없습니다.

  - 교실에 있는 시계와 감독위원의 시간 안내는 단순 참고 사항이며 시간 관리의 책임은 수험자에게 있습니다.
  - 손목시계는 시각만 확인할 수 있는 단순한 것을 사용하여야 하며, 손목시계용 휴대전화를 비롯하여 부정행위에 활용될 수 있는 시계는 모두 사용을 금합니다.

- 시험 시간 중에는 화장실에 갈 수 없고 종료 시까지 퇴실할 수 없으므로 과다한 수분 섭취를 자제하는 등 건강 관리에 유의하시기 바랍니다.

    - '시험 포기 각서' 제출 후 퇴실한 수험자는 재입실·응시 불가하며 시험은 무효 처리합니다.
    - 단, 설사·배탈 등 긴급사항 발생으로 시험 도중 퇴실 시 재입실이 불가하고, 시험 시간 종료 전까지 시험 본부에서 대기해야 합니다.

- 수험자는 감독위원의 지시에 따라야 하며, 부정한 행위를 한 수험자에게는 해당 시험을 무효로 하고, 그 처분일로부터 3년간 시험에 응시할 수 없습니다.

- 시험 시간 중에는 통신기기 및 전자기기를 일체 휴대할 수 없으며, 시험 도중 관련 장비를 가지고 있다가 적발될 경우 실제 관련 장비의 사용 여부와 관계없이 부정행위자로 처리될 수 있습니다.

    - 통신기기 및 전자기기 : 휴대용 전화기, 휴대용 개인정보단말기(PDA), 휴대용 멀티미디어 재생장치(PMP), 휴대용 컴퓨터, 휴대용 카세트, 디지털 카메라, 음성 파일 변환기(MP3), 휴대용 게임기, 전자사전, 카메라펜, 시각 표시 외의 기능이 있는 시계, 스마트워치 등
    - 휴대전화는 배터리와 본체를 분리하여야 하며, 분리되지 않는 기종은 전원을 꺼서 시험위원의 지시에 따라 보관하여야 합니다.(비행기 탑승 모드 설정은 허용하지 않음.)

- 시험 문제 및 답안은 비공개이며, 이에 따라 시험 당일 문제지 반출이 불가합니다.

- 본인이 작성한 답안지를 열람하고 싶은 응시자는 합격일 이후 별도 공지사항을 참고하시기 바랍니다.

- 답안 정정 시에는 반드시 정정 부분을 두 줄(=)로 긋고 다시 기재하여야 하며, 수정테이프(액) 등을 사용했을 경우 채점상의 불이익을 받을 수 있으므로 사용하지 마시기 바랍니다.

- 시험 종료 후 감독위원의 답안카드(답안지) 제출 지시에 불응한 채 계속 답안카드(답안지)를 작성하는 경우 해당 시험은 무효 처리되고 부정행위자로 처리될 수 있습니다.

- 시험 당일 시험장 내에는 주차 공간이 없거나 협소하므로 대중교통을 이용하여 주시고, 교통 혼잡이 예상되므로 미리 입실할 수 있도록 하시기 바랍니다.

- 시험장은 전체가 금연 구역이므로 흡연을 금지하며, 쓰레기를 함부로 버리거나 시설물이 훼손되지 않도록 주의하시기 바랍니다.

- 기타 시험 일정, 운영 등에 관한 사항은 맞춤형화장품 조제관리사 자격시험 홈페이지의 시행 공고를 확인하시기 바라며, 미확인으로 인한 불이익은 수험자의 책임입니다.

※ 본서에 수록된 시험 관련 내용은 추후 변경 가능성이 있으므로 반드시 응시기간에 시행 기관의 홈페이지를 참고하시기 바랍니다.

구성과 특징

핵심요약

해당 시험을 준비하기 위한 핵심 내용들을 일목요연하게 정리하였고 영역별로 반드시 공부해야 할 이론들만을 꼼꼼히 담았습니다.

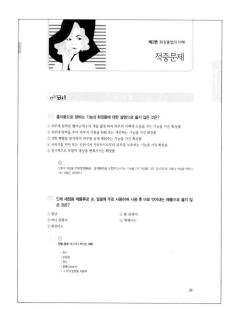

선다형

각 편에서 공부한 핵심요약을 보다 깊이 이해할 수 있도록 핵심내용과 관련된 다양한 선다형 문제들을 다룬 적중문제를 편별로 수록하였습니다.

단답형

각 편에서 공부한 핵심요약을 보다 깊이 이해할 수 있도록 핵심내용과 관련된 다양한 단답형 문제들을 다룬 적중문제를 수록하였습니다.

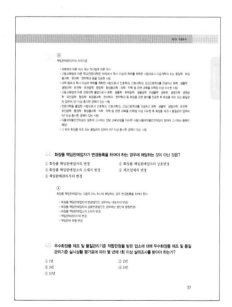

정답풀이

시험 내용과 관련된 내용이나 보충사항을 신속하게 알려드리고 정답에 대한 명쾌한 이해를 돕기 위해 모든 문제의 아래마다 정답풀이를 추가하여 효율적인 공부를 할 수 있도록 만들었습니다.

CONTENTS

제3편 유통화장품의 안전관리

제4편 맞춤형 화장품의 이해

학습
계획표

자신이 계획한 학습량을 작성 후 실천 정도에 따라 CHECK란에 표시합니다.
효율적인 자기 주도 학습이 가능한 STUDY PLANNER를 활용해 보세요!

DATE	PART	CHAPTER	PAGE	CHECK
( )월 ( )일				☐
( )월 ( )일				☐
( )월 ( )일				☐
( )월 ( )일				☐
( )월 ( )일				☐
( )월 ( )일				☐
( )월 ( )일				☐
( )월 ( )일				☐
( )월 ( )일				☐
( )월 ( )일				☐
( )월 ( )일				☐
( )월 ( )일				☐
( )월 ( )일				☐
( )월 ( )일				☐
( )월 ( )일				☐
( )월 ( )일				☐
( )월 ( )일				☐
( )월 ( )일				☐
( )월 ( )일				☐
( )월 ( )일				☐

1편

화장품법의 이해

제1편 화장품법의 이해

핵심요약

✳ 화장품법 용어해설

화장품의 정의	인체를 청결·미화하여 매력을 더하고 용모를 밝게 변화시키거나 피부·모발의 건강을 유지 또는 증진하기 위하여 인체에 바르고 문지르거나 뿌리는 등 이와 유사한 방법으로 사용되는 물품으로서 인체에 대한 작용이 경미한 것을 말한다. 다만, 「약사법」 제2조제4호의 의약품에 해당하는 물품은 제외한다.

화장품의 구분	(1) 기능성화장품 : 다음 각 목의 어느 하나에 해당되는 것으로서 총리령으로 정하는 화장품을 말한다.
	  ① 피부의 미백에 도움을 주는 제품
	  ② 피부의 주름개선에 도움을 주는 제품
	  ③ 피부를 곱게 태워주거나 자외선으로부터 피부를 보호하는 데 도움을 주는 제품
	  ④ 모발의 색상 변화·제거 또는 영양공급에 도움을 주는 제품
	  ⑤ 피부나 모발의 기능 약화로 인한 건조함, 갈라짐, 빠짐, 각질화 등을 방지하거나 개선하는 데 도움을 주는 제품
	  ⑥ 여드름성 피부를 완화하는 데 도움을 주는 제품
	  ⑦ 튼살로 인한 붉은 선을 엷게 하는 데 도움을 주는 제품
	(2) 천연화장품 : 동식물 및 그 유래 원료 등을 함유한 화장품으로서 식품의약품안전처장이 정하는 기준에 맞는 화장품을 말한다. 즉 중량기준으로 천연함량이 95% 이상으로 구성되어야 한다.
	(3) 유기농화장품 : 유기농 원료, 동식물 및 그 유래 원료 등을 함유한 화장품으로서 식품의약품안전처장이 정하는 기준에 맞는 화장품을 말한다. 즉 유기농 함량이 전체 제품에서 10% 이상이어야 하며, 유기농 함량을 포함한 천연함량이 전체 제품에서 95% 이상으로 구성되어야 한다.
	(4) 맞춤형화장품 : 다음 각 목의 화장품을 말한다.
	  ① 제조 또는 수입된 화장품의 내용물에 다른 화장품의 내용물이나 식품의약품안전처장이 정하는 원료를 추가하여 혼합한 화장품
	  ② 제조 또는 수입된 화장품의 내용물을 소분(小分)한 화장품

✻ 기타 용어

(1) **안전용기 · 포장** : 만 5세 미만의 어린이가 개봉하기 어렵게 설계 · 고안된 용기나 포장을 말한다.
(2) **사용기한** : 화장품이 제조된 날부터 적절한 보관 상태에서 제품이 고유의 특성을 간직한 채 소비자가 안정적으로 사용할 수 있는 최소한의 기한을 말한다.
(3) **1차 포장** : 화장품 제조 시 내용물과 직접 접촉하는 포장용기를 말한다.
(4) **2차 포장** : 1차 포장을 수용하는 1개 또는 그 이상의 포장과 보호재 및 표시의 목적으로 한 포장(첨부문서 등을 포함한다)을 말한다.
(5) **표시** : 화장품의 용기 · 포장에 기재하는 문자 · 숫자 · 도형 또는 그림 등을 말한다.
(6) **광고** : 라디오 · 텔레비전 · 신문 · 잡지 · 음성 · 음향 · 영상 · 인터넷 · 인쇄물 · 간판, 그 밖의 방법에 의하여 화장품에 대한 정보를 나타내거나 알리는 행위를 말한다.
(7) **화장품 제조업** : 화장품의 전부 또는 일부를 제조(2차 포장 또는 표시만의 공정은 제외한다)하는 영업을 말한다.
(8) **화장품 책임판매업** : 취급하는 화장품의 품질 및 안전 등을 관리하면서 이를 유통 · 판매하거나 수입대행형 거래를 목적으로 알선 · 수여(授與)하는 영업을 말한다.
(9) **맞춤형화장품 판매업** : 맞춤형화장품을 판매하는 영업을 말한다.

✻ 화장품의 유형

제품류	내용	종류
영 · 유아용 제품류	만3세 이하의 어린이가 사용하는 샴푸, 린스, 로션, 크림, 오일, 인체세정제 제품, 목욕 제품	(1) 영 · 유아용 샴푸, 린스 (2) 영 · 유아용 로션, 크림 (3) 영 · 유아용 오일 (4) 영 · 유아용 인체세정제 제품 (5) 영 · 유아용 목욕 제품
목욕용 제품류	샤워, 목욕 시 전신에 사용 후 바로 씻어내는 제품	(1) 목욕용 오일 · 정제 · 캡슐 (2) 목욕용 소금류 (3) 버블 베스(bubble baths)
인체세정용 제품류	손, 얼굴에 주로 사용 후 바로 씻어내는 제품	(1) 폼 클렌저(foam cleanser) (2) 바디 클렌저(body cleanser) (3) 액체비누(liquid soaps) 및 화장비누(고체형태의 세안용 비누) (4) 외음부 세정제 (5) 물휴지. 다만, 식품접객업의 영업소에서 손을 닦는 용도 등으로 사용할 수 있도록 포장된 물티슈와 시체를 닦는 용도로 사용되는 물휴지는 제외한다.

눈 화장용 제품류	눈 주위에 매력을 더하기 위해 사용하는 메이크업 제품	(1) 아이브로 펜슬(eyebrow pencil) (2) 아이 라이너(eye liner) (3) 아이 섀도(eye shadow) (4) 마스카라(mascara) (5) 아이 메이크업 리무버(eye make-up remover)
방향용 제품류	향을 몸에 지니거나 뿌리는 제품	(1) 향수 (2) 분말향 (3) 향낭 (4) 콜롱(cologne)
두발 염색용 제품류	모발의 색을 변화시키거나(염모) 탈색시키는(탈염)제품	(1) 헤어 틴트(hair tints) (2) 헤어 컬러스프레이(hair color sprays) (3) 염모제 (4) 탈염ㆍ탈색용 제품
색조 화장용 제품류	얼굴과 신체에 매력을 더하기 위해 사용하는 메이크업 제품	(1) 볼연지 (2) 페이스 파우더(face powder), 페이스 케이크(face cakes) (3) 리퀴드(liquid), 크림, 케이크 파운데이션(foundation) (4) 메이크업 베이스(make-up bases) (5) 메이크업 픽서티브(make-up fixatives) (6) 립스틱, 립라이너(lip liner) (7) 립글로스(lip gloss), 립밤(lip balm) (8) 바디 페인팅(body painting), 페이스 페인팅(face painting), 분장용 제품
두발용 제품류	모발세정, 컨디셔닝, 정발, 웨이브형성, 스트레이팅, 증모효과에 사용하는 제품	(1) 헤어 컨디셔너(hair conditioners) (2) 헤어 토닉(hair tonics) (3) 헤어 그루밍 에이드(hair grooming aids) (4) 헤어 크림ㆍ로션 (5) 헤어 오일 (6) 헤어 스프레이ㆍ무스ㆍ왁스ㆍ젤 (7) 샴푸ㆍ린스 (8) 퍼머넌트 웨이브(permanent wave) (9) 헤어 스트레이트너(hair straightner) (10) 흑채
손발톱용 제품류	손톱과 발톱의 관리 및 메이크업에 사용하는 제품	(1) 베이스코트(base coats), 언더코트(under coats) (2) 네일폴리시(nail polish), 네일에나멜(nail enamel) (3) 탑코트(top coats) (4) 네일크림ㆍ로션, 에센스 (5) 네일폴리시ㆍ네일에나멜 리무버

면도용 제품류	면도할 때와 면도 후에 피부 보호 및 피부 진정 등에 사용하는 제품	(1) 애프터셰이브 로션(aftershave lotions) (2) 남성용 탤컴(talcum) (3) 프리셰이브 로션(presshave lotions) (4) 셰이빙 크림(shaveing cream) (5) 셰이빙 폼(shaveing foam)
기초화장품 제품류	피부의 보습, 수렴, 유연(에몰리언트), 영양공급, 세정 등에 사용하는 스킨케어 제품	(1) 수렴 · 유연 · 영양 화장수(face lotions) (2) 마사지 크림 (3) 에센스, 오일 (4) 파우더 (5) 바디제품 (6) 팩, 마스크 (7) 눈 주위 제품 (8) 로션, 크림 (9) 손, 발의 피부연화 제품 (10) 클렌징 워터, 클렌징 오일, 클렌징 로션, 클렌징 크림 등 메이크업 리무버
채취방지용 제품류	몸에서 나는 냄새를 제거하거나 줄여주는 제품	데오도런트
체모제거용 제품류	몸에 난 털을 제거하는 제모에 사용되는 제품	(1) 제모제 (2) 제모왁스 (3) 왁스스트립

✳ 화장품 영업의 종류

화장품 제조업	(1) 화장품을 직접 제조하는 영업 (2) 화장품 제조를 위탁받아 제조하는 영업 (3) 화장품의 포장(1차 포장만 해당한다)을 하는 영업
화장품 책임판매업	(1) 화장품 제조업자(법 제3조제1항에 따라 화장품 제조업을 등록한 자를 말한다. 이하 같다)가 화장품을 직접 제조하여 유통 · 판매하는 영업 (2) 화장품 제조업자에게 위탁하여 제조된 화장품을 유통 · 판매하는 영업 (3) 수입된 화장품을 유통 · 판매하는 영업 (4) 수입대행형 거래(「전자상거래 등에서의 소비자보호에 관한 법률」 제2조제1호에 따른 전자상거래만 해당한다)를 목적으로 화장품을 알선 · 수여(授與)하는 영업
맞춤형화장품 판매업	맞춤형화장품을 판매하는 영업

✳ 영업유형별 결격사유

화장품 제조업 등록을 할 수 없는 자	(1) 정신질환자. 다만, 전문의가 화장품 제조업자로서 적합하다고 인정하는 사람은 제외 (2) 피성년후견인 또는 파산선고를 받고 복권되지 아니한 자 (3) 마약류의 중독자 (4) 화장품법 또는 보건범죄 단속에 관한 특별법을 위반하여 금고 이상의 형을 선고받고 그 집행이 끝나지 아니하거나 그 집행을 받지 아니하기로 확정되지 아니한 자 (5) 등록이 취소되거나 영업소가 폐쇄된 날부터 1년이 지나지 아니한 자
화장품 책임판매업 등록 혹은 맞춤형화장품 판매업 신고를 할 수 없는 자	(1) 피성년후견인 또는 파산선고를 받고 복권되지 아니한 자 (2) 화장품법 또는 보건범죄 단속에 관한 특별법을 위반하여 금고 이상의 형을 선고받고 그 집행이 끝나지 아니하거나 그 집행을 받지 아니하기로 확정되지 아니한 자 (3) 등록이 취소되거나 영업소가 폐쇄된 날부터 1년이 지나지 아니한 자

✳ 화장품 영업별 시설기준

화장품 제조업을 등록하려는 자가 갖추어야 하는 시설기준	(1) 원칙 　① 쥐, 해충 및 먼지 등을 막을 수 있는 시설을 갖춘 작업소 　② 작업대 등 제조에 필요한 시설 및 기구를 갖춘 작업소 　③ 가루가 날리는 작업실은 가루를 제거하는 시설을 갖춘 작업소 　④ 원료 · 자재 및 제품을 보관하는 보관소 　⑤ 원료 · 자재 및 제품의 품질검사를 위하여 필요한 시험실 　⑥ 품질검사에 필요한 시설 및 기구 (2) 예외 : 다음의 경우에는 시설의 일부를 갖추지 아니할 수 있다. 　① 화장품 제조업자가 화장품의 일부 공정만을 제조하는 경우에는 해당 공정에 필요한 시설 및 기구 외의 시설 및 기구 　② 원료 · 자재 및 제품에 대한 품질검사를 위탁하는 경우에는 원료 · 자재 및 제품의 품질검사를 위하여 필요한 시험실 및 품질검사에 필요한 시설 및 기구 　③ 품질검사 위탁기관 : 보건환경연구원, 시험실을 갖춘 제조업자, 화장품 시험 · 검사기관, (사) 한국의약품수출입협회
맞춤형화장품 판매업자에게 권장되는 시설기준	(1) 판매장소와 구분 · 구획된 조제실 (2) 원료 및 내용물 보관 장소 (3) 적절한 환기시설 (4) 작업자의 손 및 조제설비 · 기구 세척시설 (5) 맞춤형화장품 간 혼입이나 미생물 오염을 방지할 수 있는 시설 또는 설비

✳ 화장품 관리를 위한 감시기능

감시의 종류	식품의약품안전처에서 화장품 영업자를 대상으로 실시하는 감시는 정기감시, 수시감시, 기획감시, 품질감시가 있다.
상세내용	(1) 정기감시 　① 화장품 제조업자, 화장품 책임판매업자에 대한 정기적인 지도·점검 　② 각 지방청별 자체계획에 따라 수행 　③ 조직, 시설, 제조품질관리, 표시기재 등 화장품 법령 전반 감시 　④ 연1회 실시 (2) 수시감시 　① 고발, 진정, 제보 등으로 제기된 위법사항에 대한 점검 　② 불시점검 원칙, 문제제기 사항 중점관리 　③ 준수사항, 품질, 표시광고, 안전기준 등 모든 영역 / 정보수집, 민원, 사회적 현안 등에 따라 　　　즉시 점검이 필요하다고 판단되는 사항 감시 (3) 기획감시 　① 사전예방적 안전관리를 위한 선제적 대응감시 　② 감시주제에 따른 제조업자, 제조판매업자, 판매자 점검 　③ 위해우려 또는 취약분야, 시의성·예방적 감시분야, 중앙과 지방의 상호협력 필요분야 감시 　④ 연중 실시 (4) 품질검사 　① 시중 유통품을 계획에 따라 지속적인 수거검사 　② 특별한 이슈나 문제제기가 있을 경우에 시행 　③ 수거품에 대한 유통화장품 안전관리 기준에 적합 여부 확인

✳ 화장품 제조업자의 준수사항

(1) 화장품 책임판매업자의 지도·감독 및 요청에 따라야 한다.
(2) 제조관리기준서, 제품표준서, 제조관리기록서 및 품질관리 기록을 작성·보관해야 한다.
(3) 보건위생상 위해가 없도록 제조소, 시설 및 기구를 위생적으로 관리하고 오염되지 않도록 하여야 한다.
(4) 화장품의 제조에 필요한 시설 및 기구에 대하여 정기적으로 점검하고 작업에 지장이 없도록 관리·유지하여야 한다.
(5) 작업소에는 위해가 발생할 염려가 있는 물건을 두어서는 안 되며, 작업소에서 국민보건 및 환경에 유해한 물질이 유출되거나 방출되지 아니하도록 하여야 한다.
(6) 물질관리를 위하여 필요한 사항을 화장품 책임판매업자에게 제출하여야 한다. 다만, 다음의 어느 하나에 해당하는 경우 제출하지 아니할 수 있다.
　① 화장품 제조업자와 화장품 책임판매업자가 동일한 경우

② 화장품 제조업자가 제품을 설계·개발·생산하는 방식으로 제조하는 경우로서 품질·안전관리에 영향이 없는 범위에서 화장품 제조업자와 화장품 책임판매업자 상호 계약에 따라 영업비밀에 해당하는 경우

(7) 원료 및 자재의 입고부터 완제품의 출고에 이르기까지 필요한 시험·검사 또는 검정을 하여야 한다.

(8) 제조 또는 품질검사를 위탁하는 경우 제조 또는 품질검사가 적절하게 이루어지고 있는지 수탁자에 대한 관리·감독을 철저히 하고, 제조 및 품질관리에 관한 기록을 받아 유지·관리하여야 한다.

✻ 화장품 책임판매업자의 준수사항

(1) 화장품의 생산실적 또는 수입실적을 식품의약품안전처장에게 보고하여야 한다.

(2) 화장품의 제조과정에 사용된 원료의 목록을 식품의약품안전처장에게 보고하여야 한다. 원료의 목록에 관한 보고는 화장품의 유통·판매 전에 한다.

(3) 화장품의 사용 중 발생하였거나 알게 된 유해사례 등 안전성 정보에 대하여 매 반기종료 후 1개월 이내에 식품의약품안전처장에게 보고하여야 한다.

(4) 책임판매관리자는 화장품의 안정성 확보 및 품질관리 교육을 매년 받아야 한다.

(5) 화장품법 시행규칙 별표1의 품질관리기준을 준수하여야 한다.

(6) 화장품법 시행규칙 별표2의 책임판매 후 안전관리기준을 준수하여야 한다.

(7) 제조업자로부터 받은 제품표준서 및 품질관리기록서를 보관하여야 한다.

(8) 수입한 화장품에 대하여 수입관리기록서를 작성·보관하여야 한다.

(9) 제조번호별 품질검사를 철저히 한 후 유통시켜야 한다.

(10) 화장품의 제조를 위탁하거나 제조업자에게 품질검사를 위탁하는 경우 제조 또는 품질검사가 적절하게 이루어지고 있는지 수탁자에 대한 관리·감독을 철저히 하여야 하며, 제조 및 품질관리에 관한 기록을 받아 유지·관리하고, 그 최종 제품의 품질관리를 철저히 하여야 한다.

(11) 수입된 화장품을 유통·판매하는 영업으로 화장품 책임판매업을 등록한 자는 제조국, 제조회사의 품질관리기준이 국가 간 상호 인증되었거나, 식품의약품안전처장이 고시하는 우수화장품 제조관리기준과 같은 수준 이상이라고 인정되는 경우에는 국내에서의 품질검사를 하지 아니할 수 있다.

(12) 수입화장품에 대한 품질검사를 하지 아니하려는 경우에는 식품의약품안전처장이 정하는 바에 따라 식품의약품안전처장에게 수입화장품의 제조업자에 대한 현지실사를 신청하여야 한다.

(13) 수입된 화장품을 유통·판매하는 영업으로 화장품 책임판매업을 등록한 자의 경우 대외 무역법에 따른 수출·수입요령을 준수하여야 하며, 전자무역 촉진에 관한 법률에 따른 전자무역문서로 표준통관 예정보고를 하여야 한다.

(14) 제품과 관련하여 국민보건에 직접 영향을 미칠 수 있는 안전성, 유효성에 관한 새로운 자료, 정보사항 등을 알게 되었을 때에는 식품의약품안전처장이 정하여 고시하는 바에 따라 보고하고 필요한 안전대책을 마련하여야 한다.

(15) 다음 각 목의 어느 하나에 해당하는 성분을 0.5%이상 함유하는 제품의 경우에는 해당 품목의 안정성 시험 자료를 최종 제조된 제품의 사용기한이 만료되는 날부터 1년간 보존하여야 한다.

① 레티놀(비타민A) 및 그 유도체
② 아스코빅애시드(비타민C) 및 그 유도체
③ 토코페롤(비타민E)
④ 과산화화합물
⑤ 효소

✳ 맞춤형화장품 판매업자의 준수사항

맞춤형화장품 판매업자는 맞춤형화장품 판매장 시설·기구의 관리방법, 혼합·소분 안전관리기준의 준수의무, 혼합·소분되는 내용물 및 원료에 대한 설명의무 등에 관하여 총리령으로 정하는 사항을 준수하여야 한다.

✳ 우수화장품 제조 및 품질관리기준의 사후관리

(1) 식품의약품안전처장은 우수화장품 제조 및 품질관리기준 적합판정을 받은 업소에 대해 우수화장품 제조 및 품질관리기준 실시상황평가표에 따라 3년에 1회 이상 실태조사를 실시하여야 한다.
(2) 식품의약품안전처장은 사후관리 결과 부적합한 업소에 대해 일정한 기간을 정하여 시정하도록 지시하거나, 우수화장품 제조 및 품질관리기준 적합업소 판정을 취소할 수 있다.
(3) 식품의약품안전처장은 제조 및 품질관리에 문제가 있다고 판단되는 업소에 대하여 수시로 우수화장품 제조 및 품질관리기준 운영 실태조사를 할 수 있다.

✳ 화장품 영업종류별 책임자

화장품 제조업자	별도로 지정된 책임자가 없다.
화장품 책임판매업자	자격기준에 맞는 자를 책임판매관리자로 지정하여야 한다. 다만, 상시 근로자수가 10명 이하인 화장품 책임판매업을 경영하는 화장품 책임판매업자는 본인이 책임판매관리자의 직무를 수행할 수 있다. 책임판매관리자의 직무는 다음과 같다. ① 품질관리기준에 따른 품질관리업무 ② 책임판매 후 안전관리기준에 따른 안전 확보 업무 ③ 원료 및 자재의 입고부터 완제품의 출고에 이르기까지 필요한 시험·검사 또는 검정에 대하여 제조업자를 관리·감독하는 업무
맞춤형화장품 판매업자	맞춤형화장품 조제관리사(맞춤형화장품의 혼합·소분업무에 종사하는 자)를 지정해야 한다.

✽ 화장품 영업자의 보수교육

교육 실시	(1) 책임판매관리자 및 맞춤형화장품조제관리사는 화장품의 안전성 확보 및 품질관리에 관한 교육을 매년 받아야 한다. (2) 식품의약품안전처장은 국민 건강상 위해를 방지하기 위하여 필요하다고 인정하면 화장품제조업자, 화장품책임판매업자 및 맞춤형화장품판매업자(이하 "영업자"라 한다)에게 화장품 관련 법령 및 제도(화장품의 안전성 확보 및 품질관리에 관한 내용을 포함한다)에 관한 교육을 받을 것을 명할 수 있다. (3) 교육을 받아야 하는 자가 둘 이상의 장소에서 화장품제조업, 화장품책임판매업 또는 맞춤형화장품판매업을 하는 경우에는 종업원 중에서 총리령으로 정하는 자를 책임자로 지정하여 교육을 받게 할 수 있다. (4) 규정에 따른 교육의 실시 기관, 내용, 대상 및 교육비 등에 관하여 필요한 사항은 총리령으로 정한다.
구분	(1) 교육대상 　① 화장품 제조업자 : 해당 없음 　② 화장품 책임판매업자 : 책임판매관리자 　③ 맞춤형화장품 판매업자 : 맞춤형화장품 조제관리사 (2) 식약처 지정 교육기관 　① 화장품 제조업자 : 해당 없음 　② 화장품 책임판매업자 : (사) 대한화장품협회, (사) 한국의약품수출입협회, (재) 대한화장품산업연구원, 한국보건산업진흥원 　③ 맞춤형화장품 판매업자 : (사) 대한화장품협회, (사) 한국의약품수출입협회, (재) 대한화장품산업연구원, 한국보건산업진흥원 (3) 교육내용 　① 화장품제조업자 : 해당 없음 　② 화장품 책임판매업자, 맞춤형화장품 판매업자 : 화장품의 안전성 확보 및 품질관리에 관한 교육

✽ 변경등록

변경등록 사유	(1) 화장품 제조업자 　① 화장품 제조업자의 변경(법인인 경우에는 대표자의 변경) 　② 화장품 제조업자의 상호변경(법인인 경우에는 법인의 명칭변경) 　③ 제조소의 소재지 변경 　④ 제조유형 변경 (2) 화장품 책임판매업자 　① 화장품 책임판매업자의 변경(법인인 경우에는 대표자의 변경) 　② 화장품 책임판매업자의 상호변경(법인인 경우에는 법인의 명칭변경)

변경등록 사유	③ 화장품 책임판매업소의 소재지 변경 ④ 책임판매관리자의 변경 ⑤ 책임판매의 유형변경
변경서류의 제출	(1) 화장품 제조업자 또는 화장품 책임판매업자는 변경사유가 발생한 날부터 30일 이내(다만, 행정구역 개편에 따른 소재지 변경의 경우에는 90일 이내)에 화장품 제조업 변경등록신청서 또는 화장품 책임판매업 변경등록 신청서에 화장품 제조업 등록필증 또는 화장품 책임판매업 등록필증과 해당 서류를 첨부하여 지방 식품의약품안전청장에게 제출하여야 한다. (2) 등록관청을 달리하는 화장품 제조소 또는 화장품 책임판매업소의 소재지 변경의 경우에는 새로운 소재지를 관할하는 지방 식품의약품안전청장에게 제출하여야 한다.
확인	화장품 제조업 변경등록 신청서 또는 화장품 책임판매업 변경등록 신청서를 받은 지방 식품의약품안전청장은 행정정보의 공동이용을 통하여 법인 등기사항증명서(법인인 경우만 해당한다)를 확인하여야 한다.

✳ 휴·폐업 등의 신고

휴 · 폐업의 신고	영업자(화장품 조제업자, 화장품 책임판매업자, 맞춤형화장품 판매업자)는 다음의 각 호의 어느 하나에 해당하는 경우에는 식품의약품안전처장에게 신고하여야 한다. 다만, 휴업기간이 1개월 미만이거나 그 기간 동안 휴업하였다가 그 업을 재개하는 경우에는 예외이다. ① 폐업 또는 휴업하려는 경우 ② 휴업 후 그 업을 재개하려는 경우
휴 · 폐업신고서 제출	영업자가 폐업 또는 휴업하거나 휴업 후 그 업을 재개하려는 경우에는 화장품 책임판매업 등록필증, 화장품 제조업 등록필증 또는 맞춤형화장품 판매업 신고필증을 첨부하여 신고서를 지방 식품의약품안전청장에게 제출하여야 한다.

✳ 과징금

과징금의 부과규정	식품의약품안전처장이 영업자에게 업무정지처분을 하여야 할 경우에는 그 업무정지처분을 갈음하여 10억 원 이하의 과징금을 부과할 수 있다. 이의 세부적인 사항은 식품의약품안전처 과징금 부과처분 기준 등의 규정에 따른다.
과징금의 산정	과징금의 산정은 화장품법 시행령 별표1의 일반기준과 업무정지 1일에 해당하는 과징금 산정기준에 따라 산정하며, 과징금의 총액은 10억 원을 초과하여서는 아니 된다.

✳ 화장품법령상 형사처벌

3년 이하의 징역 또는 3천만 원 이하의 벌금	(1) 제3조(영업의 등록)제1항 전단을 위반한 자 (2) 거짓이나 그 밖의 부정한 방법으로 제3조(영업의 등록)제1항 또는 제3조의2(맞춤형화장품 판매업의 신고)제1항에 따른 등록·변경등록 또는 신고·변경신고를 한 자 (3) 제3조의2(맞춤형화장품판매업의 신고)제1항 전단을 위반한 자 (4) 제3조의2(맞춤형화장품판매업의 신고)제2항을 위반한 자 (5) 제4조(기능성화장품의 심사 등)제1항 전단을 위반한 자 (6) 거짓이나 그 밖의 부정한 방법으로 제4조(기능성화장품의 심사 등)에 따른 심사·변경심사를 받거나 보고서를 제출한 자 (7) 제14조의2(천연화장품 및 유기농화장품에 대한 인증)제3항제1호의 거짓이나 부정한 방법으로 인증받은 자 (8) 제14조의4(인증의 표시)제2항을 위반하여 인증표시를 한 자 (9) 제15조(영업의 금지)를 위반한 자 (10) 제16조(판매 등의 금지)제1항제1호·제1호의2 또는 제4호를 위반한 자
1년 이하의 징역 또는 1천만 원 이하의 벌금	(1) 제3조의6(자격증 대여 등의 금지)을 위반한 자 (2) 제4조의2(영유아 또는 어린이 사용 화장품의 관리)제1항을 위반한 자 (3) 제9조(안전용기·포장 등)를 위반한 자 (4) 제13조(부당한 표시·광고 행위 등의 금지)를 위반한 자 (5) 제16조(판매 등의 금지)제1항제2호·제3호 또는 같은 조 제2항을 위반한 자 (6) 제14조(표시·광고 내용의 실증 등)제4항에 따른 중지명령에 따르지 아니한 자
200만 원 이하의 벌금	(1) 화장품제조업자는 화장품의 제조와 관련된 기록·시설·기구 등 관리 방법, 원료·자재·완제품 등에 대한 시험·검사·검정 실시 방법 및 의무 등에 관하여 총리령으로 정하는 사항을 준수하지 않은 자 (2) 화장품책임판매업자는 화장품의 품질관리기준, 책임판매 후 안전관리기준, 품질 검사 방법 및 실시 의무, 안전성·유효성 관련 정보사항 등의 보고 및 안전대책 마련 의무 등에 관하여 총리령으로 정하는 사항을 준수하지 않은 자 (3) 맞춤형화장품판매업자(제3조의2제1항에 따라 맞춤형화장품판매업을 신고한 자를 말한다. 이하 같다)는 소비자에게 유통·판매되는 화장품을 임의로 혼합·소분한 자 (4) 맞춤형화장품판매업자는 맞춤형화장품 판매장 시설·기구의 관리 방법, 혼합·소분 안전관리기준의 준수 의무, 혼합·소분되는 내용물 및 원료에 대한 설명 의무, 안전성 관련 사항 보고 의무 등에 관하여 총리령으로 정하는 사항을 준수하지 않은 자 (5) 영업자는 제9조, 제15조 또는 제16조제1항에 위반되어 국민보건에 위해(危害)를 끼치거나 끼칠 우려가 있는 화장품이 유통 중인 사실을 알게 된 경우에는 지체 없이 해당 화장품을 회수하거나 회수하는 데에 필요한 조치를 하여야 하는데 이를 위반한 자 (6) 제항에 따라 해당 화장품을 회수하거나 회수하는 데에 필요한 조치를 하려는 영업자는 회수계획을 식품의약품안전처장에게 미리 보고하여야 하는데 이를 위반한 자

200만 원 이하의 벌금	(7) 화장품의 1차 포장 또는 2차 포장에는 총리령으로 정하는 바에 따라 다음 각 호의 사항을 기재·표시하여야 하는데 이를 위반한 자(다만, 내용량이 소량인 화장품의 포장 등 총리령으로 정하는 포장에는 화장품의 명칭, 화장품책임판매업자 및 맞춤형화장품판매업자의 상호, 가격, 제조번호와 사용기한 또는 개봉 후 사용기간만을 기재·표시할 수 있다.) (8) 제1항 각 호 외의 부분 본문에도 불구하고 다음 각 호의 사항은 1차 포장에 표시하여야 하는데 이를 위반한 자(다만, 소비자가 화장품의 1차 포장을 제거하고 사용하는 고형비누 등 총리령으로 정하는 화장품의 경우에는 그러하지 아니한다.) (9) 제14조의3(인증의 유효기간)에 따른 인증의 유효기간이 경과한 화장품에 대하여 제14조의4 제1항에 따른 인증표시를 하지 않은 자 (10) 제18조, 제19조, 제20조, 제22조 및 제23조에 따른 명령을 위반하거나 관계 공무원의 검사·수거 또는 처분을 거부·방해하거나 기피한 자

✳ 화장품법령상 과태료

일반기준	(1) 하나의 위반행위가 둘 이상의 과태료 부과기준에 해당하는 경우에는 그 중 금액이 큰 과태료 부과기준을 적용한다. (2) 식품의약품안전처장은 해당 위반행위의 정도, 위반횟수, 위반행위의 동기와 그 결과 등을 고려하여 과태료 금액의 2분의 1의 범위에서 그 금액을 늘리거나 줄일 수 있다. 다만, 늘리는 경우에도 과태료 금액의 상한을 초과할 수 없다.
100만 원 이하의 과태료	(1) 제3조의7(유사명칭의 사용금지)을 위반하여 맞춤형화장품조제관리사 또는 이와 유사한 명칭을 사용한 자 (2) 제4조(기능성화장품의 심사 등)제1항 후단을 위반하여 변경심사를 받지 아니한 자 (3) 제5조(영업자의 의무 등)제5항을 위반하여 화장품의 생산실적 또는 수입실적 또는 화장품 원료의 목록 등을 보고하지 아니한 자 (4) 제5조(영업자의 의무 등)제6항을 위반하여 맞춤형화장품 원료의 목록을 보고하지 아니한 자 (5) 제5조(영업자의 의무 등)제7항을 위반하여 교육을 받지 아니한 자 (6) 제5조(영업자의 의무 등)제8항에 따른 명령을 위반한 자 (7) 제6조(폐업 등의 신고)를 위반하여 폐업 등의 신고를 하지 아니한 자 (8) 제10조(화장품의 기재사항) 제1항제7호 및 제11조(화장품의 가격표시)를 위반하여 화장품의 판매 가격을 표시하지 아니한 자 (9) 제18조(보고와 검사 등)에 따른 명령을 위반하여 보고를 하지 아니한 자 (10) 제15조의2(동물실험을 실시한 화장품 등의 유통판매 금지)제1항을 위반하여 동물실험을 실시한 화장품 또는 동물실험을 실시한 화장품 원료를 사용하여 제조(위탁제조를 포함한다) 또는 수입한 화장품을 유통·판매한 자

50만 원 이하의 과태료	(1) 제5조(생산실적 또는 수입실적, 원료목록보고)제5항을 위반하여 화장품의 생산실적 또는 수입실적 또는 화장품원료의 목록 등을 보고하지 않은 경우 (2) 제5조제5항(책임판매관리자, 맞춤형화장품 조제관리사의 교육이수의무)에 따른 명령을 위반한 경우 (3) 제6조(폐업 등의 신고)를 위반하여 폐업 등의 신고를 하지 않은 경우 (4) 제10조제1항제7호 및 11조를 위반하여 화장품의 판매가격을 표시하지 아니한 자

✳ 화장품법령상 행정처분

업무 정지	식품의약품안전처장은 등록을 취소하거나 영업소 폐쇄를 명하거나 품목의 제조·수입 및 판매의 금지를 명하거나 1년의 범위에서 기간을 정하여 그 업무의 전부 또는 일부에 대한 정지를 명할 수 있으며 그 경우는 다음과 같다. ① 화장품 제조업 또는 화장품 책임판매업의 변경사항 등록을 하지 아니한 경우 ② 화장품법 제3조(영업의 등록)에 따른 시설을 갖추지 아니한 경우 ③ 맞춤형화장품 판매업의 변경신고를 하지 아니한 경우 ④ 화장품법 제3조의3(결격사유) 각 호의 어느 하나에 해당하는 경우 ⑤ 국민보건에 위해를 끼칠 우려가 있는 화장품을 제조·수입한 경우 ⑥ 심사를 받지 아니하거나 보고서를 제출하지 아니한 기능성화장품을 판매한 경우 ⑦ 영업자의 준수사항을 이행하지 아니한 경우 ⑧ 회수대상 화장품을 회수하지 아니하거나 회수하는 데 필요한 조치를 하지 아니한 경우 ⑨ 위해화장품의 회수계획을 보고하지 아니하거나 거짓으로 보고한 경우 ⑩ 화장품의 안전용기·포장에 관한 기준을 위반한 경우 ⑪ 화장품법 제10조(화장품의 기재사항), 제11조(화장품의 가격표시), 제12조(기재·표시상의 주의)의 규정을 위반하여 화장품의 용기 또는 포장 및 첨부문서에 기재·표시한 경우 ⑫ 화장품법 제13조(부당한 표시·광고 행위 등의 금지)를 위반하여 화장품을 표시·광고하거나 중지명령을 위반하여 화장품을 표시 광고·행위를 한 경우 ⑬ 화장품법 제15조(영업의 금지)를 위반하여 판매하거나 판매의 목적으로 제조·수입·보관 또는 진열한 경우 ⑭ 화장품법 제18조제1항, 제2항(보고와 검사 등)에 따른 검사·질문·수거 등을 거부하거나 방해한 경우 ⑮ 시정명령, 검사명령, 개수명령, 회수명령, 폐기명령 또는 공표명령 등을 이행하지 아니한 경우 ⑯ 화장품법 제23조제3항(회수·폐기명령 등)에 따른 회수계획을 보고하지 아니하거나 거짓으로 보고한 경우 ⑰ 업무정지기간 중에 업무를 한 경우
등록 취소	제1호의 2, 제3호 또는 제14호(광고업무에 한정하여 정지를 명한 경우는 제외한다.)에 해당하는 경우에는 등록을 취소하거나 영업소를 폐쇄하여야 한다.

✻ 청문

청문의 정의	청문은 행정청이 어떠한 처분을 하기 전에 당사자 등의 의견을 직접 듣고 증거를 조사하는 절차이다.
청문절차	지방 식품의약품안전청장이 처분사건통지서와 의견제출서를 행정처분 대상 화장품 영업자에게 보내며, 화장품 영업자는 기한 내에 받은 의견 제출서를 작성하여 제출하여야 한다.
청문대상사유	(1) 천연 화장품 및 유기농 화장품에 대한 인증의 취소를 하는 경우 (2) 천연 화장품 및 유기농 화장품에 대한 인증기관 지정의 취소 또는 업무의 전반에 대한 정지를 명하는 경우 (3) 화장법 제24조에 따른 등록의 취소, 영업소 폐쇄, 품목의 제조·수입 및 판매(수입대행형 거래를 목적으로 하는 알선·수여를 포함한다.)의 금지하는 경우 (4) 화장법 제21조에 따른 업무의 전반에 대한 정지를 명하고자 하는 경우

✻ 개인정보보호 원칙

(1) 개인정보처리자는 개인정보의 처리 목적을 명확하게 하여야 하고 그 목적에 필요한 범위에서 최소한의 개인정보만을 적법하고 정당하게 수집하여야 한다.

(2) 개인정보처리자는 개인정보의 처리 목적에 필요한 범위에서 적합하게 개인정보를 처리하여야 하며, 그 목적 외의 용도로 활용하여서는 아니 된다.

(3) 개인정보처리자는 개인정보의 처리 목적에 필요한 범위에서 개인정보의 정확성, 완전성 및 최신성이 보장되도록 하여야 한다.

(4) 개인정보처리자는 개인정보의 처리 방법 및 종류 등에 따라 정보주체의 권리가 침해받을 가능성과 그 위험 정도를 고려하여 개인정보를 안전하게 관리하여야 한다.

(5) 개인정보처리자는 개인정보 처리방침 등 개인정보의 처리에 관한 사항을 공개하여야 하며, 열람청구권 등 정보주체의 권리를 보장하여야 한다.

(6) 개인정보처리자는 정보주체의 사생활 침해를 최소화하는 방법으로 개인정보를 처리하여야 한다.

(7) 개인정보처리자는 개인정보를 익명 또는 가명으로 처리하여도 개인정보 수집목적을 달성할 수 있는 경우 익명처리가 가능한 경우에는 익명에 의하여, 익명처리로 목적을 달성할 수 없는 경우에는 가명에 의하여 처리될 수 있도록 하여야 한다.

(8) 개인정보처리자는 해당 법 및 관계 법령에서 규정하고 있는 책임과 의무를 준수하고 실천함으로써 개인정보처리자는 정보주체의 신뢰를 얻기 위하여 노력하여야 한다.

✳ 정보주체의 권리

(1) 개인정보의 처리에 관한 정보를 제공받을 권리
(2) 개인정보의 처리에 관한 동의 여부, 동의 범위 등을 선택하고 결정할 권리
(3) 개인정보의 처리 여부를 확인하고 개인정보에 대하여 열람(사본의 발급을 포함)을 요구할 권리
(4) 개인정보의 처리 정지, 정정·삭제 및 파기를 요구할 권리
(5) 개인정보의 처리로 인하여 발생한 피해를 신속하고 공정한 절차에 따라 구제받을 권리

✳ 정보주체의 동의를 받아야 할 사항

(1) 개인정보의 수집·이용 목적 중 재화나 서비스의 홍보 또는 판매 권유 등을 위하여 해당 개인정보를 이용하고 정보주체에게 연락할 수 있다는 사실
(2) 처리하려는 개인정보의 항목 중 다음 각 목의 사항
　① 제18조에 따른 민감정보
　② 제19조제2호부터 제4호까지의 규정에 따른 여권번호, 운전면허의 면허번호 및 외국인등록번호
(3) 개인정보의 보유 및 이용기간(제공 시에는 제공받는 자의 보유 및 이용 기간을 말한다)
(4) 개인정보를 제공받는 자 및 개인정보를 제공받는 자의 개인정보 이용 목적

✳ 개인정보의 처리제한

민감정보의 처리
제한

(1) 개인정보처리자는 사상·신념, 노동조합·정당의 가입·탈퇴, 정치적 견해, 건강, 성생활 등에 관한 정보, 그 밖에 정보주체의 사생활을 현저히 침해할 우려가 있는 개인정보로서 대통령령으로 정하는 정보(이하 "민감정보"라 한다)를 처리하여서는 아니 된다.
(2) 다만, 다음 각 호의 어느 하나에 해당하는 경우에는 그러하지 아니하다.
　① 정보주체에게 제15조제2항 각 호 또는 제17조제2항 각 호의 사항을 알리고 다른 개인정보의 처리에 대한 동의와 별도로 동의를 받은 경우
　② 법령에서 민감정보의 처리를 요구하거나 허용하는 경우
(3) 개인정보처리자가 민감정보를 처리하는 경우에는 그 민감정보가 분실·도난·유출·위조·변조 또는 훼손되지 아니하도록 안전성 확보에 필요한 조치를 하여야 한다.

고유식별정보의 처리제한	(1) 개인정보처리자는 다음 각 호의 경우를 제외하고는 법령에 따라 개인을 고유하게 구별하기 위하여 부여된 식별정보로서 대통령령으로 정하는 정보(이하 "고유식별정보"라 한다)를 처리할 수 없다. ① 정보주체에게 제15조제2항 각 호 또는 제17조제2항 각 호의 사항을 알리고 다른 개인정보의 처리에 대한 동의와 별도로 동의를 받은 경우 ② 법령에서 구체적으로 고유식별정보의 처리를 요구하거나 허용하는 경우 (2) 개인정보처리자가 고유식별정보를 처리하는 경우에는 그 고유식별정보가 분실·도난·유출·위조·변조 또는 훼손되지 아니하도록 대통령령으로 정하는 바에 따라 암호화 등 안전성 확보에 필요한 조치를 하여야 한다. (3) 보호위원회는 처리하는 개인정보의 종류·규모, 종업원 수 및 매출액 규모 등을 고려하여 대통령령으로 정하는 기준에 해당하는 개인정보처리자가 제3항에 따라 안전성 확보에 필요한 조치를 하였는지에 관하여 대통령령으로 정하는 바에 따라 정기적으로 조사하여야 한다. (4) 보호위원회는 대통령령으로 정하는 전문기관으로 하여금 제4항에 따른 조사를 수행하게 할 수 있다.
주민등록번호 처리제한	(1) 개인정보처리자는 다음 각 호의 어느 하나에 해당하는 경우를 제외하고는 주민등록번호를 처리할 수 없다. ① 법률, 대통령령, 국회규칙, 대법원규칙, 헌법재판소규칙·중앙선거관리위원회규칙 및 감사원규칙에서 구체적으로 주민등록번호의 처리를 요구하거나 허용한 경우 ② 정보주체 또는 제3자의 급박한 생명, 신체, 재산의 이익을 위하여 명백히 필요하다고 인정되는 경우 ③ 주민등록번호 처리가 불가피한 경우로서 보호위원회가 고시로 정하는 경우 (2) 개인정보처리자는 주민등록번호가 분실·도난·유출·위조·변조 또는 훼손되지 아니하도록 암호화 조치를 통하여 안전하게 보관하여야 한다. 이 경우 암호화 적용 대상 및 대상별 적용 시기 등에 관하여 필요한 사항은 개인정보의 처리 규모와 유출 시 영향 등을 고려하여 대통령령으로 정한다. (3) 개인정보처리자는 주민등록번호를 처리하는 경우에도 정보주체가 인터넷 홈페이지를 통하여 회원으로 가입하는 단계에서는 주민등록번호를 사용하지 아니하고도 회원으로 가입할 수 있는 방법을 제공하여야 한다.

✻ 개인정보보호법령상 벌칙(형사처벌)

10년 이하의 징역 또는 1억 원 이하의 벌금	(1) 공공기관의 개인정보 처리업무를 방해할 목적으로 공공기관에서 처리하고 있는 개인정보를 변경하거나 말소하여 공공기관의 업무수행 중단·마비 등 심각한 지장을 초래한 자 (2) 거짓이나 그 밖의 부정한 수단이나 방법으로 다른 사람이 처리하고 있는 개인정보를 취득한 후 이를 영리 또는 부정한 목적으로 제3자에게 제공한 자와 이를 교사·알선한 자

5년 이하의 징역 또는 5천만 원 이하의 벌금	(1) 정보주체의 동의를 받지 아니하고 개인정보를 제3자에게 제공한 자 및 그 사정을 알고 개인정보를 제공받은 자 (2) 개인정보를 이용하거나 제3자에게 제공한 자 및 그 사정을 알면서도 영리 또는 부정한 목적으로 개인정보를 제공받은 자 (3) 민감정보를 처리한 자 (4) 고유식별정보를 처리한 자 (5) 업무상 알게 된 개인정보를 누설하거나 권한 없이 다른 사람이 이용하도록 제공한 자 및 그 사정을 알면서도 영리 또는 부정한 목적으로 개인정보를 제공받은 자 (6) 다른 사람의 개인정보를 훼손, 멸실, 변경, 위조 또는 유출한 자
3년 이하의 징역 또는 3천만 원 이하의 벌금	(1) 영상정보처리기기의 설치목적과 다른 목적으로 영상정보처리기기를 임의로 조작하거나 다른 곳을 비추는 자 또는 녹음기능을 사용한 자 (2) 거짓이나 그 밖의 부정한 수단이나 방법으로 개인정보를 취득하거나 개인정보처리에 관한 동의를 받은 행위를 한 자 및 그 사정을 알면서도 영리 또는 부정한 목적으로 개인정보를 제공받은 자 (3) 직무상 알게 된 비밀을 누설하거나 직무상 목적 외에 이용한 자
2년 이하의 징역 또는 2천만 원 이하의 벌금	(1) 안전성 확보에 필요한 조치를 하지 아니하여 개인정보를 분실 · 도난 · 유출 · 위조 · 변조 또는 훼손당한 자 (2) 정정 · 삭제 등 필요한 조치를 하지 아니하고 개인정보를 계속 이용하거나 이를 제3자에게 제공한 자 (3) 개인정보의 처리를 정지하지 아니하고 계속 이용하거나 제3자에게 제공한 자

✳ 개인정보보호법령상 과태료

5천만 원 이하의 과태료	(1) 제15조(개인정보의 수집 · 이용)제1항을 위반하여 개인정보를 수집한 자 (2) 제22조(동의를 받는 방법)제6항을 위반하여 법정대리인의 동의를 받지 아니한 자 (3) 제25조(영상정보처리기기의 설치 · 운영 제한)제2항을 위반하여 영상정보처리기기를 설치 · 운영한 자
3천만 원 이하의 과태료	(1) 제15조(개인정보의 수집 · 이용)제2항, 제17조(개인정보의 제공)제2항, 제18조(개인정보의 목적 외 이용 · 제공 제한)제3항 또는 제26조(업무위탁에 따른 개인정보의 처리 제한)제3항을 위반하여 정보주체에게 알려야 할 사항을 알리지 아니한 자 (2) 제16조(개인정보의 수집 제한)제3항 또는 제22조(동의를 받는 방법)제5항을 위반하여 재화 또는 서비스의 제공을 거부한 자 (3) 제20조(정보주체 이외로부터 수집한 개인정보의 수집 출처 등 고지)제1항 또는 제2항을 위반하여 정보주체에게 같은 항 각 호의 사실을 알리지 아니한 자 (4) 제21조(개인정보의 파기)제1항 · 제39조의6(제39조의14에 따라 준용되는 경우를 포함한다)을 위반하여 개인정보의 파기 등 필요한 조치를 하지 아니한 자

3천만 원 이하의 과태료

(5) 제24조의2(주민등록번호 처리의 제한)제1항을 위반하여 주민등록번호를 처리한 자

(6) 제24조의2(주민등록번호 처리의 제한)제2항을 위반하여 암호화 조치를 하지 아니한 자

(7) 제24조의2(주민등록번호 처리의 제한)제3항을 위반하여 정보주체가 주민등록번호를 사용하지 아니할 수 있는 방법을 제공하지 아니한 자

(8) 제23조(민감정보의 처리 제한)제2항, 제24조(고유식별정보의 처리 제한)제3항, 제25조(영상정보처리기기의 설치·운영 제한)제6항, 제28조의4(가명정보에 대한 안전조치의무 등)제1항 또는 제29조(안전조치의무)를 위반하여 안전성 확보에 필요한 조치를 하지 아니한 자

(9) 제25조(영상정보처리기기의 설치·운영 제한)제1항을 위반하여 영상정보처리기기를 설치·운영한 자

(10) 제28조의5(가명정보 처리 시 금지의무 등)제2항을 위반하여 개인을 알아볼 수 있는 정보가 생성되었음에도 이용을 중지하지 아니하거나 이를 회수·파기하지 아니한 자

(11) 제32조의2(개인정보 보호 인증)제6항을 위반하여 인증을 받지 아니하였음에도 거짓으로 인증의 내용을 표시하거나 홍보한 자

(12) 제34조(개인정보 유출 통지 등)제1항을 위반하여 정보주체에게 같은 항 각 호의 사실을 알리지 아니한 자

(13) 제34조(개인정보 유출 통지 등)제3항을 위반하여 조치 결과를 신고하지 아니한 자

(14) 제35조(개인정보의 열람)제3항을 위반하여 열람을 제한하거나 거절한 자

(15) 제36조(개인정보의 정정·삭제)제2항을 위반하여 정정·삭제 등 필요한 조치를 하지 아니한 자

(16) 제37조(개인정보의 처리정지 등)제4항을 위반하여 처리가 정지된 개인정보에 대하여 파기 등 필요한 조치를 하지 아니한 자

(17) 제39조의3(개인정보의 수집·이용 동의 등에 대한 특례)제3항(제39조의14에 따라 준용되는 경우를 포함한다)을 위반하여 서비스의 제공을 거부한 자

(18) 제39조의4(개인정보 유출등의 통지·신고에 대한 특례)제1항(제39조의14에 따라 준용되는 경우를 포함한다)을 위반하여 이용자·보호위원회 및 전문기관에 통지 또는 신고하지 아니하거나 정당한 사유 없이 24시간을 경과하여 통지 또는 신고한 자

(19) 제39조의4(개인정보 유출등의 통지·신고에 대한 특례)제3항을 위반하여 소명을 하지 아니하거나 거짓으로 한 자

(20) 제39조의7(이용자의 권리 등에 대한 특례)제2항(제39조의14에 따라 준용되는 경우를 포함한다)을 위반하여 개인정보의 동의 철회·열람·정정 방법을 제공하지 아니한 자

(21) 제39조의7(이용자의 권리 등에 대한 특례)제3항(제39조의14에 따라 준용되는 경우와 제27조에 따라 정보통신서비스 제공자등으로부터 개인정보를 이전받은 자를 포함한다)을 위반하여 필요한 조치를 하지 아니한 정보통신서비스 제공자등

(22) 제39조의8(개인정보 이용내역의 통지)제1항 본문(제39조의14에 따라 준용되는 경우를 포함한다)을 위반하여 개인정보의 이용내역을 통지하지 아니한 자

(23) 제39조의12(국외 이전 개인정보의 보호)제4항(같은 조 제5항에 따라 준용되는 경우를 포함한다)을 위반하여 보호조치를 하지 아니한 자

(24) 제64조(시정조치 등) 제1항에 따른 시정명령에 따르지 아니한 자

2천만 원 이하의 과태료	(1) 제39조의9(손해배상의 보장)제1항을 위반하여 보험 또는 공제 가입, 준비금 적립 등 필요한 조치를 하지 아니한 자 (2) 제39조의11(국내대리인의 지정)제1항을 위반하여 국내대리인을 지정하지 아니한 자 (3) 제39조의12(국외 이전 개인정보의 보호)제2항 단서를 위반하여 제39조의12(국외 이전 개인정보의 보호)제3항 각 호의 사항 모두를 공개하거나 이용자에게 알리지 아니하고 이용자의 개인정보를 국외에 처리위탁·보관한 자
1천만 원 이하의 과태료	(1) 제21조(개인정보의 파기)제3항을 위반하여 개인정보를 분리하여 저장·관리하지 아니한 자 (2) 제22조(동의를 받는 방법)제1항부터 제4항까지의 규정을 위반하여 동의를 받은 자 (3) 제25조(영상정보처리기기의 설치·운영 제한)제4항을 위반하여 안내판 설치 등 필요한 조치를 하지 아니한 자 (4) 제26조(업무위탁에 따른 개인정보의 처리 제한)제1항을 위반하여 업무 위탁 시 같은 항 각 호의 내용이 포함된 문서에 의하지 아니한 자 (5) 제26조(업무위탁에 따른 개인정보의 처리 제한)제2항을 위반하여 위탁하는 업무의 내용과 수탁자를 공개하지 아니한 자 (6) 제27조(영업양도 등에 따른 개인정보의 이전 제한)제1항 또는 제2항을 위반하여 정보주체에게 개인정보의 이전 사실을 알리지 아니한 자 (7) 제28조의4(가명정보에 대한 안전조치의무 등)제2항을 위반하여 관련 기록을 작성하여 보관하지 아니한 자 (8) 제30조(개인정보 처리방침의 수립 및 공개)제1항 또는 제2항을 위반하여 개인정보 처리방침을 정하지 아니하거나 이를 공개하지 아니한 자 (9) 제31조(개인정보 보호책임자의 지정)제1항을 위반하여 개인정보 보호책임자를 지정하지 아니한 자 (10) 제35조(개인정보의 열람)제3항·제4항, 제36조제2항·제4항 또는 제37조제3항을 위반하여 정보주체에게 알려야 할 사항을 알리지 아니한 자 (11) 제63조(자료제출 요구 및 검사)제1항에 따른 관계 물품·서류 등 자료를 제출하지 아니하거나 거짓으로 제출한 자 (12) 제63조(자료제출 요구 및 검사)제2항에 따른 출입·검사를 거부·방해 또는 기피한 자

적중문제

선 다 형

01 총리령으로 정하는 기능성 화장품에 대한 설명으로 옳지 않은 것은?

① 피부에 침착된 멜라닌색소의 색을 엷게 하여 피부의 미백에 도움을 주는 기능을 가진 화장품
② 피부에 탄력을 주어 피부의 주름을 완화 또는 개선하는 기능을 가진 화장품
③ 강한 햇볕을 방지하여 피부를 곱게 태워주는 기능을 가진 화장품
④ 자외선을 차단 또는 산란시켜 자외선으로부터 피부를 보호하는 기능을 가진 화장품
⑤ 일시적으로 모발의 색상을 변화시키는 화장품

> **정답**
> **풀이** ⑤
> 모발의 색상을 변화[탈염(脫染)·탈색(脫色)을 포함한다]시키는 기능을 가진 화장품. 다만, 일시적으로 모발의 색상을 변화시키는 제품은 제외한다.

02 인체 세정용 제품류로 손, 얼굴에 주로 사용하며 사용 후 바로 씻어내는 제품으로 옳지 않은 것은?

① 향낭   ② 폼 클렌저
③ 바디 클렌저   ④ 액체비누
⑤ 화장비누

> **정답**
> **풀이** ①
> 향을 몸에 지니거나 뿌리는 제품
>
> - 향수
> - 분말향
> - 향낭
> - 콜롱(cologne)
> - 그 밖의 방향용 제품류

03 화장품 제조업등록을 할 수 없는 자로 옳지 않은 것은?

① 정신질환자. 다만, 전문의가 화장품 제조업자로서 적합하다고 인정하는 사람은 제외
② 피성년후견인 또는 파산선고를 받고 복권되지 아니한 자
③ 마약류의 중독자
④ 화장품법 또는 보건범죄 단속에 관한 특별법을 위반하여 금고 이상의 형을 선고받고 그 집행이 끝나지 아니하거나 그 집행을 받지 아니하기로 확정되지 아니한 자
⑤ 등록이 취소되거나 영업소가 폐쇄된 날부터 2년이 지나지 아니한 자

정답
풀이 ⑤
등록이 취소되거나 영업소가 폐쇄된 날부터 1년이 지나지 아니한 자는 화장품 제조업등록을 할 수 없다.

04 〈보기〉는 변경서류 제출에 관한 설명이다. (   ) 안에 들어갈 것으로 적절한 것은?

• 보기 •

화장품 제조업자 또는 화장품 책임판매업자는 변경사유가 발생한 날부터 (   )일 이내(다만, 행정구역 개편에 따른 소재지 변경의 경우에는 90일 이내)에 화장품 제조업 변경등록신청서 또는 화장품 책임판매업 변경등록신청서에 화장품 제조업 등록필증 또는 화장품 책임판매업 등록필증과 해당 서류를 첨부하여 지방식품의약품안전청장에게 제출하여야 한다.

① 30
② 40
③ 50
④ 60
⑤ 100

정답
풀이 ①
화장품 제조업자 또는 화장품 책임판매업자는 변경사유가 발생한 날부터 30일 이내에 제출하여야 한다.

05 식품의약품안전처장은 영업자에게 업무정지처분을 하여야 할 경우에는 그 업무정지처분을 갈음하여 얼마 이하의 과징금을 부과할 수 있는가?

① 1억원
② 2억원
③ 4억원
④ 6억원
⑤ 10억원

정답
풀이 ⑤
식품의약품안전처장은 영업자에게 업무정지처분을 하여야 할 경우에는 그 업무정지처분을 갈음하여 10억원 이하의 과징금을 부과할 수 있다.

06 〈보기〉는 벌칙에 관한 설명이다. 200만원 이하의 벌금인 것을 모두 고르면?

• 보기 •

가. 제1항 각 호 외의 부분 본문에도 불구하고 다음 각 호의 사항은 1차 포장에 표시하여야 하는데 이를 위반한 자
나. 제14조의3(인증의 유효기간)에 따른 인증의 유효기간이 경과한 화장품에 대하여 제14조의4제1항에 따른 인증표시를 하지 않은 자
다. 제18조, 제19조, 제20조, 제22조 및 제23조에 따른 명령을 위반하거나 관계 공무원의 검사 · 수거 또는 처분을 거부 · 방해하거나 기피한 자
라. 제3조의6(자격증 대여 등의 금지)을 위반한 자
마. 제4조의2(영유아 또는 어린이 사용 화장품의 관리)제1항을 위반한 자

① 가, 나, 다
② 나, 라, 마
③ 다, 라, 마
④ 가, 다, 라
⑤ 가, 나, 마

정답
풀이

①

제3조의6(자격증 대여 등의 금지)을 위반한 자와 제4조의2(영유아 또는 어린이 사용 화장품의 관리)제1항을 위반한 자는 1년 이하의 징역 또는 1천만원 이하의 벌금에 해당한다.

07 〈보기〉는 유기농화장품의 식품의약품안전처 고시규정에 대한 설명이다. (   ) 안에 들어갈 알맞은 것은 무엇인가?

• 보기 •

유기농 함량이 전체 제품에서 (   )% 이상이어야 하며, 유기농 함량을 포함한 천연함량이 전체 제품에서 95% 이상으로 구성되어야 한다.

① 10
② 8
③ 6
④ 4
⑤ 2

정답
풀이

①

유기농 함량이 전체 제품에서 10% 이상이어야 하며, 유기농 함량을 포함한 천연함량이 전체 제품에서 95% 이상으로 구성되어야 한다.

08 〈보기〉에서 색조 화장용 제품류를 모두 고르면?

• 보기 •

가. 애프터세이브 로션
나. 남성용 탤컴
다. 프리셰이브 로션
라. 볼연지
마. 레이스 파우더
바. 페이스 케이크

① 가, 나, 다
② 나, 다, 라
③ 다, 라, 마
④ 라, 마, 바
⑤ 가, 마, 바

정답
풀이
④

색조 화장용 제품류

- 볼연지
- 레이스 파우더(face powder), 페이스 케이크(face cakes)
- 리퀴드(liquid) · 크림 · 케이크 파운데이션(foundation)
- 메이크업 베이스(make–up bases)
- 메이크업 픽서티브(make–up fixatives)
- 립스틱, 립라이너(lip liner)
- 립글로스(lip gloss), 립밤(lip balm)
- 바디 페인팅(body painting), 페이스페인팅(face painting), 분장용 제품
- 그 밖의 색조 화장용 제품류

09 화장품법상의 용어해설에 대한 설명으로 옳지 않은 것은?

① 표시는 화장품의 용기 · 포장에 기재하는 문자 · 숫자 · 도형 또는 그림 등을 말한다.
② 광고는 라디오 · 텔레비전 · 신문 · 잡지 · 음성 · 음향 · 영상 · 인터넷 · 인쇄물 · 간판, 그 밖의 방법에 의하여 화장품에 대한 정보를 나타내거나 알리는 행위를 말한다.
③ 화장품제조업은 화장품의 전부 또는 일부를 제조(2차 포장 또는 표시만의 공정은 제외한다)하는 영업을 말한다.
④ 안전용기 · 포장은 만 3세 미만의 어린이가 개봉하기 어렵게 설계 · 고안된 용기나 포장을 말한다.
⑤ 1차 포장은 화장품 제조 시 내용물과 직접 접촉하는 포장용기를 말한다.

정답
풀이
④

안전용기 · 포장은 만 5세 미만의 어린이가 개봉하기 어렵게 설계 · 고안된 용기나 포장을 말한다.

10 천연화장품은 중량기준으로 천연함량이 전체 제품에서 몇 퍼센트 이상으로 구성되어야 하는가?

① 55   ② 65

③ 75   ④ 85

⑤ 95

 ⑤

천연화장품은 중량기준으로 천연함량이 전체 제품에서 95% 이상으로 구성되어야 한다.

11 화장품 책임판매업자는 화장품의 사용 중 발생하였거나 알게 된 유해사례등 안전성정보에 대하여 매 반기 종료 후 몇 개월 이내에 식품의약품안전처장에게 보고를 하여야 하는가?

① 1   ② 2

③ 3   ④ 4

⑤ 5

 ①

안전성 정보보고

> 화장품 책임판매업자는 화장품의 사용 중 발생하였거나 알게 된 유해사례등 안전성정보에 대하여 매 반기 종료 후 1개월 이내에 식품의약품안전처장에게 보고를 하여야 하며, 안정성에 대하여 보고할 사항이 없는 경우에는 "안전성 정보보고 사항 없음"으로 기재하여 보고한다.

12 안정성 시험에 대한 설명으로 옳지 않은 것은?

① 장기 보존시험의 측정주기는 2주 ~ 3개월이다.

② 가속시험은 3로트 이상 선정하되 시중에 유통할 제품과 동일한 처방, 제형 및 포장용기를 사용한다.

③ 가혹시험은 가혹조건에서 화장품의 분해과정 및 분해 산물 등을 확인하기 위한 시험이다.

④ 가혹시험의 측정주기는 2주 ~ 3개월이다.

⑤ 개봉 후 안정성 시험의 측정주기는 6개월 이상이다.

 ①

장기 보존시험

내용	화장품의 저장조건에서 사용기한을 설정하기 위하여 장기간에 걸쳐 물리 · 화학적, 미생물학적 안정성 및 용기 적합성을 확인하는 시험
선정	3로트 이상 선정하되 시중에 유통할 제품과 동일한 처방, 제형 및 포장용기를 사용함
측정주기	6개월 이상

13 〈보기〉는 무엇을 평가하기 위한 방법인가?

• 보기 •

혈액의 단백질이 응고되는 정도를 관찰하여 평가

① 보습효과
② 수렴효과
③ 미백효과 평가
④ 주름개선 효과평가
⑤ 자외선차단지수(SPF) 평가

정답
풀이 ② 수렴효과는 혈액의 단백질이 응고되는 정도를 관찰하여 평가한다.

14 화장품 책임판매업자 준수사항으로 옳지 않은 것은?

① 화장품의 생산실적 또는 수입실적을 식품의약품안전처장에게 보고하여야 한다.
② 원료의 목록에 관한 보고는 화장품의 유통 · 판매 후에 한다.
③ 화장품의 사용 중 발생하였거나 알게 된 유해사례 등 안전성 정보에 대하여 매 반기종료 후 1개월 이내에 식품의약품안전처장에게 보고하여야 한다.
④ 책임판매관리자는 화장품의 안정성 확보 및 품질관리에 관한 교육을 매년 받아야 한다.
⑤ 제조번호별 품질검사를 철저히 한 후 유통시켜야 한다.

정답
풀이 ② 화장품의 제조과정에 사용된 원료의 목록을 식품의약품안전처장에게 보고하여야 한다. 원료의 목록에 관한 보고는 화장품의 유통 · 판매 전에 한다.

15 〈보기〉는 우수화장품 제조 및 품질관리기준의 사후관리에 대한 설명이다. (   ) 안에 들어 갈 알맞은 것을 고르면?

• 보기 •

식품의약품안전처장은 우수화장품 제조 및 품질관리기준 적합판정을 받은 업소에 대해 우수화장품 제조 및 품질관리기준 실시상황평가표에 따라 (   )년에 1회 이상 실태조사를 실시하여야 한다.

① 1
② 2
③ 3
④ 4
⑤ 5

정답
풀이 ③ 식품의약품안전처장은 우수화장품 제조 및 품질관리기준 적합판정을 받은 업소에 대해 우수화장품 제조 및 품질관리기준 실시상황평가표에 따라 3년에 1회 이상 실태조사를 실시하여야 한다.

16 책임판매 관리자의 자격기준으로 옳지 않은 것은?

① 의사 또는 약사
② 학사 이상의 학위를 취득한 사람으로서 이공계 학과, 향장학, 화장품과학, 한의학, 한약학과 등을 전공한 사람
③ 대학 등에서 학사 이상의 학위를 취득한 사람으로서 간호학과, 간호과학과, 건강간호학과를 전공하고 화학, 생물학, 생명과학, 유전학, 유전공학, 향장학, 화장품과학, 의학, 약학 등 관련 과목을 20학점 이상 이수한 사람
④ 전문대학 졸업자로서 화학, 생물학, 화학공학, 생물공학, 미생물학, 생화학, 생명과학, 생명공학, 유전공학, 향장학, 화장품학, 한의학과, 한약학과 등 화장품 관련 분야를 전공한 후 화장품 제조 또는 품질관리 업무에 1년 이상 종사한 경력이 있는 사람
⑤ 화장품 제조 또는 품질관리 업무에 1년 이상 종사한 경력이 있는 사람

 정답풀이 ⑤

　　　책임판매 관리자의 자격기준은 1년이 아닌 화장품 제조 또는 품질관리 업무에 2년 이상 종사한 경력이 있는 사람이다.

17 화장품제조업자 또는 화장품 책임판매업자의 변경의 경우 제출해야 할 서류가 아닌 것은?

① 정신질환자가 아님을 증명하는 의사진단서
② 마약류의 중독자가 아님을 증명하는 의사진단서
③ 양도·양수의 경우에는 이를 증명하는 서류
④ 상속의 경우에는 가족관계증명서
⑤ 시설의 명세서

 정답풀이 ⑤

변경등록 시의 제출서류

화장품제조업자 또는 화장품 책임판매업자의 변경의 경우	• 정신질환자가 아님을 증명하는 의사진단서(제조업자만 제출) • 마약류의 중독자가 아님을 증명하는 의사진단서(제조업자만 제출) • 양도·양수의 경우에는 이를 증명하는 서류 • 상속의 경우에는 가족관계증명서

18 과징금 부과대상 세부기준에 대한 설명으로 옳지 않은 것은?

① 내용량 시험이 부적합한 경우로서 인체에 유해성이 없다고 인정된 경우

② 기능성 화장품에서 기능성을 나타나게 하는 주원료의 함량이 심사 또는 보고한 기준치에 대해 10% 미만으로 부족한 경우

③ 포장 또는 표시만의 공정을 하는 제조업자가 해당 품목의 제조 또는 품질 검사에 필요한 시설 및 기구 중 일부가 없거나 화장품을 제조하기 위한 작업소의 기준을 위반한 경우

④ 제조업자 또는 제조판매업자가 변경등록(단, 제조업자의 소재지 변경은 제외)을 하지 아니한 경우

⑤ 식품의약품안전처장이 고시한 사용기준 및 유통화장품 안전관리 기준을 위반한 화장품 중 부적합 정도 등이 경미한 경우

정답
풀이 ②

기능성 화장품에서 기능성을 나타나게 하는 주원료의 함량이 심사 또는 보고한 기준치에 대해 5% 미만으로 부족한 경우이다.

19 식품의약품안전처장은 등록을 취소하거나 영업소 폐쇄를 명하거나, 품목의 제조 · 수입 및 판매의 금지를 명하거나 1년의 범위에서 기간을 정하여 그 업무의 전부 또는 일부에 대한 정지를 명할 수 있는데 그 경우에 대한 설명으로 옳지 않은 것은?

① 화장품법 제15조(영업의 금지)를 위반하여 판매하거나 판매의 목적으로 제조 · 수입 · 보관한 경우(진열은 해당하지 않는다.)

② 화장품법 제18조제1항, 제2항(보고와 검사 등)에 따른 검사 · 질문 · 수거 등을 거부하거나 방해한 경우

③ 시정명령, 검사명령, 개수명령, 회수명령, 폐기명령 또는 공표명령 등을 이행하지 아니한 경우

④ 화장품법 제23조제3항(회수 · 폐기명령 등)에 따른 회수계획을 보고하지 아니하거나 거짓으로 보고한 경우

⑤ 업무정지기간 중에 업무를 한 경우

정답
풀이 ①

화장품법 제15조(영업의 금지)를 위반하여 판매하거나 판매의 목적으로 제조 · 수입 · 보관 또는 진열한 경우 업무의 전부 또는 일부에 대한 정지를 명할 수 있다.

20 〈보기〉에서 모발의 색을 변화시키거나(염모) 탈색시키는(탈염)제품을 모두 고른 것은?

• 보기 •

가. 헤어 컨디셔너(hair conditioners)
나. 헤어 토닉(hair tonics)
다. 헤어 그루밍 에이드(hair grooming aids)
라. 헤어 틴트(hair tints)
마. 헤어 컬러스프레이(hair color sprays)

① 가, 나   ② 다, 라
③ 다, 마   ④ 나, 마
⑤ 라, 마

정답
풀이
⑤

모발의 색을 변화시키거나(염모) 탈색시키는(탈염)제품

- 헤어 틴트(hair tints)
- 헤어 컬러스프레이(hair color sprays)
- 염모제
- 탈염 · 탈색용 제품
- 그 밖의 두발 염색용 제품류

21 화장품 안전의 일반사항으로 틀린 것은?

① 화장품은 제품설명서, 표시사항 등에 따라 정상적으로 사용하거나 또는 예측 가능한 사용 조건에 따라 사용하였을 때 인체에 안전하여야 한다.
② 화장품은 소비자뿐 아니라 화장품을 직업적으로 사용하는 전문가에게 안전하여야 한다.
③ 제품에 대한 위해평가는 개개 제품에 따라 다를 수 있으나, 일반적으로 화장품의 위험성은 각 원료성분의 독성자료에 기초하므로 과학적 관점에서 모든 원료성분에 대해 독성자료가 필요하다.
④ 화장품 제조업자는 사용하는 성분에 대한 안전성 자료를 확보하기 위해 최대한 노력을 기울여야 하며, 또한 최대한 활용되도록 노력하여야 한다.
⑤ 화장품 안전의 확인은 화장품 원료의 선정부터 사용기한까지 화장품의 전 주기에 대한 전반적인 접근이 필요하다.

정답
풀이
③

제품에 대한 위해평가는 개개 제품에 따라 다를 수 있으나, 일반적으로 화장품의 위험성은 각 원료성분의 독성자료에 기초하며, 과학적 관점에서 모든 원료성분에 대해 독성자료가 필요한 것은 아니다. 현재 활용 가능한 자료가 우선적으로 검토될 수 있다.

22 화장품의 안정성 시험 중 장기보존시험에 대한 설명이다. 적당하지 아니한 것은?

① 장기보존시험이란 화장품의 저장조건에서 사용기한을 설정하기 위하여 장기간에 걸쳐 물리·화학적, 미생물학적 안정성 및 용기적합성을 확인하는 시험을 말한다.
② 3로트 이상 선정하되, 시중에 유통할 제품과 동일한 처방, 제형 및 포장용기를 사용하여 시험한다.
③ 물리적 시험은 성상, 유수상 분리, 유화상태, 융점, 균등성, 점도, pH, 향취변화, 경도, 비중 등을 시험한다.
④ 측정주기는 6개월 이상이다.
⑤ 시험항목은 물리·화학적 시험과 미생물한도시험 외에 살균보존제와 유효성성분시험이다.

정답
풀이   ⑤

장기보존시험과 가속시험은 물리적·화학적 시험, 미생물한도시험, 용기적합성시험 등을 한다. 살균보존제시험과 유효성성분시험은 개봉 후 안정성시험의 항목이다.

23 화장품의 안정성 시험 중 장기보존시험과 가속시험의 공통대상 시험의 종류가 아닌 것은?

① 물리적 시험
② 화학적 시험
③ 미생물 한도 시험
④ 살균보존제 시험
⑤ 용기적합성 시험

정답
풀이   ④

장기보존시험과 가속시험 종류	• 물리적 시험 • 화학적 시험 • 미생물 한도 시험 • 용기적합성 시험
개봉 후 안정성시험	• 물리적 시험·화학적 시험·미생물 한도시험 • 살균보존제 시험 • 유효성성분 시험

24 일반화장품의 기능과 다른 것은?

① 피부보호 기능
② 수분공급 기능
③ 유분공급 기능
④ 모발색상 변화 기능
⑤ 수분증발억제 기능

정답
풀이   ④

일반화장품은 피부보호, 수분공급, 유분공급, 모공수축, 피부색 보정, 결점 커버, 메이크업, 수분증발억제, 모발세정, 모발컨디셔닝, 유연(에몰리언트), 인체세정 등의 기능이 있다.

25 다음 중 기능성화장품의 효능 · 효과와 거리가 먼 것은?

① 피부색의 보정 및 결점을 커버하며, 모발세정 및 모발컨디셔닝 등에 도움을 주는 기능을 가진 화장품
② 피부에 멜라닌 색소가 침착하는 것을 방지하며 기미 · 주근깨 등의 생성을 억제함으로써 피부의 미백에 도움을 주는 기능을 가진 화장품
③ 피부에 탄력을 주어 피부의 주름을 완화 또는 개선하는 기능을 가진 화장품
④ 모발의 색상을 변화시키는 기능을 가진 화장품. 다만, 일시적으로 색상을 변화시키는 제품을 제외함
⑤ 탈모증상의 완화에 도움을 주는 화장품

 정답 풀이 ①
①은 일반화장품의 효능 · 효과에 대한 내용이다.

26 다음 중 기능성화장품의 효능 · 효과에 해당되는 것과 거리가 먼 것은?

① 튼살로 인한 붉은 선을 엷게 하는데 도움을 주는 화장품
② 아토피성 피부로 인한 건조함 등을 완화하는데 도움을 주는 화장품
③ 코팅 등 물리적으로 모발을 굵게 보이게 하는 화장품
④ 자외선을 차단 또는 산란시켜 자외선으로부터 피부를 보호하는 기능을 가진 화장품
⑤ 피부에 침착된 멜라닌색소의 색을 엷게 하여 피부미백에 도움을 주는 기능을 가진 화장품

 정답 풀이 ③
탈모증상의 완화에 도움을 주는 화장품은 기능성 화장품에 속한다. 다만, 코팅 등 물리적으로 모발을 굵게 보이게 하는 제품은 제외한다.

27 다음 〈보기〉에서 기능성화장품에 속하지 않는 것을 모두 고르면?

• 보기 •

가. 일시적으로 모발의 색상을 변화시키는 제품
나. 물리적으로 체모를 제거하는 제품
다. 코팅 등 물리적으로 모발을 굵게 보이게 하는 제품
라. 강한 햇볕을 방지하여 피부를 곱게 태워주는 기능을 가진 화장품

① 가, 나, 다   ② 가, 나, 라
③ 나, 다, 라   ④ 가, 나, 다, 라
⑤ 해당 사항 없음

 정답 풀이 ①
가, 나, 다는 기능성화장품에서 제외된다.

28 다음 중 주름개선에 도움을 주는 유효성에 대한 평가방법은?

① 티로시나제 활성억제 평가

② 도파(DOPA)의 산화억제 평가

③ 멜라노좀 이동 방해정도 평가

④ 콜라겐, 엘라스틴을 생성하는 섬유아세포의 증식정도 평가

⑤ 자외선 차단제 도포 후의 최소홍반량을 도포 전의 최소홍반량으로 나눈 값으로 평가

정답
풀이 ④

기능성화장품의 유효성 항목별 평가방법

미백에 도움을 줌	• 티로시나제 활성억제 평가 • 도파(DOPA)의 산화억제 평가 • 멜라노좀 이동 방해정도 평가
주름개선에 도움을 줌	콜라겐, 엘라스틴을 생성하는 섬유아세포의 증식정도 평가
자외선차단지수(SPF)	자외선 차단제 도포 후의 최소홍반량을 도포 전의 최소홍반량으로 나눈 값으로 평가

29 다음 〈보기〉 중 식품의약품안전처에서 화장품 영업자를 대상으로 실시하는 감시방법 중 기획감시에 대한 사항으로 옳은 것을 모두 고르면?

• 보기 •

가. 사전예방적 안전관리를 위한 선제적 대응감시

나. 위해우려 또는 취약분야, 시의성 · 예방적 감시분야, 중앙과 지방의 상호협력 필요분야 등에 대한 감시

다. 시중 유통품을 계획에 따라 지속적인 수거검사

라. 고발, 진정, 제보 등으로 제기된 위법사항에 대한 감시

마. 화장품 제조업자, 화장품 책임판매업자에 대한 정기적인 지도 · 점검

① 가, 나   ② 가, 다

③ 가, 라   ④ 가, 마

⑤ 나, 마

정답
풀이 ①

'다'는 품질감사(수거감시)에 대한 사항이며, '라'는 수시감시에 대한 내용이고, '마'는 정기감시에 대한 설명이다.

30 **화장품제조업자의 준수사항과 거리가 먼 것은?**

① 제조관리기준서 · 제품표준서 · 제조관리기록서 및 품질관리기록서를 작성 · 보관할 것
② 보건위생상 위해가 없도록 제조소, 시설 및 기구를 위생적으로 관리하고 오염되지 아니하도록 할 것
③ 화장품의 제조에 필요한 시설 및 기구에 대하여 정기적으로 점검하여 작업에 지장이 없도록 관리 · 유지할 것
④ 화장품의 생산실적 또는 수입실적을 식품의약품안전처장에게 보고할 것
⑤ 원료 및 자재의 입고부터 완제품의 출고에 이르기까지 필요한 시험 · 검사 · 검정을 할 것

정답
풀이
④
④는 화장품 책임판매업자의 준수사항의 내용이다.

31 **책임판매관리자의 업무와 거리가 먼 것은?**

① 품질관리 업무를 총괄할 것
② 품질관리 업무가 적정하고 원활하게 수행되는 것을 확인할 것
③ 품질관리 업무의 수행을 위하여 필요하다고 인정할 때에는 화장품 책임판매업자에게 문서로 보고할 것
④ 품질관리 업무 절차서를 작성 · 보관할 것
⑤ 품질관리업무 시 필요에 따라 화장품 제조업자, 맞춤형화장품 판매업자 등 그 밖의 관계자에게 문서로 연락하거나 지시할 것

정답
풀이
④
품질관리 업무 절차서를 작성 · 보관해야 하는 자는 화장품 책임판매업자의 의무이다.

32 **화장품 성분 중 0.5% 이상 함유하는 제품의 경우에는 해당 품목의 안정성 시험자료를 최종 제조된 제품의 사용기한이 만료되는 날부터 1년간 보존하여야 한다. 이에 해당하는 성분과 거리가 먼 것은?**

① 레티놀 및 그 유도체
② 천연보습인자 및 그 유사원료
③ 아스코빅애씨드 및 그 유도체
④ 토코페롤
⑤ 과산화화합물 또는 효소

정답
풀이
②
화장품 책임판매업자는 다음 각 목의 어느 하나에 해당하는 성분을 0.5% 이상 함유하는 제품의 경우에는 해당 품목의 안정성 시험자료를 최종 제조된 제품의 사용기한이 만료되는 날부터 1년간 보존하여야 한다.

- 레티놀(비타민 A) 및 그 유도체
- 아스코빅애씨드(비타민 C) 및 그 유도체
- 토코페롤(비타민 E)
- 과산화화합물
- 효소

51

33 책임판매업자의 직무와 거리가 먼 것은?

① 품질관리기준에 따른 품질관리 업무
② 자격기준에 맞는 자를 책임판매관리자로 지정
③ 책임판매 후 안전관리기준에 따른 안전 확보 업무
④ 원료 및 자재의 입고부터 완제품의 출고에 이르기까지 필요한 시험 · 검사 또는 검정에 대하여 제조업자를 관리 · 감독하는 업무
⑤ 화장품의 제조와 관련된 기록 · 시설 · 기구 등 관리방법을 준수

 정답풀이 ⑤

⑤는 화장품 제조업자의 의무사항이다.

34 화장품 제조업자 또는 화장품 책임판매업자는 변경 사유가 발생하면 발생한 날부터 며칠 이내에 변경서류를 제출하여야 하는가?

① 10일   ② 15일
③ 30일   ④ 60일
⑤ 90일

 정답풀이 ③

화장품 제조업자 또는 화장품 책임판매업자는 변경사유가 발생한 날부터 30일 이내(다만, 행정구역 개편에 따른 소재지 변경의 경우에는 90일 이내)에 화장품 제조업 변경등록 신청서 또는 화장품 책임판매업 변경등록 신청서에 화장품 제조업 등록필증 또는 화장품 책임판매 등록필증과 해당 서류를 첨부하여 지방 식품의약품안전청장에게 제출하여야 한다. 등록관청을 달리하는 화장품 제조소 또는 화장품 책임판매업소의 소재지 변경의 경우에는 새로운 소재지를 관할하는 지방 식품의약품안전청장에게 제출하여야 한다.

35 국가 또는 공공단체가 국민에게 과하는 금전벌을 말하는 것으로 형벌이 아닌 일종의 행정처분인 것은?

① 과징금   ② 과태료
③ 벌칙(형사처벌)   ④ 업무정지
⑤ 업무중단

정답풀이 ②

처벌의 종류

과징금	행정청이 일정한 행정법상의 의무를 위반한 자에게 부과하는 금전적 재재조치
벌칙	행정법에 대한 형사처벌을 규정한 규칙으로 징역형과 벌금형이 있다.
과태료	국가 또는 공공단체가 국민에게 과하는 금전벌을 말하는 것으로 형벌이 아닌 일종의 행정처분이다.
행정처분	행정청이 행하는 구체적 사실에 관한 법집행으로서의 공권력의 행사이며, 판매업무정지, 광고업무정지, 제조업무정지 등이 있다.

36 과징금에 대한 설명으로 적절하지 아니한 것은?

① 식품의약품안전처장이 영업자에게 업무정지처분을 하여야 할 경우에는 그 업무정지처분을 갈음하여 10억 원 이하의 과징금을 부과할 수 있다.
② 과징금의 산정은 화장품법 시행령의 일반기준과 업무정지 1일에 해당하는 과징금 산정기준에 따라 산정하며, 과징금의 총액은 10억 원을 초과하여서는 안 된다.
③ 업무정지 1개월은 30일을 기준으로 한다.
④ 품목에 대한 판매업무 또는 제조업무의 정지처분을 갈음하여 과징금처분을 하는 경우에는 처분일이 속한 연도의 전년도 해당 품목의 1년간 총생산금액 및 총수입금액을 기준으로 한다.
⑤ 판매업무 또는 제조업무의 정지처분을 갈음하여 과징금처분을 하는 경우에는 처분일이 속한 연도의 전년도 해당 품목의 1년간 총생산금액 및 총수입금액을 기준으로 한다.

정답풀이 ⑤

판매업무 또는 제조업무의 정지처분을 갈음하여 과징금처분을 하는 경우에는 처분일이 속한 연도의 전년도 모든 품목의 1년간 총생산금액 및 총수입금액을 기준으로 한다.

37 다음 중 과징금 부과대상과 거리가 먼 것은?

① 내용량 시험이 부적합한 경우로서 인체에 유해성이 없다고 인정된 경우
② 제조업자 또는 제조판매업자가 자진회수계획을 통보하고 그에 따라 회수한 결과 국민보건에 나쁜 영향을 끼치지 아니한 것으로 확인된 경우
③ 화장품 책임판매업자가 화장품의 품질관리기준, 책임판매 후 안전관리기준, 품질검사 방법 및 실시 의무, 안전성·유효성 관련 정보사항 등의 보고 및 안전대책 마련의무를 준수하지 아니한 경우

④ 제조판매업자가 안정성 및 유효성에 관한 심사를 받지 않거나 그에 관한 보고서를 식품의약품안전처
장에게 제출하지 않고 기능성화장품을 제조 또는 수입하였으나, 유동 판매에 이르지 않은 경우

⑤ 제조업자 또는 제조판매업자가 이물질이 혼입 또는 부착된 화장품을 판매하거나 판매의 목적으로 제
조·수입·보관 또는 진열하였으나 인체에 유해성이 없다고 인정되는 경우

> **정답**
> **풀이** ③
> ③은 200만 원 이하의 벌금에 처하는 자에 해당된다.

38 화장품법령상 200만 원 이하의 벌금에 해당하는 경우가 아닌 것은?

① 인증의 유효기간이 경과한 화장품에 대하여 인증표시를 한 자
② 부당한 표시·광고행위 등의 금지행위를 위반한 자
③ 1차 포장에 표시의무항목을 표시하지 않은 자
④ 화장품의 1차 포장 또는 2차 포장에 총리령으로 정하는 바에 따른 기재·표시사항을 위반한 자
⑤ 화장품을 회수하거나 회수하는 데 필요한 조치를 하려는 영업자는 회수계획을 식품의약품안전처장
에게 미리 보고하여야 하는데 이를 위반한 자

> **정답**
> **풀이** ②
> ②는 1년 이하의 징역 또는 1천만 원 이하의 벌금에 처하는 자에 해당된다.

39 다음 과태료 대상 위반행위에 대한 설명으로 옳지 않은 것은?

① 화장품의 생산실적 또는 수입실적 또는 화장품 원료의 목록 등을 보고하지 아니한 경우
② 책임판매관리자, 맞춤형화장품 조제관리사의 교육이수의무에 따른 명령을 위반한 경우
③ 폐업 등의 신고의무를 위반한 경우
④ 화장품의 판매가격을 표시하지 아니한 자
⑤ 동물실험을 실시한 화장품 또는 동물실험을 실시한 화장품 원료를 사용을 위반하여 제조(위탁제조를
제외한다) 또는 수입한 화장품을 유통·판매한 경우

> **정답**
> **풀이** ⑤
> 동물실험을 실시한 화장품 또는 동물실험을 실시한 화장품 원료를 사용하여 제조(위탁제조를 포함한다) 또는 수입한 화장품
> 을 유통·판매한 자는 100만원 이하의 과태료에 처한다.

40 화장품 안정성 시험에 대한 설명으로 가장 적절하지 않은 것은?

① 시험의 종류로는 장기보존시험, 가속시험, 가혹시험, 개봉 후 안정성 시험 등이 있다.
② 제품의 유통조건을 고려하여 적절한 온도, 습도, 시험기간 및 측정시기를 설정하여 시험한다.
③ 가혹시험조건은 광선, 온도, 습도 3가지 조건을 검체의 특성을 고려하여 결정한다.
④ 기능성화장품의 시험항목은 기준 및 시험방법에 설정된 전 항목을 반드시 해야 한다.
⑤ 장기보존시험은 3로트 이상 해야 한다.

정답
풀이

④

기능성화장품은 과학적 근거가 있으면 시험항목 중 일부 시험 항목을 생략할 수 있다.

41 다음 중 화장품 책임판매업에 속하지 아니하는 것은?

① 수입된 화장품을 유통 · 판매하는 영업
② 화장품을 알선 · 수여하는 영업
③ 화장품을 1차 포장하는 영업
④ 화장품 제조업자에게 위탁하여 제조된 화장품을 유통 · 판매하는 영업
⑤ 화장품 제조업자가 화장품을 직접 제조하여 유통 · 판매하는 영업

정답
풀이

③

화장품 책임판매업

- 화장품 제조업자가 화장품을 직접 제조하여 유통 · 판매하는 영업
- 화장품 제조업자에게 위탁하여 제조된 화장품을 유통 · 판매하는 영업
- 수입된 화장품을 유통 · 판매하는 영업
- 수입대행형 거래를 목적으로 화장품을 알선 · 수여하는 영업

③은 화장품 제조업에 속한다.

42 다음 〈보기〉 중 맞춤형화장품 판매업에 해당하는 것을 모두 고르면?

• 보기 •

가. 수입된 화장품의 내용물에 식품의약품안전처장이 정하여 고시하는 원료를 추가하여 혼합한 화장품을 판매하는 영업
나. 제조된 화장품의 내용물에 식품의약품안전처장이 정하여 고시하는 원료를 추가하여 혼합한 화장품을 판매하는 영업

> 다. 제조된 화장품의 내용물을 소분한 화장품을 판매하는 영업
> 라. 수입된 화장품의 내용물을 소분한 화장품을 판매하는 영업
> 마. 수입된 화장품을 유통·판매하는 영업 또는 수입대행형 거래를 목적으로 화장품을 알선·수여하는 영업

① 가, 나, 다
② 나, 다, 라
③ 다, 라, 마
④ 가, 나, 다, 라
⑤ 가, 나, 다, 라, 마

정답 풀이 ④

화장품 영업범위

화장품 제조업	• 화장품을 직접 제조하는 영업 • 화장품 제조를 위탁받아 제조하는 영업 • 화장품의 포장(1차 포장만 해당한다.)을 하는 영업
화장품 책임판매업	• 화장품 제조업자가 화장품을 직접 제조하여 유통·판매하는 영업 • 화장품 제조업자에게 위탁하여 제조된 화장품을 유통·판매하는 영업 • 수입된 화장품을 유통·판매하는 영업 • 수입대행형 거래를 목적으로 화장품을 알선·수여하는 영업
맞춤형화장품 판매업	• 수입된 화장품의 내용물에 식품의약품안전처장이 정하여 고시하는 원료를 추가하여 혼합한 화장품을 판매하는 영업 • 제조된 화장품의 내용물에 식품의약품안전처장이 정하여 고시하는 원료를 추가하여 혼합한 화장품을 판매하는 영업 • 제조된 화장품의 내용물을 소분한 화장품을 판매하는 영업 • 수입된 화장품의 내용물을 소분한 화장품을 판매하는 영업

43 화장품법에 따른 책임판매관리자의 자격조건으로 옳지 않은 것은?

① 화장품 제조 또는 품질관리 업무에 2년 이상 종사한 경력이 있는 사람
② 의료법에 따른 의사 또는 약사법에 따른 약사
③ 전문대학을 졸업한 사람으로서 간호학과를 전공하고 관련 과목을 20학점 이상 이수한 후 화장품 제조나 품질관리 업무에 1년 이상 종사한 경력이 있는 사람
④ 고등교육법에 따른 전문대학에서 이공계학과 또는 향장학·화장품과학·한의학·한약학과 등을 전공한 사람
⑤ 식품의약품안전처장이 정하여 고시하는 전문 교육과정을 이수한 사람

정답 풀이 ④

책임판매관리자의 자격기준

- 의료법에 따른 의사 또는 약사법에 따른 약사
- 고등교육법에 따른 학교(전문대학은 제외)에서 학사 이상의 학위를 취득한 사람으로서 이공계학과 또는 향장학 · 화장품과학 · 한의학 · 한약학과 등을 전공한 사람
- 대학 등에서 학사 이상의 학위를 취득한 사람으로서 간호학과, 간호과학과, 건강간호학과를 전공하고 화학 · 생물학 · 생명과학 · 유전학 · 유전공학 · 향장학 · 화장품과학 · 의학 · 약학 등 관련 과목을 20학점 이상 이수한 사람
- 고등교육법에 따른 전문대학 졸업자로서 화학 · 생물학 · 화학공학 · 생물공학 · 미생물학 · 생화학 · 생명과학 · 생명공학 · 유전공학 · 향장학 · 화장품과학 · 한의학과 · 한약학과 등 화장품 관련 분야를 전공한 후 화장품 제조 또는 품질관리 업무에 1년 이상 종사한 경력이 있는 사람
- 전문대학을 졸업한 사람으로서 간호학과, 간호과학과, 건강간호학과를 전공하고 화학 · 생물학 · 생명과학 · 유전학 · 유전공학 · 향장학 · 화장품과학 · 의학 · 약학 등 관련 과목을 20학점 이상 이수한 후 화장품 제조나 품질관리 업무에 1년 이상 종사한 경력이 있는 사람
- 식품의약품안전처장이 정하여 고시하는 전문 교육과정을 이수한 사람(식품의약품안전처장이 정하여 고시하는 품목만 해당)
- 그 밖에 화장품 제조 또는 품질관리 업무에 2년 이상 종사한 경력이 있는 사람

44 화장품 책임판매업자가 변경등록을 하여야 하는 경우에 해당하는 것이 아닌 것은?

① 화장품 책임판매업자의 변경　　　　② 화장품 책임판매업자의 상호변경
③ 화장품 책임판매업소의 소재지 변경　④ 제조업체의 변경
⑤ 책임판매관리자의 변경

정답 풀이 ④

화장품 책임판매업자는 다음의 어느 하나에 해당하는 경우 변경등록을 하여야 한다.

- 화장품 책임판매업자의 변경(법인인 경우에는 대표자의 변경)
- 화장품 책임판매업자의 상호변경(법인인 경우에는 법인의 명칭변경)
- 화장품 책임판매업소의 소재지 변경
- 책임판매관리자의 변경
- 책임판매 유형 변경

45 우수화장품 제조 및 품질관리기준 적합판정을 받은 업소에 대해 우수화장품 제조 및 품질관리기준 실시상황 평가표에 따라 몇 년에 1회 이상 실태조사를 받아야 하는가?

① 1년　　　　　　　　　　　　　② 2년
③ 3년　　　　　　　　　　　　　④ 5년
⑤ 10년

46 다음 중 화장품 제조업 등록대장에 작성·기록해야 할 항목과 거리가 먼 것은?

① 등록번호 및 등록연월일
② 화장품 성분기호 및 함량
③ 화장품 제조업자의 상호
④ 제조소의 소재지
⑤ 화장품 제조업자의 성명

47 다음 중 화장품의 영업에 있어서 등록대상이 아닌 것은?

① 화장품 제조업
② 화장품 위탁제조업
③ 수입화장품 유통·판매업
④ 수입화장품의 대행업
⑤ 맞춤형화장품 판매업

48 맞춤형화장품의 혼합 또는 소분에 사용되는 내용물 및 원료의 제조번호와 혼합·소분기록을 포함하여 맞춤형화장품의 판매업자가 부여한 번호는?

① 제조번호
② 식별번호
③ 배치번호
④ 시험번호
⑤ 관리번호

정답 ②
풀이

일반화장품이나 기능성화장품은 제조번호, 맞춤형화장품은 식별번호로 추적성을 확보하고 있다.

49 다음 중 화장품 제조업자로 등록해야 하는 자가 아닌 것은?

① 화장품 제조를 위한 칭량을 하려는 자　　② 1차 포장을 하려는 자
③ 2차 포장을 하려는 자　　④ 화장품을 직접 제조하려는 자
⑤ 제조를 위탁받아 화장품을 제조하려는 자

 정답 ③
풀이

화장품의 2차 포장 또는 표시만 공정을 하는 자는 화장품 제조업 등록대상이 아니다.

50 화장품 제조업 등록 시 작업소에 갖추어야 할 필요시설이 아닌 것은?

① 작업대 등 제조에 필요한 시설 및 기구
② 작업자를 위한 화장실 및 휴게 공간
③ 원료, 자재 및 제품을 보관하는 보관소
④ 원료, 자재 및 제품의 품질검사를 위하여 필요한 시험실
⑤ 품질검사에 필요한 시설 및 기구

 정답 ②
풀이

제조업 등록 시 화장실과 직원 휴게실은 필수적으로 갖추어야 할 시설이 아니다.

51 화장품의 사후관리기준에 대한 설명으로 옳지 않은 것은?

① 품질관리란 화장품의 책임판매 시 필요한 제품의 품질을 확보하기 위해 실시하는 것이다.
② 안전관리 정보란 화장품의 품질, 안전성·유효성, 적정 사용을 위한 정보를 말한다.
③ 화장품의 품질요소로는 안전성, 안정성, 유효성 등이 있다.
④ 제조업자로부터 받은 제품표준서 및 품질관리기록서를 보관한다.
⑤ 안전성이란 사용기간 중 보관에 따른 변색·변취·변질·미생물에 의한 오염 등이 없어야 함을 의미한다.

⑤

화장품의 품질요소

- 안전성 : 피부에 바를 때 자극과 알레르기, 독성 등 인체에 부작용이 없어야 한다.
- 안정성 : 사용기간 중 보관에 따른 변색, 변취, 변질, 미생물에 의한 오염 등이 없어야 한다.
- 유효성 : 사용목적에 따른 기능으로 보습효과, 주름개선, 미백효과, 자외선차단, 세정효과 등 효과와 효능이 있어야 한다.

52 화장품법상 용어의 해설로 옳지 않은 것은?

① 천연화장품이란 동식물 및 그 유래 원료 등을 함유한 화장품으로서 중량 기준으로 천연함량이 전체 제품에서 10% 이상으로 구성되어야 한다.
② 안전용기 · 포장이란 만 5세 미만의 어린이가 개봉하기 어렵게 설계 · 고안된 용기나 포장을 말한다.
③ 사용기한이란 화장품이 제조된 날부터 적절한 보관상태에서 제품이 고유의 특성을 간직한 채 소비자가 안정적으로 사용할 수 있는 최소한의 기한을 말한다.
④ 1차 포장이란 화장품 제조 시 내용물과 직접 접촉하는 포장용기를 말한다.
⑤ 광고란 라디오 · 텔레비전 · 신문 · 잡지 · 음성 · 음향 · 영상 · 인터넷 · 인쇄물 · 간판, 그 밖의 방법에 의하여 화장품에 대한 정보를 나타내거나 알리는 행위를 말한다.

 ①

천연화장품이란 동식물 및 그 유래 원료 등을 함유한 화장품으로서 중량기준으로 천연 함량이 전체 제품에서 95% 이상으로 구성되어야 한다. 반면 유기농화장품은 유기농원료, 동식물 및 그 유래원료 등을 함유한 화장품으로서 유기농 함량이 전체 제품에서 10% 이상이어야 하며 유기농 함량을 포함한 천연함량이 전체 제품에서 95% 이상으로 구성되어야 한다.

53 다음 화장품 유형 중 체취 방지용 제품류에 해당하는 것은?

① 파우더
② 데오도런트
③ 포마드
④ 헤어 토닉
⑤ 메이크업 리무버

 ②

화장품 유형 중 체취 방지용 제품류에는 데오도런트, 그 밖의 체취 방지용 제품류 등이다.

54 다음 중 화장품 책임판매업 등록신청 시 제출하여야 할 서류가 아닌 것은?

① 화장품 책임판매업 등록신청서
② 품질관리기준서
③ 시설명세서
④ 제조판매 후 안전관리 기준서
⑤ 품질검사 위·수탁계약서

 정답
풀이   ③

화장품 책임판매업 등록신청 시 구비서류

- 화장품 책임판매업 등록신청서
- 품질관리기준서
- 제조판매 후 안전관리 기준서
- 책임판매관리자 자격확인서류
- 품질검사 위·수탁계약서
- 제조 위·수탁계약서
- 상호명 증빙서류(사업자등록증)
- 소재지 증빙서류 등

55 다음 중 맞춤형화장품 판매업자에게 권장되는 시설기준과 거리가 먼 것은?

① 판매장소와 구분·구획된 조제실
② 원료 및 내용물 보관 장소
③ 품질검사에 필요한 시설 및 기구
④ 적절한 환기시설
⑤ 작업자의 손 및 조제설비·기구 세척시설

 정답
풀이   ③

맞춤형화장품 판매업자에게 권장되는 시설기준은 다음과 같다.

- 판매장소와 구분·구획된 조제실
- 원료 및 내용물 보관장소
- 적절한 환기시설
- 작업자의 손 및 조제설비·기구 세척시설
- 맞춤형화장품 간 혼입이나 미생물 오염을 방지할 수 있는 시설 또는 설비

56 다음 화장품 영업자의 결격사유 중 화장품 제조업등록 결격사유와 화장품 책임판매업등록 결격사유가 공통적인 것만을 모두 고르면?

> • 보기 •
>
> 가. 정신질환자
> 나. 마약류 중독자
> 다. 피성년후견인 또는 파산선고를 받고 복권되지 아니한 자
> 라. 화장품법 또는 보건범죄 단속에 관한 특별조치법을 위반하여 금고 이상의 형을 선고받고 그 집행이 끝나지 아니하거나 그 집행을 받지 아니하기로 확정되지 아니한 자
> 마. 등록이 취소되거나 영업소가 폐쇄된 날부터 1년이 지나지 아니한 자

① 가, 나, 다   ② 나, 다, 라
③ 다, 라, 마   ④ 가, 다, 라
⑤ 나, 라, 마

정답
풀이 ③

정신질환자 및 마약류 중독자는 화장품 제조업등록 결격사유에 해당하며, 나머지 다, 라, 마는 화장품 제조업자 등록, 화장품 책임판매업자 등록, 맞춤형화장품 판매업신고 결격사유에 해당한다.

57 화장품과 관련하여 국민보건에 직접 영향을 미칠 수 있는 안전성·유효성에 관한 새로운 자료, 유해사례정보 등을 무슨 정보라고 하는가?

① 실마리 정보   ② 안전성 정보
③ 안정성 정보   ④ 유효성 정보
⑤ 적합성 정보

정답
풀이 ②

실마리 정보란 유해사례와 화장품 간의 인과관계 가능성이 있다고 보고된 정보로서 그 인과관계가 알려지지 아니하거나 입증자료가 불충분한 것을 말하며, 안전성 정보는 화장품과 관련하여 국민보건에 직접 영향을 미칠 수 있는 안전성·유효성에 관한 새로운 자료, 유해사례 정보 등을 말한다.

58 영·유아용 제품류 또는 어린이용 제품은 화장품의 안전성 자료를 작성 및 보관하여야 하는데 화장품 안전성 자료의 작성범위에서 제품 및 제조방법에 대한 설명 자료에 속하지 아니하는 것은?

① 제품명   ② 제조업체 및 책임판매업체 정보
③ 제조관리기준서   ④ 제조 시 사용된 원료의 독성정보
⑤ 제품표준서 및 제품관리기록서 등

정답 풀이 ④

화장품의 안전성 자료의 작성범위

제품 및 제조방법에 대한 설명자료	제품명, 제조업체 및 책임판매업 정보, 제조관리기준서 · 제품표준서 · 제조관리기록서 등 제조방법 관련 자료
화장품의 안전성 평가자료	제조 시 사용된 원료의 독성정보, 제품의 보존력 테스트 결과, 사용 후 이상 사례 정보의 수집 · 평가 및 조치관련 자료
제품의 효능 · 효과에 대한 증명자료	제품의 표시 · 광고와 관련된 효능 · 효과에 대한 실증자료

59 화장품의 위해성과 관련한 설명으로 틀린 것은?

① 위해성이란 인체적용 제품에 존재하는 위해요소에 노출되는 경우 인체의 건강을 해칠 수 있는 정도를 말한다.

② 위해요소는 인체의 건강을 해치거나 해칠 우려가 있는 물리적 · 화학적 · 생물학적 요인을 말한다.

③ 위해평가란 인체가 화장품에 존재하는 위해요소에 노출되었을 때 발생할 수 있는 유해영향과 발생확률을 과학적으로 예측하는 일련의 과정이다.

④ 위해평가의 단계는 위험성 확인, 위험성 결정, 노출평가, 위해도 결정 등의 일련의 단계를 말한다.

⑤ 유해성이 크면 위해성도 크다.

정답 풀이 ⑤

모든 물질은 물질 자체에 독성을 지닐 수 있으나(유해성), 해당 물질의 적정한 사용에 따라 인체에 끼치는 영향(위해성)이 결정되는 것으로, 유해성이 큰 물질이라도 노출되지 않으면 위해성이 낮으며, 유해성이 작은 물질이라고 노출량이 많으면 큰 위해성을 갖는다고 볼 수 있다.

60 개인정보보법에 근거한 정보주체의 서면 동의 시 표시방법으로 옳지 않은 것은?

① 글씨의 크기는 최소한 9포인트 이상으로 한다.

② 글씨의 크기는 다른 내용보다 20% 이상 크게 하여 알아보기 쉽게 한다.

③ 글씨의 색깔, 굵기 또는 밑줄을 통하여 그 내용이 명확히 표시되도록 한다.

④ 동의사항이 많아 중요한 내용이 명확히 구분되기 어려운 경우 구분하여 표시한다.

⑤ 글씨는 반드시 正(정)자로 하며, 가급적이면 한자나 영문표기는 금한다.

⑤

개인정보보호법에 근거한 정보주체의 서면 동의 시 표시방법

- 글씨의 크기는 최소한 9포인트 이상으로서 다른 내용보다 20% 이상 크게 하여 알아보기 쉽게 한다.
- 글씨의 색깔, 굵기 또는 밑줄 등을 통하여 그 내용이 명확히 표시되도록 한다.
- 동의사항이 많아 중요한 내용이 명확히 구분되기 어려운 경우에는 중요한 내용이 쉽게 확인될 수 있도록 그 밖의 내용과 별도로 구분하여 표시한다.

61 고객정보 입력 시 고객에게 고지하고 동의를 받아야 하는 것이 아닌 경우는?

① 개인정보의 보유 및 이용기간
② 개인정보를 제공받는 자의 개인정보 이용목적
③ 개인정보의 수집·이용목적
④ 고객과의 면담 예약 장소 및 시간
⑤ 동의를 거부할 권리가 있다는 사실 및 동의 거부에 따른 불이익이 있는 경우에는 그 불이익의 내용을 고지하여야 한다.

④

개인정보처리에 대한 정보주체의 동의를 받아야 할 사항으로 '대통령령으로 정하는 중요한 내용'은 다음과 같다.

- 개인정보의 수집·이용목적
- 처리하려는 개인정보의 항목 중 민감정보 및 여권번호, 운전면허의 면허번호, 외국인등록번호
- 개인정보의 보유 및 이용기간
- 개인정보를 제공받는 자의 개인정보 이용목적
- 동의를 받으려는 때에는 동의 여부를 선택할 수 있다는 사실과, 동의 거부에 따른 불이익의 사항을 구분하여 알려야 한다.

62 개인정보보호법상 5년 이하의 징역 또는 5천만 원 이하의 벌금에 해당하는 경우가 아닌 것은?

① 정보주체의 동의를 받지 아니하고 개인정보를 제3자에게 제공한 자 및 그 사정을 알고 개인정보를 제공받은 자
② 개인정보를 이용하거나 제3자에게 제공한 자 및 그 사정을 알면서도 영리 또는 부정한 목적으로 개인정보를 제공받은 자

③ 민감정보 또는 고유식별정보를 처리한 자

④ 업무상 알게 된 개인정보를 누설하거나 권한 없이 다른 사람이 이용하도록 제공한 자 및 그 사정을 알면서도 영리 또는 부정한 목적으로 개인정보를 제공받은 자

⑤ 개인정보를 분리하여 저장·관리하지 아니한 자 또는 정보주체에게 알려야 할 사항을 알리지 아니한 자

정답
풀이 ⑤

⑤는 1천만 원 이하의 과태료 대상이다.

63 다음 중 개인정보보호법상 3천만 원 이하의 과태료 부과대상자는?

① 개인을 알아볼 수 있는 정보가 생성되었음에도 이용을 중지하지 아니하거나 이를 회수·파기하지 아니한 자

② 개인정보를 분리하여 저장·관리하지 아니한 자

③ 개인정보 보호책임자를 지정하지 아니한 자

④ 정보주체에게 알려야 할 사항을 알리지 아니한 자

⑤ 관계 물품·서류 등 자료를 제출하지 아니하거나 거짓으로 제출한 자

정답
풀이 ①

나머지 ②, ③, ④, ⑤는 1천만 원 이하의 과태료 대상자이다.

64 다음 〈보기〉에서 개인정보 처리제한 항목을 모두 고르면?

• 보기 •

가. 민감정보의 처리제한　　　　　　　나. 고유식별정보의 처리제한
다. 주민등록번호 처리의 제한　　　　　라. 등기번호 및 허가번호의 처리제한

① 가　　　　　　　　　　　　　　　② 가, 나
③ 가, 나, 다　　　　　　　　　　　④ 가, 다, 라
⑤ 가, 나, 다, 라

정답
풀이 ③

개인정보의 처리제한은 민감정보의 처리제한(제23조), 고유식별정보의 처리(제24조), 주민등록번호 처리의 제한(제24조의2)이다.

65 개인정보보호법에서 정하는 개인정보의 안전성 확보조치 기준으로 적절하지 않은 것은?

① 개인정보에 대한 접근통제 및 접근권한의 제한조치
② 개인정보에 대한 보안프로그램의 설치 및 갱신
③ 개인정보에 대한 외부접속프로그램의 설치 및 갱신
④ 개인정보의 안전한 보관을 위한 보관시설의 마련 또는 잠금장치의 설치 등 물리적 조치
⑤ 개인정보의 안전한 처리를 위한 내무 관리계획의 수립 · 시행

정답
풀이　③

외부접속프로그램의 설치는 개인정보의 안정성 확보조치로 권장되지 않는다.

66 개인정보보호법상 벌칙이 가장 무거운 것은?

① 거짓이나 그 밖의 부정한 수단이나 방법으로 다른 사람이 처리하고 있는 개인정보를 취득한 후 이를 영리 또는 부정한 목적으로 제3자에게 제공한 자와 이를 교사 · 알선한 자
② 정보주체의 동의를 받지 아니하고 개인정보를 제3자에게 제공한 자 및 그 사정을 알고 개인정보를 제공 받은 자
③ 개인정보를 이용하거나 제3자에게 제공한 자 및 그 사정을 알면서도 영리 또는 부정한 목적으로 개인정보를 제공받은 자
④ 업무상 알게 된 개인정보를 누설하거나 권한 없이 다른 사람이 이용하도록 제공한 자 및 그 사정을 알면서도 영리 또는 부정한 목적으로 개인정보를 제공받은 자
⑤ 민간정보 또는 고유식별정보를 처리한 자

정답
풀이　①

①은 10년 이하의 징역 또는 1억 원 이하의 벌금에 해당하며, 나머지는 5년 이하의 징역 또는 5천만 원 이하의 벌금에 해당한다.

단 답 형

67 다음 〈보기〉는 화장품의 정의이다. (   ) 안에 들어갈 말을 쓰시오.

• 보기 •
화장품이란 인체를 청결·미화하여 매력을 더하고 용모를 밝게 변화시키거나 피부·모발의 건강을 유지 또는 증진하기 위하여 인체에 바르고 문지르거나 뿌리는 등 이와 유사한 방법으로 사용되는 물품으로서 인체에 대한 작용이 (   )한 것을 말한다.

정답풀이 | 경미

68 다음 〈보기〉에 들어갈 화장품법상의 용어이다. (   ) 안에 들어갈 말을 쓰시오.

• 보기 •
(   )는 동식물 및 그 유래 원료 등을 함유한 화장품으로서 식품의약품안전처장이 정하는 기준에 맞는 화장품을 말한다.

정답풀이 | 천연화장품

69 다음 〈보기〉는 안전성 관련 용어이다. (   ) 안에 들어갈 말을 쓰시오.

• 보기 •
(   )는 유해사례와 화장품 간의 인과관계 가능성이 있다고 보고된 정보로서 그 인과관계가 알려지지 아니하거나 입증자료가 불충분한 것을 말한다.

정답풀이 | 실마리 정보

70 다음 〈보기〉는 맞춤형화장품의 정의이다. (　　　) 안에 들어갈 말을 순서대로 작성하시오.

• 보기 •

가. 제조 또는 수입된 화장품의 내용물(완제품, 벌크제품, 반제품)에 다른 화장품의 내용물이나 식품의약품안전
처장이 정하는 원료를 추가하여 (　Ⓐ　)한 화장품
나. 제조 또는 수입된 화장품의 내용물을 (　Ⓑ　)한 화장품

정답
풀이 　Ⓐ 혼합, Ⓑ 소분

71 다음 〈보기〉는 화장품법령상 영업자의 등록 또는 신고에 대한 설명이다. (　　　) 안에 들어
갈 말의 순서대로 적당한 말을 작성하시오.

• 보기 •

화장품 제조업자, 화장품 책임판매업자는 소재지를 관할하는 지방 식품의약품안전청장에게 (　Ⓐ　)하고, 맞춤
형화장품 판매업자도 맞춤형화장품 판매업소의 소재지를 관할하는 지방 식품의약품안전청장에게 (　Ⓑ　)한다.

정답
풀이 　Ⓐ 등록, Ⓑ 신고

72 다음은 맞춤형화장품 조제관리사 자격시험에 관한 설명이다. (　　　) 안에 들어갈 숫자는?

• 보기 •

식품의약품안전처장은 맞춤형화장품 조제관리사가 거짓이나 그 밖의 부정한 방법으로 시험에 합격한 경우에는
자격을 취소하여야 하며, 자격이 취소된 사람은 취소된 날로부터 (　　　)년간 자격시험에 응시할 수 없다.

정답
풀이 　3

73 다음 〈보기〉는 화장품 안전성 정보관리 규정상 사용되는 용어이다. (   ) 안에 들어갈 말을 쓰시오.

> • 보기 •
>
> (   )는 화장품의 사용 중 발생한 바람직하지 않고 의도되지 아니한 징후, 증상 또는 질병을 말하며, 당해 화장품과 반드시 인과관계를 가져야 하는 것은 아니다.

정답풀이 유해사례

74 다음 〈보기〉에 적합한 용어를 차례대로 작성하시오.

> • 보기 •
>
> 가. 물질이 가진 사람의 건강이나 환경에 좋지 않은 영향을 미치는 화학물질 고유의 성질을 (⒜)이라 한다.
> 나. 유해성이 있는 물질에 사람이나 환경이 노출되었을 때 실제로 피해를 입는 정도를 (⒝)이라 한다.

정답풀이 ⒜ 유해성, ⒝ 위해성

75 다음 〈보기〉는 제품별 안전성 자료의 작성 및 보관에 대한 설명이다. (   ) 안에 들어갈 적당한 말을 차례대로 쓴다면?

> • 보기 •
>
> 제품별 안전성 자료는 최종 제조·수입된 제품의 사용기한이 만료되는 날부터 (⒜)년간 보관하여야 한다. 또한 개봉 후 사용기간을 기재하는 경우 제조 연월일로부터 (⒝)년간 보관하여야 한다.

정답풀이 ⒜ 1, ⒝ 3

76 다음 〈보기〉는 화장품의 안정성과 관련하여 제조일자에 대한 설명이다. (   ) 안에 들어 갈 말을 작성하시오.

• 보기 •

화장품의 1차 용기에 표시되는 제조일자는 일반적으로 제조연월일로 표기하고 있으며, 제조연월일은 일반적으로 (   ) 혹은 벌크제품 제조시작일 혹은 벌크제품 용기충진일로 하고 있다.

정답 풀이 　原료칭량일

77 다음 〈보기〉는 영업자의 의무사항에 관한 설명이다. (   ) 안에 들어갈 말을 쓰시오.

• 보기 •

(   )는 화장품의 품질관리기준, 책임판매 후 안전관리기준, 품질검사 방법 및 실시의무, 안전성 · 유효성 관련 정보사항 등의 보고 및 안전대책 마련의무 등에 관하여 총리령으로 정하는 사항을 준수하여야 한다.

정답 풀이 　화장품 책임판매업자

78 화장품 영업자의 폐업 · 휴업에 대한 설명이다. (   ) 안에 들어갈 말을 쓰시오.

• 보기 •

화장품 제조업자, 화장품 책임판매업자, 맞춤형화장품 판매업자 등은 폐업 또는 휴업을 하려는 경우나 휴업 후 그 업을 재개하려는 경우에는 식품의약품안전처장에게 (   )하여야 한다.

정답 풀이 　신고

79 다음 〈보기〉는 화장품법 제5조 4항의 내용이다. (   ) 안에 들어갈 말은?

> • 보기 •
>
> 화장품 책임판매업자는 총리령으로 정하는 바에 따라 화장품의 제조과정에 사용된 원료의 목록을 화장품의 (   ) 전에 식품의약품안전처장에게 보고하여야 한다.

정답 풀이   유통 · 판매

80 다음 〈보기〉는 개인정보보호법령상 개인정보의 처리제한 항목에 대한 설명이다. (   ) 안에 들어갈 말로 적당한 것을 쓰시오.

> • 보기 •
>
> 개인정보보호법에서 개인정보의 처리제한 항목으로 고객의 민감정보, 고유식별정보, (   )의 처리를 제한하고 있다.

정답 풀이   주민등록번호

2편

화장품 제조 및 품질관리

제2편 화장품 제조 및 품질관리

핵심요약

✳ 화장품 수성원료

정제수 (증류수)	(1) 물을 가열하여 발생하는 수증기를 냉각시켜 탈염, 정제한 물을 말한다. (2) 피부보습의 기초물질로 일부 메이크업 화장품을 뺀 거의 모든 화장품에 사용된다.
에탄올	(1) 화장품에서는 수렴, 청결, 살균제, 가용화제 등으로 이용되고 있다. (2) 스킨, 토너류 제품에서는 수렴효과와 청량감을 부여하고, 네일 제품에서는 가용화제로 사용하기도 한다.
폴리올	(1) 화장품에서 폴리올로 널리 쓰이는 원료는 글리세린, 프로필렌글리콜, 부틸렌글리콜 등이다. (2) 보습제 및 동결을 방지하는 원료로 사용된다.

✳ 화장품 유성원료

식물성 오일	(1) 수분증발 억제와 사용감을 향상시킨다. (2) 피부에 대한 친화성이 우수하고 특이취가 있다. 또한 피부 흡수가 느리고 산패되기가 쉬우며 무거운 사용감이 특징이다.
동물성 오일	(1) 식물성 오일에 비해 생리활성은 우수하지만 색상이나 냄새가 좋지 않고 쉽게 산화되어 변질되므로 화장품 원료로 잘 사용되지 않는다. (2) 피부에 대한 친화성이 우수하고 피부흡수가 빠르다. 또한 산패되기 쉽고 특이취가 있으며 무거운 사용감이 특징이다.
광물성 오일	(1) 고급탄화수소로 무색투명하고 냄새가 없으며 산패나 변질의 문제가 없다. (2) 유성감이 강하고 폐색막을 형성하여 피부호흡을 방해한다.

실리콘 오일 (합성 오일)	(1) 피부에 유연성과 매끄러움, 광택을 부여하고, 색조 화장품의 내수성을 높이며 모발 제품에 자연스러운 광택을 부여한다. (2) 산패되지 않고 가벼운 사용감을 가진다. (3) 다이메틸폴리실록산, 메틸페닐폴리실록산, 사이클로메티콘 등이 있다.
왁스류	(1) 화학적으로 고급지방산에 고급 알코올이 결합된 에스터화합물이다. (2) 대부분이 고체이며, 고급지방산과 고급알코올의 종류에 따라 반고체이기도 하다. 또한 탄화수소 중에서 단단한 고체물질을 왁스로 함께 분류하고 있다.
고급지방산	(1) 동물성 유지의 주성분으로, 천연의 유지와 밀납 등에 세스터류로 함유되어 있으며, 일반적으로 R-COOH 등으로 표시되는 화합물이다. (2) 유화제형에서 에멀전안정화로 주로 사용되며 폼클렌징에서는 가성소다 혹은 가성가리와 비누화 반응을 하는데 사용된다. (3) 탄소 사이의 결합이 단일결합이면 포화, 이중결합이면 불포화라고 하며 포화 혹은 불포화에 따라 지방산을 포화지방산, 불포화지방산이라 한다. (4) 라우릭애시드, 미리스틱애시드, 팔미틱애시드, 스테아릭애시드 등이 있다.
고급알코올	(1) 탄소원자 수가 6 이상인 알코올을 말한다. (2) 유지, 팜유, 야자유에서 생산하거나 파라핀의 산화에 의해 생산(합성)된다. (3) 유화제형에서 에멀전안정화로 사용된다. (4) 세틸, 스테아릴, 아이소스테아릴, 세토스테아릴 등이 있다.

✳ 계면활성제

계면활성제의 정의	한 분자 내에 물과 친화성을 갖는 친수기와 오일과 친화성을 갖는 친유기(소수기)를 동시에 갖는 물질로 계면에 흡착하여 그 성질을 현저하게 바꾸어 주는 물질이다.
계면활성제의 분류	계면활성제가 물에 녹았을 때 친수부의 대전여부에 따라 친수부가 (+)전하를 띠면 양이온 계면활성제, (−)전하를 띠면 음이온 계면활성제, 전하를 띠지 않으면 비이온 계면활성제, pH에 따라 전하가 변하는 양쪽성 계면활성제로 분류한다.
계면활성제의 자극순서	양이온 계면활성제 > 음이온 계면활성제 > 양쪽성 계면활성제 > 비이온 계면활성제 순이다.

✳ 보습제

보습제의 특징	보습제는 피부의 수분량을 증가시켜 주고 수분손실(TEWL)을 막아주는 역할을 한다. 이러한 보습제의 적절한 사용은 화장품의 품질을 결정하는 중요한 요소가 된다.
보습제의 구분	(1) 휴멕턴트 　① 분자 내에 수분을 잡아당기는 친수기가 주변으로부터 물을 잡아 당기고 수소결합을 형성하여 수분을 유지시켜준다 　② 폴리올, 트레할로스, 우레아, 베타인, AHA, 소듐하이알루로네이트, 소듐콘드로이틴설페이트, 소듐 PCA, 소듐락테이트, 아미노산 등이 있다. (2) 폐색제 　① 폐색막을 형성하여 수분증발을 막아주는 역할을 한다. 　② 페트롤라툼, 라놀린, 미네랄 오일 등이 있다.

✳ 고분자화합물

고분자화합물의 특징	고분자화합물은 제품의 점성을 높이거나 사용감을 개선하고 피막을 형성하기 위한 목적으로 사용된다.
점증제	(1) 점증제는 천연물질과 합성물질로 구분된다. (2) 천연물질은 식물성, 광물성, 동물성, 미생물 유래로 구분된다. (3) 광물성은 무기계, 식물성, 동물성, 미생물유래는 유기계이다. (4) 또한 수계점증제와 비수계점증제로 구분되기도 한다.
필름형성제	고분자의 필름막을 화장품에 이용하기 위하여 사용한다.

✳ 비타민

(1) 비타민 A_1(레티놀) : 레티노익산을 사용한 제품의 피부 잔주름 감소
(2) 비타민 C (아스코빅애시드) : 각질 박리효과, 피부세포 증식촉진, 콜라겐 생합성에 도움, 강력한 항산화 작용과 콜라겐 생합성 촉진
(3) 비타민 E(토코페롤) : 피부노화 방지, 피부유연 및 세포의 성장촉진, 항산화 작용
(4) 수용성 비타민으로 가장 널리 이용되고 있는 것이 비타민 C이고, 지용성 비타민으로 가장 널리 이용되고 있는 것은 비타민 E이다.

✳ 색소

색소의 정의	색소란 화장품이나 피부에 색을 띠게 하는 것을 주요목적으로 하는 성분을 말한다.
색소의 역할	(1) 화장품에 사용되는 색소는 화장품에 배합되어 채색을 나타내고, 피복력을 갖게 하거나 자외선을 방어하기도 한다. (2) 피부를 적당히 회복시키거나 색채를 부여하여 건강하고 매력적인 용모를 만들고, 피부의 기미나 주근깨 등을 감추어 원하는 색상을 주며 피지 등의 피부 분비물을 흡수해서 얼굴에 유분이 흐르는 것을 막아준다.
색소의 분류	(1) 염료 : 물이나 기름, 알코올 등에 용해되어 화장품 기제 중 용해 상태로 존재하고 색을 부여할 수 있는 물질로서, 기초용 및 방향용화장품에서 제형에 색상을 나타내고자 할 때 사용하며 색조 화장품에서는 립틴트에 주로 사용된다. (2) 레이크 : 물에 녹기 쉬운 염료에 알루미늄 등의 염이나 황산알루미늄, 황산지르코늄 등을 가해 물에 녹지 않도록 불용화시킨 유기안료로 색상과 안정성이 안료와 염료의 중간 정도이다. (3) 물이나 오일 등에 모두 녹지 않는 불용성 색소로, 메이크업 화장품에 거의 사용하지 않고 화장수, 로션, 샴푸 등의 착색에 사용되며, 무기물로 된 무기안료와 유기물로 된 유기안료로 구분할 수 있다.
유기안료	(1) 물이나 기름 등의 용제에 용해되지 않는 유색 분말로 색상이 선명하고 화려하여 제품의 색조를 조정한다.(유기합성색소 = 타르색소) (2) 염료, 안료, 레이크 등이 있다. (3) 수용성 염료로는 화장수, 로션, 샴푸 등의 착색에 사용되고, 유용성 염료는 헤어 오일 등 유성화장품의 착색에 사용된다.
무기안료	(1) 광물성 안료로 색상이나 화려함이나 선명도는 유기안료에 비해 떨어지지만 빛이나 열에 강하고 유기용매에 녹지 않으므로 화장품용 색소로 널리 사용된다. (2) 체질안료, 착색안료, 백색안료 등이 있다. (3) 립스틱과 같이 선명한 색상이 필요한 경우에는 유기안료가 이용되고, 마스카라의 색소는 무기안료가 주로 사용되고 있다.

✳ 향료

향료의 특징	화장품에서 제품이미지와 원료 특이취 억제를 위해 제형에 따라 0.1~1.0%까지 사용된다.
향료의 분류	(1) 천연향료 : 식물성 향료(꽃, 과실의 종자, 껍질, 뿌리 등에서 추출)와 동물성 향료(동물의 피지선에서 채취)로 나뉜다. (2) 합성향료 : 관기능의 종류(알데히드, 케톤, 아세탈 등)에 따라 합성한 향료이다. (3) 조합향료 : 천연향료와 합성향료를 섞은 향료이다.

| 식물 등에서 향을 추출하는 방법 | (1) 냉각압착방법 : 누르는 압착에 의한 추출이며, 원심분리 원리를 적용한다. 열에 의해 성분이 파괴되는 경우 에센셜오일(정유)을 추출한다.
(2) 수증기증류법 : 수증기를 동반하여 증류하는 것으로 향료성분의 끓는점 차이를 이용하는 방법이며 대부분의 에센셜오일(정유) 생산에 사용된다.
(3) 흡착법 : 열에 약한 꽃의 향을 추출할 때 사용되며 냉침법과 온침법이 있다. 소기름, 돼지기름에 꽃을 흡착시켜 생산한다.
(4) 용매추출법 : 휘발성용제에 의해 향성분을 추출하는 것으로 열에 불안정한 성분을 추출할 때 사용되는 방법이다. |

❋ 보존제, 금속이온봉쇄제, 산화방지제

보존제	미생물의 생육조건을 제거하거나 조절하여 성장을 억제하는 물질이다.
금속이온봉쇄제 (킬레이팅제)	칼슘과 철 등과 같은 금속이론이 작용할 수 없도록 격리하여 제품의 향과 색상이 변하지 않도록 막고 보존능력을 향상시키는데 도움을 주는 물질로 제형 중에서 0.03~0.1% 사용된다.
산화방지제	분자 내에 하이드록시기를 가지고 있어서 이 하이드록시기의 수소를 다른 물질에 주어 다른 물질을 환원시키고 산화를 막는 물질을 말한다.

❋ 기능성화장품 원료

| 피부의 미백에 도움을 주는 기능성화장품의 성분 및 함량 | (1) 닥나무 추출물 : 2%
(2) 알부틴 : 2~5%
(3) 에칠아스코빌에텔: 1~2%
(4) 유용성 감초 추출물 : 0.05%
(5) 아스코빌글루코사이드 : 2%
(6) 마그네슘아스코빌포스페이트 : 3%
(7) 나이아신아마이드 : 2~5%
(8) 알파-비사보롤 : 0.5%
(9) 아스코빌테트라이소팔미테이트 : 2% |
| 피부의 주름개선에 도움을 주는 기능성화장품의 성분 및 함량 | (1) 레티놀 : 2,500IU/g
(2) 레티닐팔미테이트 : 10,000IU/g
(3) 아데노신 : 0.04%
(4) 폴리에톡실레이티드레틴아마이드 : 0.05~2% |

자외선으로부터 피부를 보호하는 데 도움을 주는 기능성화장품의 성분 및 함량	(1) 드로메트리졸 : 0.5~7% (2) 다이갈로일트라이올리에이트 : 0.5~5% (3) 4-메틸벤질리덴캠퍼 : 0.5~4% (4) 멘틸안트라닐레이트 : 0.5~5% (5) 벤조페논-3 : 0.5~5% (6) 벤조페논-4 : 0.5~5% (7) 벤조페논-8 : 0.5~3% (8) 부틸메톡시디벤조일메탄 : 0.5~5% (9) 시녹세이트 : 0.5~5% (10) 에칠헥실트리아존 : 0.5~5% (11) 옥토크릴렌 : 0.5~10% (12) 에칠헥실다이메틸파바 : 0.5~8% (13) 에칠헥실메톡시신나메이트 : 0.5~7.5% (14) 에칠헥실살리실레이트 : 0.5~5% (15) 페닐벤즈이미다졸설포닉애씨드 : 0.5~4% (16) 호모살레이트 : 0.5~10% (17) 징크옥사이드 : 25%(자외선차단성분으로 최대함량) (18) 타이타늄다이옥사이드 : 25%(자외선차단성분으로 최대함량) (19) 아이소아밀p-메톡시신나메이트 : 10%(최대함량) (20) 비스-에칠헥실옥시페놀메톡시페닐트라이아진 : 10%(최대함량) (21) 다이소듐페닐다이벤즈이미다졸테트라설포네이트 : 산으로 10%(최대함량) (22) 드로메트리졸트라이실록산 : 15%(최대함량) (23) 다이에칠헥실부타미도트라이아존 : 10%(최대함량) (24) 폴리실리콘-15(다이메칠코디에칠벤잘말로네이트) : 10%(최대함량) (25) 메칠렌비스-벤조트라이아졸릴테트라메틸부틸페놀 : 10%(최대함량) (26) 테레프탈릴리덴다이캠허설포닉애씨드 및 그 염류 : 산으로 10%(최대함량) (27) 다이에칠아미노하이드록시벤조일헥실벤조에이트 : 10%(최대함량)
체모를 제거하는 기능을 가진 기능성화장품 성분 및 함량	치오글리콘산(80%) : 치오글리콘산으로서 3.0~4.5%
여드름 피부를 완화하는데 도움을 주는 기능성화장품의 성분 및 함량	살리실릭애씨드 : 0.5%
탈모증상의 완화에 도움을 주는 기능성화장품의 성분 및 함량	덱스판테놀, 비오틴, 엘-멘톨, 징크피리치온, 징크피리치온액(50%) : 고시되어 있지 않음

✻ 화장품의 전성분 정보

전성분표시제의 시행	2008년 10월 화장품의 모든 성분을 제품의 용기나 포장에 표시하도록 하는 제도가 시행되었다.
화장품 원료명칭 확인	전성분표시에 사용되는 화장품 원료명칭은 대한화장품협회 성분사전에서 확인이 가능하다.
화장품 전성분명 (원료명칭)의 결정	신규 화장품 원료에 대한 전성분명(원료명칭)은 대한화장품협회 성분명표준화위원회에서 심의를 통해 결정한다.
기타 보존제 함량 표시	영 · 유아용 제품류이거나 어린이용 제품임을 화장품에 표시 · 광고하려는 경우에는 전성분에 보존제의 함량을 표시 · 기재하여야 한다.

✻ 화장품의 종류별 효과

기초화장품	(1) 화장수 : 각질층의 수분공급, 모공수축, 피부정돈을 돕는다.
	(2) 유액 : 세안 후 피부에 유분과 수분을 공급한다.
	(3) 영양크림 : 세안 후 제거된 피지막을 회복하며 피부를 외부환경으로부터 보호한다.
	(4) 아이크림 : 눈 주위의 얇은 피부에 영양공급과 탄력성을 부여한다.
	(5) 마사지크림 : 피부 혈행을 촉진한다.
	(6) 영양액 : 피부에 수분과 영양을 공급하며 점도가 낮다.
	(7) 팩 : 피부에 긴장감과 혈액순환을 촉진시키며, 피부청결에 도움이 된다.
색조화장품	(1) 메이크업베이스 및 프라이머 : 인공 피지막을 형성하여 피부를 보호한다.
	(2) 쿠션/비비크림 : 피부결점을 커버하고 자외선을 차단한다.
	(3) 파운데이션 : 피부결점을 커버하고 자외선 차단 및 피부색을 보정한다.
	(4) 스킨커버 : 피부결점 커버와 피부색 보정역할을 한다.
	(5) 파우더 : 화장붕괴를 예방한다.
세정화장품	(1) 클렌징 크림 : 피지와 메이크업을 제거한다.
	(2) 클렌징 로션 : 옅은 메이크업을 지운다.
	(3) 클렌징 워터 : 메이크업을 지우거나 화장 전 피부를 닦아낸다.
	(4) 클렌징 오일 : 포인트메이크업을 제거한다.
	(5) 샴푸 : 모발에 부착된 오염물질과 두피의 각질을 제거한다.
	(6) 컨디셔너 : 모발의 표면을 매끄럽게 한다.
	(7) 바디워시 : 피부의 오염물질을 제거한다.
	(8) 폼 클렌징 : 피부보습을 제공한다.
	(9) 페이셜 스크럽제 : 모공 속 노폐물과 피부의 오래된 각질을 제거한다.

기능성화장품	(1) 피부의 미백과 주름개선에 도움을 준다. (2) 피부를 곱게 태워주거나 자외선으로부터 피부를 보호한다. (3) 모발에 영양공급을 한다. (4) 피부나 모발의 기능 약화로 인한 건조함, 갈라짐, 빠짐, 각질화 등을 방지하거나 개선한다.

✳ 맞춤형화장품의 구성

현장혼합형	소비자가 직접 매장을 방문하여 피부상태를 상담하고 진단을 받은 후 제품을 현장에서 혼합해주는 방법이다.
공장제조배송형	소비자의 피부상태를 진단한 후에 원료에 대한 요구와 효능에 대한 선택을 바탕으로 제조업소에서 화장품을 생산한 뒤 완제품을 소비자에게 전달하는 방법이다.
DIY 키트형	나만의 화장품을 만들기 위해 베이스 로션과 액티브 부스터를 조합하는 방법이다.
디바이스형	가정과 매장에서 기기를 활용하여 피부를 진단하고 혼합하여 맞춤형화장품을 제공하는 방법이다.

✳ 내용물 및 원료의 품질성적서 구비

원료품질검사성적서 인정기준	화장품에 따라 화장품 원료의 시험 · 검사 시 화장품 제조업자는 입고된 원료에 대한 원료의 특성 등을 고려하여 적정한 시험항목과 시험주기 등을 설정하고 시험 · 검사해야 한다.(원료공급자의 검사결과 신뢰기준 자율규약 제4조제1항)
품질성적서 구비	(1) 맞춤형화장품 판매업자가 맞춤형화장품의 내용물 및 원료의 입고 시 품질관리 여부를 확인하고 책임판매업자가 제공하는 품질성적서를 구비하여야 한다.(화장품법 시행규칙 규정) (2) 내용물 품질관리 여부를 확인할 때나 원료품질 관리여부를 확인할 때에는 제조번호, 사용기한(혹은 개봉 후 사용기간), 제조일자, 시험결과를 주의 깊게 검토하여야 한다.
품질관리기준서 내용	(1) 시험지시서 확인(제품명, 제조번호 또는 관리번호, 제조연월일, 시험지시번호, 지시자 및 지시연월일, 시험항목 및 시험기준) (2) 시험검체 채취방법 및 채취 시의 주의사항과 오염방지대책 (3) 시험시설 및 시험기구의 점검(장비의 교정 및 성능점검 방법) (4) 안정성 시험 (5) 완제품 등 보관용 검체의 관리 (6) 표준품 및 시약의 관리 (7) 위탁시험 및 제조하는 경우 검체의 송부방법 및 시험결과의 판정방법

✳ 화장품 안전기준

(1) 식품의약품안전처장은 화장품의 제조 등에 사용할 수 없는 원료를 지정하여 고시하여야 한다.

(2) 식품의약품안전처장은 보존제, 색소, 자외선차단제 등과 같이 특별히 사용상의 제한이 필요한 원료에 대하여는 그 사용기준을 지정하여 고시하여야 하며, 사용기준이 지정·고시된 원료 외의 보존제, 색소, 자외선차단제 등은 사용할 수 없다.

(3) 식품의약품안전처장은 국내외에서 유해물질이 포함되어 있는 것으로 알려지는 등 국민보건상 위해 우려가 제기되는 화장품 원료 등의 경우에는 총리령으로 정하는 바에 따라 위해요소를 신속히 평가하여 그 위해 여부를 결정하여야 한다.

(4) 식품의약품안전처장은 제3항에 따라 위해평가가 완료된 경우에는 해당 화장품 원료 등을 화장품의 제조에 사용할 수 없는 원료로 지정하거나 그 사용기준을 지정하여야 한다.

(5) 식품의약품안전처장은 제2항에 따라 지정·고시된 원료의 사용기준의 안전성을 정기적으로 검토하여야 하고, 그 결과에 따라 지정·고시된 원료의 사용기준을 변경할 수 있다. 이 경우 안전성 검토의 주기 및 절차 등에 관한 사항은 총리령으로 정한다.

(6) 화장품 제조업자, 화장품 책임판매업자 또는 대학·연구소 등 총리령으로 정하는 자는 제2항에 따라 지정·고시되지 아니한 원료의 사용기준을 지정·고시하거나 지정·고시된 원료의 사용기준을 변경하여 줄 것을 총리령으로 정하는 바에 따라 식품의약품안전처장에게 신청할 수 있다.

(7) 식품의약품안전처장은 (6)에 따른 신청을 받은 경우에는 신청된 내용의 타당성을 검토하여야 하고, 그 타당성이 인정되는 경우에는 원료의 사용기준을 지정·고시하거나 변경하여야 한다. 이 경우 신청인에게 검토 결과를 서면으로 알려야 한다.

(8) 식품의약품안전처장은 그 밖에 유통화장품 안전관리 기준을 정하여 고시할 수 있다.

✳ 착색제성분 중 알레르기 유발물질

알레르기유발물질 표시의무화

(1) 유발성분 표시의무화 : 제조·수입되는 화장품을 대상으로 화장품 성분 중 향료일 경우 향에 포함되어 있는 알레르기 유발성분의 표시의무화가 시행된다.

(2) 착향제의 표시 : 착향제는 향료로 표시할 수 있으나 착향제 구성 성분 중 식품의약품안전처장이 고시한 알레르기 유발성분이 있는 경우에는 향료로만 표시할 수 없고 추가로 해당 성분의 명칭을 기재한다.

(3) 표시대상성분 : 화장품 사용 시의 주의사항 및 알레르기 유발성분 표시에 관한 규정 별표2에서 정한 25종의 유발성분이다.

유발성분	
	(1) 아밀신남알(122-40-7)
	(2) 벤질알코올(100-51-6)
	(3) 신나밀알코올(104-54-1)
	(4) 시트랄(5392-40-5)
	(5) 유제놀(97-53-0)
	(6) 하이드록시시트로넬알(107-75-5)
	(7) 아이소유제놀(97-54-1)
	(8) 아밀신나밀알코올(101-85-9)
	(9) 벤질살리실레이트(118-58-1)
	(10) 신남알(104-55-2)
	(11) 쿠마린(91-64-5)
	(12) 제라니올(106-24-1)
	(13) 아니스알코올(105-13-5)
	(14) 벤질신나메이트(103-41-3)
	(15) 파네솔(4602-84-0)
	(16) 부틸페닐메칠프로피오날(80-54-6)
	(17) 리날룰(78-70-6)
	(18) 벤질벤조에이트(120-51-4)
	(19) 시트로넬올(106-22-9)
	(20) 헥실신남알(101-86-0)
	(21) 리모넨(5989-27-5)
	(22) 메칠2-옥티노에이트(111-12-6)
	(23) α-아이소메칠아이오논(127-51-5)
	(24) 참나무이끼추출물(90028-68-5)
	(25) 나무이끼추출물(90028-67-4)

※ 사용 후 씻어내는 제품에는 0.01% 초과, 사용 후 씻어내지 않는 제품에는 0.001% 초과 함
   유하는 경우에 한한다.
※ 괄호 안은 각 성분의 CAS 등록번호에 해당한다.

✽ 화장품의 함유 성분별 사용 시 주의사항 표시문구

(1) 과산화수소 및 과산화수소 생성물질 함유제품 : 눈에 접촉을 피하고 눈에 들어갔을 때에는 즉시 씻어내야 한다.
(2) 벤잘코늄클로라이드, 벤잘코늄브로마이드 및 벤잘코늄사카리네이트 함유제품 : 눈에 접촉을 피하고 눈에 들어
   갔을 때에는 즉시 씻어내야 한다.
(3) 스테아린산아연(징크스테아레이트) 함유제품(기초화장품 제품류 중 파우더 제품에 한함) : 사용 시 흡입되지 않
   도록 주의하여야 한다.

(4) 살리실릭애씨드 및 그 염류 함유제품(샴푸 등 사용 후 바로 씻어내는 제품 제외) : 만 3세 이하 어린이에게는 사용하지 말아야 한다.

(5) 실버나이트레이트 함유제품 : 눈에 접촉을 피하고 눈에 들어갔을 때에는 즉시 씻어내어야 한다.

(6) 아이오도프로피닐부틸카바메이트(IPBC, 보존제) 함유제품(목욕용제품, 샴푸류 및 바디클렌저 제외) : 만3세 이하 어린이에게는 사용하지 말아야 한다.

(7) 알루미늄 및 그 염류 함유제품(체취방지용 제품류에 한함) : 신장질환이 있는 사람은 사용 전에 의사와 상의하여야 한다.

(8) 알부틴 2% 이상 함유제품 동일 성분을 함유하는 제품 : 구진과 경미한 가려움이 보고된 예가 있으므로 주의하여야 한다.

(9) 카민 또는 코치닐추출물 함유제품 : 이 성분에 과민하거나 알레르기가 있는 사람은 신중히 사용하여야 한다.

(10) 포름알데하이드 0.05% 이상 검출된 제품 : 이 성분에 과민한 사람은 신중히 사용하여야 한다.

(11) 폴리에톡실레이티드레틴아마이드 0.2% 이상 함유제품 : 경미한 발적, 피부건조, 화끈함, 가려움, 구진 등이 보고된 예가 있으므로 주의하여야 한다.

✳ 알레르기 유발물질 표시·기재관련 세부지침

(1) 알레르기 유발성분의 표시 기준의 산출방법 : 해당 알레르기 유발성분이 제품의 내용량에서 차지하는 함량의 비율로 계산한다. 즉 사용 후 씻어내는 제품에는 0.01% 초과, 사용 후 씻어내지 않는 제품에는 0.001% 초과 함유하는 경우에 한한다.

(2) 알레르기 유발성분 표시기준의 하나인 '사용 후 씻어내는 제품'과 '사용 후 씻어내지 않는 제품'의 구분을 하고 있는데, 여기서 사용 후 씻어내는 제품이란 피부, 모발 등에 적용 후 씻어내는 과정이 필요한 제품을 말한다.

(3) 알레르기 유발성분의 표기는 유발성분의 함량에 따른 표시방법이나 순서를 별도로 정하고 있지는 않지만 전성분 표시방법을 적용하기를 권장하고 있다.

(4) 알레르기 유발성분임을 별도로 표시하거나 '사용 시의 주의사항'에 기재한다.

(5) 내용량 10ml 초과 50ml인 소용량 화장품의 경우 착향제 구성성분 중 알레르기 유발성분은 기존 규정과 동일하게 표시·기재를 위한 면적이 부족한 사유로 생략이 가능하나 해당 정보는 홈페이지 등에서 확인할 수 있도록 하여야 한다. 또한 소용량 화장품일지라도 표시면적이 확보되는 경우에는 해당 알레르기 유발성분을 표시하는 것을 권장하고 있다.

(6) 천연오일 또는 식물 추출물에 함유된 알레르기 유발성분의 표시 : 식물의 꽃, 잎, 줄기 등에서 추출한 에센셜오일이나 추출물이 착향의 목적으로 사용되었거나 또는 해당 성분이 착향제의 특성이 있는 경우에는 알레르기 유발성분을 표시·기재하여야 한다.

(7) 부자재 유예기간 종료 전에 기존 부자재를 사용하여 제조한 화장품은 그 화장품의 사용기한까지 유통할 수 있다. 다만, 오버레이블링 등을 통해 알레르기 유발성분을 표시하여 유통하는 것을 권장한다.

(8) 책임판매업자 홈페이지, 온라인 판매처 사이트에서도 전성분 표시사항에 향료 중 알레르기 유발성분을 표시하여야 한다.

❊ 원료목록 보고관련 세부지침

(1) 알레르기 유발성분을 제품에 표시하는 경우 원료목록 보고에도 포함하여야 한다.
(2) 알레르기 유발성분을 포함하여 기존 유통품의 표시 · 기재사항을 변경하고자 하려면 원료목록 보고에도 해당 성분을 포함하는 것이 적절하다.
(3) 책임판매업자는 알레르기 유발성분이 기재된 '제조증명서'나 '제품 표준서'를 구비하여야 하며, 또는 알레르기 유발성분이 제품에 포함되어 있음을 입증하는 제조사에서 제공한 신뢰성 있는 자료를 보관하여야 한다.

❊ 화장품 제조에 사용된 성분의 기재·표시

(1) 착향제는 '향료'로 표시할 수 있다.
(2) 다만, 착향제의 구성 성분 중 식품의약품안전처장이 정하여 고시한 알레르기 유발성분이 있는 경우에는 향료로 표시할 수 없고, 해당 성분의 명칭을 기재 · 표시하여야 한다.

❊ 제조시설의 기준

(1) 건물은 다음과 같이 위치, 설계, 건축 및 이용되어야 한다.
　① 제품이 보호되도록 할 것
　② 청소가 용이하도록 하고 필요한 경우 위생관리 및 유지관리가 가능하도록 할 것
　③ 제품, 원료 및 포장재 등의 혼동이 없도록 할 것
(2) 건물은 제품의 제형, 현재 상황 및 청소 등을 고려하여 설계해야 한다.
(3) 화장품 생산시설이란 화장품을 생산하는 설비와 기기가 들어 있는 건물, 작업실, 건물 내의 통로, 갱의실, 손을 씻는 시설 등을 포함하여 원료, 포장재, 완제품, 설비, 기기를 외부와 주위환경 변화로부터 보호하는 것이다.
(4) 화장품 생산시설은 화장품 생산에 적합하며, 직원이 안전하고 위생적으로 작업에 종사할 수 있는 시설을 갖추어야 한다.
(5) 화장품 생산시설은 화장품의 종류, 양, 품질 등에 따라 변화하므로 각 제조업자는 화장품 관련 법령 등을 참고하여 업체 특성에 맞는 적합한 제조시설을 설계하고 건축하여야 한다.

❊ 화장품의 사용방법

(1) **클렌징** : 생활환경에서 오는 미세먼지 또는 메이크업 잔여물을 닦아낸다.
(2) **토닉** : 피부의 pH 밸런스를 정상수치로 되돌린다.

(3) **에멀션** : 유분과 수분을 조절하여 공급하고 피부에 건조함을 예방한다.

(4) **에센스** : 수분증발을 막아주며, 영양물질을 흡수시킨다.

(5) **영양크림** : 피부에 부족한 영양을 공급하여 신진대사를 촉진시킨다.

(6) **팩, 마스크** : 흡착작용에 의한 피부노폐물 제거와 영양성분 흡수를 도와주고 피부의 신진대사를 촉진시킨다.

✳ 위해평가

위해평가의 정의	위해평가란 인체가 화장품에 존재하는 위해요소에 노출되었을 때 발생할 수 있는 유해영향과 발생확률을 과학적으로 예측하는 일련의 과정으로 위험성 확인, 위험성 결정, 노출평가, 위해도 결정 등 일련의 단계를 말한다.
단계별 평가방법	⑴ 위험성 확인 : 위해요소에 노출됨에 따라 발생할 수 있는 독성의 정도와 영향의 종류 등을 파악하는 과정이다. ⑵ 위험성 결정 : 동물 실험결과, 동물대체 실험결과 등의 불확실성 등을 보정하여 인체노출 허용량을 결정하는 과정이다. ⑶ 노출평가 : 화장품의 사용을 통하여 노출되는 위해요소의 양 또는 수준을 정량적 또는 정성적으로 산출하는 과정이다. ⑷ 위해도 결정 : 위해요소 및 이를 함유한 화장품의 사용에 따른 건강상 영향, 인체 노출 허용량 또는 수준 및 화장품 이외의 환경 등에 의하여 노출되는 위해요소의 양을 고려하여 사람에게 미칠 수 있는 위해의 정도와 발생빈도 등을 예측하는 정량적 또는 정성적 과정이다.
위해평가의 대상	⑴ 국제기구 또는 외국정부가 인체의 건강을 해칠 우려가 있다고 인정하여 판매하거나 판매할 목적의 제조 · 수입 · 사용 또는 진열을 금지하거나 제한한 화장품 ⑵ 국내외의 연구 · 검사기관에서 인체의 건강을 해칠 우려가 있는 원료 또는 성분 등이 검출된 화장품 ⑶ 새로운 원료 · 성분 또는 기술을 사용하여 생산 · 제조 · 조합되거나 안전성에 대한 기준 및 규격이 정해지지 아니하여 인체의 건강을 해칠 우려가 있는 화장품
위해평가의 위해요소	⑴ 화장품 제조에 사용된 성분 ⑵ 중금속, 환경오염물질 및 제조와 보관 과정에서 생성되는 물질 등 화학적 요인 ⑶ 이물 등 물리적 요인 ⑷ 세균 등 미생물적 요인

✳ 회수대상 화장품의 기준

(1) 제9조(안전용기·포장 등)에 위반되는 화장품
(2) 제5조(영업금지)에 위반되는 화장품으로서 다음 각 목의 어느 하나에 해당하는 화장품
  ① 제15조제2호(전부 또는 일부가 변패된 화장품) 또는 제3호(병원미생물에 오염된 화장품)에 해당하는 화장품
  ② 제15조제4호(이물이 혼입되었거나 부착된 것)에 해당하는 화장품 중 보건위생상 위해를 발생할 우려가 있는 화장품
  ③ 제8조제1항 또는 제2항에 따른 화장품에 사용할 수 없는 원료를 사용한 화장품 또는 사용한도가 지정된 원료를 사용한도 초과하여 사용한 화장품
  ④ 유통화장품 안전관리기준(내용량의 기준에 관한 부분은 제외한다.)에 적합하지 아니한 화장품
  ⑤ 제15조제9호(사용기한 또는 개봉 후 사용기간을 위조·변조한 화장품)에 해당하는 화장품
  ⑥ 그 밖에 화장품 제조업자 또는 화장품 책임판매업자 스스로 국민보건에 위해를 끼칠 우려가 있어 회수가 필요하다고 판단한 화장품(자진회수)
(3) 등록을 하지 아니한 자가 제조한 화장품 또는 제조·수입하여 유통·판매한 화장품
(4) 신고를 하지 아니한 자가 판매한 맞춤형화장품
(5) 맞춤형화장품 조제관리사를 두지 아니하고 판매한 맞춤형화장품

✳ 화장품의 위해성 등급

'가'등급 위해성 화장품	(1) 화장품에 사용할 수 없는 원료를 사용한 화장품 (2) 사용한도가 정해진 원료를 사용한도 이상으로 포함한 화장품
'나'등급 위해성 화장품	(1) 제9조(안전용기·포장 등)에 위반되는 화장품 (2) 유통화장품 안전관리기준(내용량의 기준에 관한 부분은 제외, 기능성 화장품의 기능성을 나타나게 하는 주원료 함량이 기준치에 부적합한 경우는 제외)에 적합하지 아니한 화장품
'다'등급 위해성 화장품	(1) 전부 또는 일부가 변패된 화장품 (2) 이물이 혼입되었거나 부착된 화장품 중에서 보건위생상 위해를 발생할 우려가 있는 화장품 (3) 유통화장품 안전관리 기준(내용량의 기준에 관한 부분은 제외, 기능성 화장품의 기능성을 나타나게 하는 주원료 함량이 기준치에 부적합한 경우 제외)에 적합하지 아니한 화장품 (4) 사용기한 또는 개봉 후 사용기간(병행 표기된 제조 연월일을 포함한다.)을 위조·변조한 화장품 (5) 화장품 제조업자 또는 화장품 책임판매업자 스스로 국민보건에 위해를 끼칠 우려가 있어 회수가 필요하다고 판단한 화장품(자진회수) (6) 등록을 하지 아니한 자가 제조한 화장품 또는 제조·수입하여 유통·판매한 화장품 (7) 신고를 하지 아니한 자가 판매한 맞춤형화장품 (8) 맞춤형화장품 조제관리사를 두지 아니하고 판매한 맞춤형화장품

✳ 위해화장품의 회수

위해화장품의 회수계획	화장품을 회수하거나 회수하는 데 필요한 조치를 하려는 화장품 제조업자 또는 화장품 책임판매업자(이하 "회수의무자"라 한다)는 해당 화장품에 대하여 즉시 판매중지 등의 필요한 조치를 하여야 하고, 회수대상화장품이라는 사실을 안 날부터 5일 이내에 회수계획서에 다음 각 호의 서류를 첨부하여 지방 식품의약품안전청장에게 제출하여야 한다. 다만, 제출기한까지 회수계획서의 제출이 곤란하다고 판단되는 경우에는 지방 식품의약품안전청장에게 그 사유를 밝히고 제출기한 연장을 요청하여야 한다.
회수계획서 제출	회수의무자가 회수계획서를 제출하는 경우에는 다음 각 호의 구분에 따른 범위에서 회수 기간을 기재해야 한다. 다만, 회수 기간 이내에 회수하기가 곤란하다고 판단되는 경우에는 지방 식품의약품안전청장에게 그 사유를 밝히고 회수 기간 연장을 요청할 수 있다.

✳ 일탈관리와 불만처리

일탈관리	(1) 일탈은 규정된 제조 또는 품질관리활동 등의 기준을 벗어나 이루어진 행위이며, 기준일탈이란 어떤 원인에 의해서든 시험결과가 정한 기준값 범위를 벗어난 경우이다. 기준일탈은 엄격한 절차를 마련하여 이에 따라 조사하고 문서화하여야 한다. (2) 생산공정 중 일탈이 발생하면 일탈이 발생한 부서에서 일탈보고서를 작성하여 품질부서에 접수하면 품질부서 일탈담당자가 일탈을 조사하여 품질보증 책임자의 승인을 받아 조치계획을 실시하고 동일한 일탈의 발생을 막기 위해 시정 및 예방조치도 함께 실시하고 시행된 시정 및 예방조치에 대하여 일탈담당자가 그 효과성을 지속적으로 확인한다.
불만처리	(1) 불만처리담당자는 제품에 대한 모든 불만을 취합하고, 제기된 불만에 대해 신속하게 조사하고 그에 대한 적절한 조치를 취하여야 한다. (2) 불만처리담당자의 기록ㆍ유지사항 　① 불만 접수연월일 　② 불만 제기자의 이름과 연락처 　③ 제품명, 제조번호 등을 포함한 불만내용 　④ 불만조사 및 추적조사 내용, 처리결과 및 향후 대책 　⑤ 다른 제조번호의 제품에도 영향이 없는지 점검 (3) 불만은 제품결함의 경향을 파악하기 위해 주기적으로 검토하여야 한다.

적중문제

선 다 형

01 계면활성제에 대한 설명으로 틀린 것은?

① 계면활성제가 물에 녹았을 때 친수부의 대전여부에 따라 친수부가 (+) 전하를 띄면 양이온 계면활성제이다.

② 계면활성제가 물에 녹았을 때 친수부의 대전여부에 따라 친수부가 (−) 전하를 띄면 음이온 계면활성제이다.

③ 계면활성제가 물에 녹았을 때 친수부의 대전여부에 따라 친수부가 전하를 띄지 않으면 비이온 계면활성제이다.

④ pH에 따라 전하가 변하는 때에는 양쪽성 계면활성제라고 한다.

⑤ 양쪽성 계면활성제는 높은 pH에서 양이온 계면활성제가 되고 낮은 pH에서 음이온 계면활성제가 된다.

정답
풀이 ⑤

계면활성제는 한 분자 내에 친수부와 친유부를 가지는 물질로 섞이지 않는 두 물질의 계면에 작용하여 계면장력을 낮추어 두 물질이 섞이도록 돕는 것으로 pH에 따라 전하가 변하는 양쪽성 계면활성제이다. 즉 양쪽성 계면활성제는 높은 pH에서 음이온 계면활성제가 되고, 낮은 pH에서 양이온 계면활성제가 된다.

02 계면활성제 중 비이온 계면활성제의 종류가 아닌 것은?

① 폴리소르베이트 계열

② 트라이에탄올아민라우일설페이트

③ 소프비탄 계열

④ 글리세릴모노스테아레이트

⑤ 알카놀아마이드

정답
풀이 ②

비이온 계면활성제는 피부자극이 적고 기초 화장품류의 가용화제, 유화제로 사용된다.

- 폴리소르베이트 계열
- 소프비탄 계열
- 글리세릴모노스테아레이트

• 알카놀아마이드
• 피오이 계열, 피이지 계열
• 폴리글리세린 계열

03 계면활성제 중 양이온의 종류에 속하는 것을 모두 고르면?

• 보기 •

가. 세테아디모늄클로라이드
나. 다이스테아릴다이모늄클로라이드
다. 베헨트라이모늄클로라이드
라. 코카미도프로필베타인
마. 소듐라우릴설페이트

① 가, 나, 다   ② 가, 나, 라
③ 가, 나, 마   ④ 나, 다, 라
⑤ 다, 라, 마

정답풀이 ①
양이온 계면활성제는 살균 · 소독작용이 있고 대전방지효과와 모발에 대한 컨디셔닝효과가 있다.

• 세테아디모늄클로라이드
• 다이스테아릴다이모늄클로라이드
• 베헨트라이모늄클로라이드

04 계면활성제 중 음이온 계면활성제의 종류에 속하지 않는 것은?

① 소듐라우릴설페이트
② 암모늄라우릴설페이트
③ 트라이에탄올아민라우릴설페이트
④ 세틸다이메티콘토폴리올 설페이트
⑤ 암모늄라우레스설페이트

정답풀이 ④
음이온 계면활성제는 세정력이 우수하고 기포형성작용이 있어 세정제품에 사용된다.

• 소듐라우릴설페이트
• 소듐라우레스설페이트

- 소듐자일렌설포네이트
- 암모늄라우릴설페이트
- 암모늄라우레스설페이트
- 트라이에탄올아민라우릴설페이트

05 다음 중 피부자극이 적고 세정작용이 있어 베이비샴푸나 저자극샴푸 등에 이용되는 양쪽성 계면활성제의 종류는?

① 코코암포글리시네이트 ② 소듐라우릴설페이트
③ 세테아디모늄클로라이드 ④ 폴리소르베이트
⑤ 다이메티콘코폴리올

정답 풀이 ①
양쪽성 계면활성제는 피부자극이 적고 세정작용이 있어 베이비샴푸, 저자극샴푸 등에 이용된다.

- 코코암포글리시네이트
- 코카미도프로필베타인

06 다음 계면활성제 종류 중 천연재인 것은?

① 레시틴, 리솔레시틴 ② 코카미도프로필베타인
③ 다이메티콘코폴리올 ④ 폴리글리세린 계열
⑤ 소르비탄 계열

정답 풀이 ①
천연 계면활성제로는 레시틴과 리솔레시틴이 있으며 기초화장품 성분으로 사용된다.

07 다음 〈보기〉 중 실리콘계 계면활성제의 종류를 모두 고르면?

• 보기 •
가. 피이지-10 다이메티콘
나. 다이메티콘코폴리올
다. 세틸다이메티콘코폴리올
라. 트라이에탄올아민라우릴설페이트
마. 세테아디모늄클로라이드

① 가, 나, 다   ② 가, 다, 라
③ 가, 라, 마   ④ 나, 다, 라
⑤ 다, 라, 마

정답풀이 ①

실리콘계 계면활성제는 주로 파운데이션, 비비크림 등에 사용된다.

〈실리콘계 계면활성제〉
- 피이자-10 다이메티콘
- 다이메티콘코폴리올
- 세틸다이메티콘코폴리올

08 계면활성제의 유형과 그 적용제품의 연결이 옳지 않은 것은?

① 양이온 계면활성제 – 헤어컨디셔너, 린스
② 음이온 계면활성제 – 샴푸, 바디워시, 손 세척제 등 세정제품
③ 비이온 계면활성제 – 기초화장품, 색조화장품
④ 양쪽성 계면활성제 – 파운데이션, 비비크림 등
⑤ 천연 계면활성제 – 기초화장품

정답풀이 ④

계면활성제의 유형과 그 적용제품

- 양이온 계면활성제 – 헤어컨디셔너, 린스
- 음이온 계면활성제 – 샴푸, 바디워시, 손 세척제 등 세정제품
- 비이온 계면활성제 – 기초화장품, 색조화장품
- 양쪽성 계면활성제 – 베이비샴푸, 저자극샴푸
- 실리콘계 계면활성제 – 파운데이션, 비비크림 등
- 천연 계면활성제 – 기초화장품

09 계면활성제의 자극이 큰 순서대로 나열한 것은?

• 보기 •

가. 양이온 계면활성제	나. 음이온 계면활성제
다. 양쪽성 계면활성제	라. 비이온 계면활성제

① 가 > 나 > 다 > 라
② 나 > 가 > 다 > 라
③ 다 > 가 > 나 > 라
④ 다 > 나 > 가 > 라
⑤ 라 > 가 > 나 > 다

 ①

계면활성제의 자극이 큰 순서는 양이온 계면활성제 > 음이온 계면활성제 > 양쪽성 계면활성제 > 비이온 계면활성제 순이다.

10 계면활성제 중에서 자극이 가장 작아서 기초화장품류에서 주로 사용되는 것은?

① 양이온 계면활성제
② 음이온 계면활성제
③ 양쪽성 계면활성제
④ 비이온 계면활성제
⑤ 실리콘계 계면활성제

 ④

비이온 계면활성제는 자극이 가장 적어 기초화장품 및 색조화장품 등에 사용된다.

11 다음 중 저급알코올에 대한 설명으로 옳지 않은 것은?

① 에틸알코올
② 이소프로필알코올
③ 부틸알코올
④ 발효법 및 합성에 의해 생산
⑤ 라우릴알코올

 ⑤

저급알코올과 고급알코올

저급알코올	저급알코올은 발효법, 합성에 의해 생산되며, 저급알코올인 에틸알코올, 이소프로필알코올, 부틸알코올 등은 용제, 소독제로 사용된다.
고급알코올	고급알코올은 우지, 팜유, 야자유에서 생산하거나 파라핀의 산화에 의해 생산하며, 고급알코올은 유화제형에서 에멀전 안정화로 사용되며, 고급알코올은 라우릴알코올, 미리스틸알코올, 세틸알코올, 스테아릴알코올, 세토스테아릴알코올, 베헤닐알코올 등이 있다.

12 다음 고급알코올의 종류와 그 용도의 연결이 옳지 않은 것은?

① 라우릴알코올 – 세정제품의 점증제, 기포안정제

② 미리스틸알코올 – 에멀젼의 유화안정제, 크림 등의 점증제

③ 스테아릴알코올 – 에멀젼의 유화안정제, 비누의 거품안정제

④ 세토스테아릴알코올 – 에멀젼의 유화안정제, 크림, 유액 등의 점증제

⑤ 에틸알코올 – 가용화제, 수렴, 살균, 보존작용

> 정답
> 풀이
> ⑤
> ⑤의 에틸알코올은 저급알코올의 종류로 용제, 소독제로 사용된다.

13 고급지방산에 대한 내용으로 옳지 않은 것은?

① R-COOH 화학식을 가지는 물질로 알킬기의 분자량이 큰 것을 고급지방산이라 한다.

② 고급지방산은 유화제형에서 에멀젼 안정화로 주로 사용되며, 폼클렌징에서는 가성소다 혹은 가성가리와 비누화 반응하는 데 사용된다.

③ 탄소사이의 결합이 단일결합이면 포화, 이중결합이면 불포화라고 한다.

④ 알킬기의 종류(탄소수)에 따라 여러 종류의 고급지방산으로 분류된다.

⑤ 올레익애씨드는 탄소수가 18개로 흰색의 고상이다.

> 정답
> 풀이
> ⑤
> 고급지방산의 종류

성상	지방산	탄소수
흰색의 고상	라우릭애씨드	12
	미리스틱애씨드	14
	팔미틱애씨드	16
	스테아릭애씨드	18
	아라키딕애씨드	20
	베헤닉애씨드	22
투명한 액상	올레익애씨드	18(불포화결합 1개)
	리놀레익애씨드	18(불포화결합 2개)
	리놀레닉애씨드	18(불포화결합 3개)

14 식물성 오일의 특징으로 거리가 먼 것은?

① 피부에 대한 친화성이 우수하다.　　② 피부흡수가 빠르다.
③ 산패되기가 쉽다.　　④ 특이취가 있다.
⑤ 무거운 사용감이 있다.

정답
풀이 ②
식물성 오일은 피부에 대한 친화성이 우수하고 피부흡수가 느리다. 또한 산패되기 쉽고 특이취가 있다. 그리고 무거운 사용
감이 있다.

15 유지의 분류와 그 적용의 연결이 옳지 못한 것은?

① 식물성 오일 – 피부흡수가 느리고 산패되기 쉽고 특이취가 있다.
② 동물성 오일 – 피부흡수가 빠르고 산패되기 쉽고 특이취가 있다.
③ 광물성 오일 – 무색투명하고 산패가 되지 않으며 특이취가 없다.
④ 합성 오일 – 산패가 되지 않으며 가벼운 사용감이 있다.
⑤ 지방 – 산패되기 쉬우며 특이취가 없고 가벼운 사용감을 가진다.

정답
풀이 ⑤
지방은 산패되기 쉽고 특이취가 있으며 무거운 사용감을 가진다.

16 다음 왁스 중 광물유래 왁스인 것은?

① 파라핀 왁스　　② 세레신
③ 밀납　　④ 라놀린
⑤ 폴리에틸렌

정답
풀이 ②
왁스의 유형

석유화학 유래 왁스	파라핀 왁스, 마이크로트리스탈린 왁스
광물유래 왁스	오조케라이트, 세레신. 몬탄왁스
동물유래 왁스	밀납. 라놀린, 경납
식물유래 왁스	카루나우바왁스, 칸테리라왁스, 제팬왁스
합성 왁스	폴리에틸렌

2편 화장품 제조 및 품질관리

17 탄화수소 중 끈적거리는 사용감으로 립글로스 제형에서 부착력과 광택을 주는 데 사용되는 것은?

① 스쿠알란   ② 폴리부텐

③ 미네랄오일   ④ 페트롤라툼

⑤ 스쿠알렌

> **정답풀이** ②
>
> 탄화수소란 탄소와 수소로만 이루어진 물질로 미네랄오일, 페트롤라툼, 스쿠알렌, 스쿠알란, 폴리부텐, 하이드로제네이티드 폴리부텐 등이 있다. 미네랄오일, 페트롤라툼, 스쿠알란은 화장품에서 오일로 사용되며, 합성에 의해 만들어지는 폴리부텐류는 끈적거리는 사용감으로 립글로스 제형에서 부착력과 광택을 주는 데 사용된다.

18 다음 〈보기〉의 탄화수소 중 화장품에서 오일로 사용되는 것을 모두 고르면?

> • 보기 •
>
> 가. 미네랄 오일   나. 페트롤라툼
>
> 다. 스쿠알렌   라. 스쿠알란
>
> 마. 폴리부텐

① 가, 나, 다   ② 가, 나, 라

③ 나, 다, 라   ④ 나, 다, 마

⑤ 다, 라, 마

> **정답풀이** ②
>
> 탄화수소 중 미네랄 오일, 페트롤라툼, 스쿠알란이 화장품에서 오일로 사용된다. 피지의 성분인 스쿠알렌은 4개의 이중 결합을 가지고 있어 산패되기 쉬우므로 이중결합(불포화)에 수소를 결합시켜 단일결합으로 변경한 스쿠알란이 화장품에서 오일로 사용된다.

19 점증제를 수계점증제와 비수계점증제로 구분할 때 다음 중 수계점증제가 아닌 것은?

① 나무삼출물   ② 잔탄검

③ 실리카   ④ 카제인

⑤ 폴리아크릴릭애씨드

> **정답풀이** ③
>
> 광물성에서 유래되는 클레이, 실리카 등은 비수계 점증제 겸 무기계 점증제이다.

20 실리콘에 대한 설명으로 적절하지 아니한 것은?

① 퍼발림성이 우수하다.
② 발수성과 광택이 있다.
③ 무독성 무자극성이다.
④ 높은 표면장력을 가진다.
⑤ 기초화장품, 색조화장품, 헤어케어 화장품 등에서 널리 사용된다.

> **정답 풀이** ④
>
> 실리콘은 고분자물질이고 실리콘은 규소이며, 실리카는 이사환규소이며, 실리케이트는 실리가에 소량의 금속이 섞여 있는 물질이다. 실리콘은 퍼발림성이 우수하고 실키한 사용감, 발수성, 광택, 콘디셔닝, 무독성, 무자극성, 낮은 표면장력(소포제)으로 기초화장품, 색조화장품, 헤어케어 화장품 등에서 널리 사용되고 있다.

21 보습제는 수분을 유지시켜 주는 휴멕턴트와 폐색막을 형성하여 수분 증발을 막는 폐색제로 구분된다. 다음 중 폐색제에 속하는 것은?

① 폴리올　　　　　　　　　　　② 트레할로스
③ 우레아　　　　　　　　　　　④ 베타인
⑤ 라놀린

> **정답 풀이** ⑤
>
> 보습제

휴멕턴트	• 의의 : 수분을 유지시켜 주는 역할 • 종류 : 폴리올(다가알코올), 트레할로스, 우레아(요소), 베타인, AHA, 소듐하이알루로네이트, 소듐콘드로이틴설페이트, 소듐피씨에이, 소듐락테이트, 아미노산 등
폐색제	• 의의 : 수분의 증발을 막아주는 역할 • 종류 : 페트롤라툼, 라놀린, 미네랄 오일 등

22 화장품 원료 중 금속이온봉쇄제를 모두 고르면?

> **• 보기 •**
>
> 가. 이디티에이(EDTA)　　　　　　나. 디소듐이디티에이
> 다. 트리소듐이디티에이　　　　　라. 테트라소듐이디티에이
> 마. BHT, BHA

① 가, 나, 다, 라 ② 가, 나, 다, 마
③ 가, 다, 라, 마 ④ 나, 다, 라, 마
⑤ 가, 나, 다, 라, 마

정답
풀이 ①

금속이온봉쇄제(킬레이팅제)는 칼슘과 철 등과 같은 금속이온이 작용할 수 없도록 격리하여 제품의 향과 색상이 변하지 않도록 막고 보존기능을 향상시키는데 도움을 주는 물질로 제형 중에서 0.03∼0.10% 사용된다. 이디티에이(EDTA), 디소듐이디티에이, 트리소듐이디티에이, 테트라소듐이디티에이 등이 주로 금속이온봉쇄제로 사용되며, 소듐이 결합된 EDTA는 물에 가용으로 디소듐이디티에이가 화장품에 많이 사용된다.

23 화장품 원료로의 색소에 대한 설명으로 틀린 것은?

① 색소는 일반적으로 염료, 레이크, 안료, 천연색소로 분류된다.
② 색소는 구성물질에 따라 무기안료와 유기안료로도 분류되는데 유기안료로 대표적인 것은 마그네슘과 알루미늄이다.
③ 염료는 물이나 기름, 알코올 등에 용해되어 기초용 및 방향용화장품에서 제형에 색상을 나타내고자 할 때 사용하고 색조화장품에서는 립틴트에 주로 사용된다.
④ 안료는 물과 오일 등에 녹지 않는 불용성 색소로 색상이 화려하지 않으나 빛, 산, 알칼리에 안정한 무기안료와 색상이 화려하고 생생하지만 빛, 산, 알칼리에 불안정한 유기안료, 고분자 안료로 구분할 수 있다.
⑤ 레이크는 물에 녹기 쉬운 염료를 알루미늄 등의 염이나 황산 알루미늄, 황산 지르코늄 등을 가해 물에 녹지 않도록 불용화시킨 유기안료로 색상과 안정성이 안료와 염료의 중간 정도이다.

정답
풀이 ②

유기안료와 무기안료

유기안료	• 의의 : 탄소, 산소, 질소 등 유기물로만 구성된 안료 • 특징 : 색상이 화려하고 생생하지만 빛, 산, 알칼리에 불안정
무기안료	• 의의 : 마그네슘, 알루미늄, 철, 크롬 등 무기물을 포함하는 안료 • 특징 : 색상이 화려하지 않으나 빛, 산, 알칼리에 안정

24 석탄의 콜타르에 함유된 방향족 물질을 원료로 하여 합성한 색소로 색상이 선명하고 미려해서 색조제품에 널리 사용되는 것은?

① 타르색소 ② 징크옥사이드
③ 카라멜 ④ 베타카로틴
⑤ 라이코펜

타르색소는 석탄의 콜타르에 함유된 방향족 물질(벤젠, 톨루엔, 나프탈렌, 안트라센)을 원료로 하여 합성한 색소로 색상이 선명하고 미려해서 색조제품에 널리 사용된다. 다만, 안전성에 대한 이슈가 항상 있고, 눈 주위, 영·유아용 제품, 어린이용 제품에 사용할 수 없는 타르색소가 정해져 있으며 색소 안전성이 지속적으로 모니터링되고 있다. 타르색소에 해당되는 색소는 레이크와 염료이다.

25 무기안료인 광물성 출발물질이 아닌 것은?

① 카올린   ② 마이카
③ 탤크   ④ 실리카
⑤ 징크옥사이드

광물성 출발물질 무기안료

- **카올린(클레이)** : 친수성으로 피부부착력이 우수하고 땀이나 피지의 흡수력이 우수하다.
- **마이카(운모)** : 백색의 분말로 탄성이 풍부하기 때문에 사용감이 좋고 피부에 대한 부착성도 우수하다. 뭉침현상을 일으키지 않고 자연스러운 광택을 부여한다.
- **세리사이트(견운모)** : 백색의 분말로 피부에 광택을 준다.
- **탤크(활석)** : 백색 분말로 매끄러운 사용감과 흡수력이 우수하고 투명성을 향상시킨다.
- **마그네슘카보네이트** : 백색분말이며 향흡수제이다.
- **칼슘카보네이트** : 진주광택이고 화사함을 주며, 백색의 무정형 미분말이다.
- **실리카** : 석영에서 얻어지는 흡수성이 강한 구상분체로 비수계 점증제로 사용된다.

26 백색의 분말로 피부보호, 진정작용, 무정형의 특징을 갖는 것은?

① 징크옥사이드   ② 티타늄디옥사이드
③ 비스머스옥시클로라이드   ④ 징크스테아레이트
⑤ 마그네슘스테아레이트

합성 무기안료

- **징크옥사이드** : 백색의 분말로 피부보호, 진정작용, 무정형의 특징을 갖는다.
- **티타늄디옥사이드** : 백색안료로 자외선차단제로 활용된다.
- **비스머스옥시클로라이드** : 백색의 분말로 진주광택을 띤다.
- **징크스테아레이트** : 진정작용
- **마그네슘스테아레이트, 칼슘스테아레이트** : 불투명화, 안료간 결합제, 부착력과 발수성 우수

27 색조화장품에 사용되는 안료로서 파우더의 사용감과 제형을 구성하는 기능을 하는 체질안료가 아닌 것은?

① 탤크, 카올린   ② 마이카
③ 구아닌   ④ 세리사이트
⑤ 실리카

정답풀이 ③

체질안료란 파우더의 사용감과 제형을 구성하는 기능을 한다.

체질안료 종류	작용
탤크, 카올린	벌킹제
보론나이트라이드, 실리카, 나일론6, 폴리메틸메타크릴레이트	부드러운 사용감
마이카, 세리사이트, 칼슘카보네이트, 마그네슘카보네이트	펄효과, 화사함
마그네슘스테아레이트, 알루미늄스테아레이트	결합제
하이드록시아파타이트	피지흡수

28 다음 착색안료 중 무기계가 아닌 것은?

① 산화철   ② 레이크
③ 울트라마린 블루   ④ 크롬옥사이드
⑤ 망가네즈바이올렛

정답풀이 ②

착색안료

무기계	산화철, 울트라마린 블루, 크롬옥사이드, 망가네즈바이올렛
유기계	합성안료 : 레이크 천연안료 : 베타카로틴, 카민, 카라멜, 커규민

29 다음 중 백색, 불투명화제, 자외선차단제 등의 작용을 하는 백색안료인 것은?

① 탤크   ② 산화철
③ 징크옥사이드   ④ 구아닌
⑤ 세리사이트

2편 화장품 제조 및 품질관리

 ③

백색안료로는 티타늄디옥사이드와 징크옥사이드가 있다. 이는 백색으로 불투명화제나 자외선차단제로 사용된다.

30 다음 중 펄 안료와 거리가 먼 것은?

① 비스머스옥시클로라이드 ② 티타네이티드마이카
③ 구아닌 ④ 하이포산틴
⑤ 크롬옥사이드

 ⑤

펄 안료는 진주광택을 나타내는 것으로 비스머스옥시클로라이드, 티타네이티드마이카, 구아닌, 하이포산틴, 진주파우더 등이 있다.

31 파우더의 사용감과 제형을 구성하는 기능의 체질안료 중 피지흡수의 성분은?

① 실리카 ② 세리사이트
③ 알루미늄스테아레이트 ④ 하이드록시아파타이트
⑤ 폴리메틸메타크릴레이트

 ④

체질안료 중 피지흡수기능은 하이드록시아파타이트이다.

32 향료에 대한 설명 중 틀린 것은?

① 향료는 화장품에서 제품 이미지와 원료 특이취 억제를 위해 제형에 따라 0.1~1.0%까지 사용되고 있다.
② 향료는 천연향료, 합성향료, 조합향료로 분류된다.
③ 천연향료는 식물의 꽃, 과실, 종자, 가지, 껍질, 뿌리 등에서 추출한 식물성 향료가 있다.
④ 천연향료 중 동물의 피지선 등에서 채취한 동물성 향료가 있다.
⑤ 동물 등에서 향을 추출하는 방법으로 냉각 압착법, 수증기 증류법, 흡착법, 용매추출법 등이 있다.

정답
풀이 ⑤

⑤의 경우는 식물 등에서 향을 추출하는 방법이다.

33 식물 등에서 향을 추출하는 방법으로 거리가 먼 것은?

① 냉각압착법　　　　　　　　　　② 수증기증류법
③ 흡착법　　　　　　　　　　　　④ 합성법
⑤ 용매추출법

정답 풀이	④

식물 등에서 향을 추출하는 방법으로 냉각압착법, 수증기증류법, 흡착법, 용매추출법 등이 있다.

34 식물 등에서 향을 추출하는 방법 중 대부분의 에센셜오일 생산에 사용하는 방법은?

① 냉각압착법　　　　　　　　　　② 수증기증류법
③ 흡착법　　　　　　　　　　　　④ 합성법
⑤ 용매추출법

정답 풀이	②

수증기증류법은 수증기를 동반하여 증류. 향료성분의 끓는 점 차이를 이용한 방법으로 대부분의 에센셜 오일(정유) 생산에 사용하며, 이에는 페퍼민트 오일, 파인오일, 라벤더 오일 등이 있다.

35 식물에서 향을 추출하는 방법에서 열에 약한 꽃의 향을 추출할 때 사용하는 추출방법은?

① 냉각압착법　　　　　　　　　　② 수증기증류법
③ 흡착법　　　　　　　　　　　　④ 합성법
⑤ 용매추출법

정답 풀이	③

식물 등에서 향을 추출하는 방법

냉각압착법	누르는 압착에 의한 추출로 원심분리 실시로 얻어진다.
수증기증류법	수증기를 동반하여 증류. 향료성분의 끓는 점 차이를 이용한 방법이다.
흡착법	열에 약한 꽃의 향을 추출할 때 사용하는 방법으로 냉침법과 온침법이 있다.
용매추출법	휘발성용제에 의해 향성분을 추출하는 방법으로 열에 불안정한 성분을 추출한다.

36 천연향료 중 주로 휘발성이면서 수지 성분으로 이루어진 삼출물은?

① 에센셜 오일
② 올레오레진
③ 앱솔루트
④ 발삼
⑤ 레지노이드

정답
풀이 ②

올레오레진은 주로 휘발성이면서 수지성분으로 이루어진 삼출물로 솔 올레오레진, 거점 등이 있다.

37 천연향료 중 신선한 식물성 원료를 비수용매로 추출하여 얻은 특징적인 냄새를 지닌 추출물은?

① 콘크리트
② 레지노이드
③ 팅크치
④ 올레오리진
⑤ 발삼

정답
풀이 ①

천연향료의 종류 및 제법

에센셜 오일	수증기증류법, 냉각압착법, 건식증류법으로 생성된 식물성 원료로부터 얻은 생성물이며 정유라고도 함
올레오리진	주로 휘발성이면서 수지성분으로 이루어진 삼출물
앱솔루트	실온에서 콘크리트, 포마드 또는 레지노이드를 에탄올로 추출해서 얻은 향기를 지닌 생성물
발삼	벤조의 및 신나믹 유도체를 함유하고 있는 천연 올레오레진
콘크리트	신선한 식물성 원료를 비수용매로 추출하여 얻은 특징적인 냄새를 지닌 추출물
레지노이드	건조된 식물성 원료를 비수용매로 추출하여 얻은 특징적인 냄새를 지닌 추출물
팅크처	천연원료를 다양한 농도의 에탄올에 침지시켜 얻은 용액

38 화장품 성분 중 항균제, 항진균제로 사용되는 원료가 아닌 것은?

① 징크피리치온
② 살리실릭애씨드
③ 클림바졸
④ 피록톤올아민
⑤ 레티놀

39 다음 중 다른 계면활성제와 복합물을 이루면서 피부 표면에 라멜라 상태로 존재하여 피부에 수분을 유지시켜 주는 역할을 하는 성분은?

① 아데노신   ② 알로에
③ 세라마이드   ④ 살리실릭애씨드
⑤ 레티놀

정답
풀이

③

세라마이드는 다른 계면활성제와 복합물을 이루면서 피부 표면에 라멜라 상태로 존재하여 피부에 수분을 유지시켜 주는 역할을 하는 성분이다.

40 다음 중 수성원료에 속하지 아니하는 것은?

① 정제수   ② 프로필렌글리콜
③ 글리세린   ④ 바세린
⑤ 부틸렌글리콜

정답
풀이

④

화장품 원료 중 수성원료로는 정제수, 에탄올, 폴리올(글리세린, 부틸렌글리콜, 프로필렌글리콜) 등이다. 바세린은 유성원료이다.

41 화장품의 유성원료 중 액상유성 성분이 아닌 것은?

① 식물성 오일   ② 동물성 오일
③ 고급 알코올   ④ 탄화수소류
⑤ 실리콘

정답풀이 ③

유성원료의 구분

액상유성성분	식물성 오일, 동물성 오일, 광물성 오일, 실리콘, 에스터류, 탄화수소류
고형유성성분	왁스, 고급 지방산, 고급 알코올

42 다음 〈보기〉의 화장품 성분 중 동물성 향료를 모두 고른다면?

• 보기 •

가. 무스크   나. 시베트

다. 카스토리움   라. 라벤더

마. 벤질아세테이트

① 가, 나, 다   ② 가, 다, 라

③ 다, 라, 마   ④ 나, 다, 마

⑤ 나, 라, 마

정답풀이 ①

향료의 구분

- **동물성** : 무스크, 시베트, 카스토리움
- **식물성** : 재스민, 라벤더, 로즈메리
- **합성** : 멘톨, 벤질아세테이트

43 주름억제효과가 있는 식품의약품안전처 고시성분이 아닌 것은?

① 레티놀   ② 세라마이드

③ 아데노신   ④ 레티닐팔미테이트

⑤ 메디민A

정답풀이 ②

피부의 주름을 본떠 만든 복제물의 측면에서 빛을 비추었을 때 생기는 그림자의 길이와 면적을 측정하여 피부의 거칠기와 주름억제효과를 평가하는데 식품의약품안전처에서 고시한 성분은 레티놀, 아데노신, 레티닐팔미테이트, 메디민A 등이다.

44 인체의 피부로부터 얻은 섬유아세포를 일정시간 배양한 후 세포의 수를 측정하여 세포 증식효과를 평가했을 때 세포증식효과를 가진 성분은?

① 레티놀　　　　　　　　　　　　　② 세라마이드

③ 아데노신　　　　　　　　　　　　④ 레티닐팔미테이트

⑤ 메디민A

정답
풀이　③

화장품의 효능효과에 관한 평가 및 성분

화장품효과	평가방법	효능성분
주름억제효과	피부의 주름을 본떠 만든 복제물의 측면에서 빛을 비추었을 때 생기는 그림자의 길이와 면적을 측정하여 피부의 거칠기와 주름억제효과를 평가한다.	레티놀, 아데노신, 레티닐팔미테이트, 메디민A
세포자생효과	각질층에 형광물질을 염색시킨 후 형광물질이 소멸되는 시간을 측정하여 세포재생효과를 평가한다.	아이알루론산, 젖산
세포증식효과	인체의 피부로부터 얻은 섬유아세포를 일정시간 배양한 후 세포의 수를 측정하여 세포 증식효과를 평가한다.	아데노신
보습효과	피부의 전기전도도를 측정하거나 표피에서 손실되는 수분증발량으로 평가한다.	세라마이드
수렴효과	혈액의 단백질이 응고되는 정도를 관찰하여 수렴효과를 평가한다.	에탄올

45 자외선 차단효과 성분을 가진 것으로 자외선 산란제와 자외선 흡수제가 있다. 다음 중 자외선 산란제 성분은?

① 징크옥사이드　　　　　　　　　　② 옥틸다이메틸파바

③ 캄퍼유도체　　　　　　　　　　　④ 벤조페논유도체

⑤ 파라아미노벤조산

정답
풀이　①

자외선 산란제와 자외선 흡수제

자외선 산란제	산화아연(징크옥사이드), 이사환타이타늄(타이타늄다이옥사이드)
자외선 흡수제	옥틸다이메틸파바, 옥틸메톡시신나메이트, 벤조페논유도체, 캄퍼유도체, 다이벤조일메탄유도체, 갈릭산유도체, 파라아미노벤조산 등

46 자외선 차단효과 관련 설명으로 적절하지 아니한 것은?

① 자외선 차단효과 평가방법은 피부에 인공 태양광선을 비추어 최소홍반량을 결정하고 피부에 자외선
　 차단제를 도포한 후 같은 방법으로 인공 태양광선을 비추어 최소홍반량을 결정한다.
② 자외선 차단지수는 자외선 차단제가 UV–B를 차단하는 정도를 나타내는 지수이다.
③ 자외선 차단지수 = 제품을 바른 피부의 최소홍반량/제품을 바르지 않은 피부의 최소홍반량이다.
④ 자외선 차단지수란 도포 후의 최소홍반량을 도포 전의 최소홍반량으로 나눈 값으로 자외선 차단지수
　 가 높을수록 자외선 차단효과가 작다.
⑤ 자외선 산란제로는 징크옥사이드, 타이타늄다이옥사이드 등이 있다.

④
　 자외선 차단지수란 도포 후의 최소홍반량을 도포 전의 최소홍반량으로 나눈 값을 말하는데, 자외선 차단지수의 값이 높을수
　 록 자외선 차단효과가 크다.

47 여드름 치유효과가 있는 화장품 성분은?

① 살리실산　　　　　　　　　　　② 나이아신마이드
③ 알파–비사보롤　　　　　　　　　④ 알부틴
⑤ 징크옥사이드

①
　 여드름 치유 효과가 있는 화장품 성분은 살리실산인데 이 성분 속의 AHA, 유황성분이 각질을 제거한다.

48 에탄올이 화장품에서 사용되고 있는 용도와 거리가 먼 것은?

① 수렴제　　　　　　　　　　　　② 청결제
③ 살균제　　　　　　　　　　　　④ 가용화제
⑤ 주름억제제

⑤
　 에탄올은 화장품에서는 수렴, 청결, 살균제, 가용화제 등으로 이용되고 있다. 스킨 토너류 제품에는 에탄올이 함유되어 있는
　 데 주로 수렴효과와 청량감을 부여하고, 네일 제품에서는 가용화제로 사용하기도 한다. 또한 에탄올과 물의 비율이 7:3 일 때
　 살균과 소독의 효과가 가장 우수하다.

49 왁스류 중에서 양의 털을 가공할 때 나오는 지방을 정제하여 얻으며, 피부에 대한 친화성과 부착성, 포수성이 우수하여 크림이나 립스틱 등에 널리 사용되는 유성원료는?

① 비즈왁스
② 라놀린
③ 호호바오일
④ 사이클로메티콘
⑤ 다이메틸폴리실록산

정답
풀이　②

라놀린은 양의 털을 가공할 때 나오는 지방을 정제하여 얻으며, 피부에 대한 친화성과 부착성, 포수성이 우수하여 크림이나 립스틱 등에 널리 사용되는 유성원료이다. 그러나 피부 알레르기를 유발할 가능성이 있고, 무거운 사용감, 색상이나 냄새 등의 문제 및 최근 동물성 원료의 기피로 사용량이 감소하고 있으며, 일부 제품에 사용성 목적으로 사용되고 있다.

50 유성원료의 종류와 그 특징의 연결이 옳지 않은 것은?

① 식성 오일 – 수분증발을 억제하고 사용감을 향상시킨다.
② 동물성 오일 – 생리활성은 우수하지만, 색상이나 냄새가 좋지 않고, 쉽게 산화되어 변질되므로 화장품 원료로 널리 이용되지는 않는다.
③ 광물성 오일 – 원유에서 추출한 고급 탄화수소로 무색투명하고 냄새가 없으며 산패나 변질의 문제가 없다.
④ 실리콘 오일 – 화학적으로 고급지방산에 고급 알코올이 결합된 에스커 화합물이다.
⑤ 고급지방산 – 동물성 유지의 주성분이며 일반적으로 R-COOH 등으로 표시되는 화합물로 천연의 유지와 밀납 등에 에스터류로 함유되어 있다.

정답
풀이　④

실리콘이란 실록산 결합을 가지는 유기 규소 화합물의 총칭이다. 실리콘은 화학적으로 합성되며 무색투명하고 냄새가 거의 없다. 실리콘 오일은 퍼짐성이 우수하고 가볍게 발라지며, 피부 유연성과 매끄러움, 광택을 부여한다.

51 다음 〈보기〉 중에서 보습제로 사용되는 성분을 모두 고르면?

• 보기 •
가. 글리세린
나. 하이알루로닉애씨드
다. 세라마이드 유동체 및 합성 세라마이드
라. 메틸셀룰로스
마. 카복시비닐폴리머

① 가, 나, 다
② 가, 나, 라
③ 가, 나, 마
④ 나, 다, 라
⑤ 나, 라, 마

정답풀이 ①

보습제

글리세린	폴리올류로 가장 널리 사용되는 보습제이다. 보습력이 다른 폴리오류에 비해 우수하나 많이 사용될 경우 끈적임이 심하게 남는 단점이 있다.
하이알루로닉애씨드	고분자물질로서 보습제로 널리 사용된다. 초기에는 탯줄이나 닭 볏으로부터 추출해서 사용하여 고가였으나 최근 미생물로부터 생산하여 비교적 싼 가격에 널리 사용되고 있다.
세라마이드 유도체 및 합성 세라마이드	세라마이드 자체는 보습제가 아니지만 세라마이드가 다른 계면 활성제와 복합물을 이루면서 피부 표면에 라멜라 상태로 존재하여 피부에 수분을 유지시켜 주는 역할을 한다.

52 무기안료의 사용 특성에 따른 분류가 옳지 않게 된 것은?

① 백색안료 – 이산화타이타늄, 산화아연
② 착색안료 – 황색산화철, 흑색산화철, 적색산화철, 군청
③ 체질안료 – 탤크, 카올린, 마이카, 탄산칼슘, 탄산마그네슘, 무수규산
④ 진주광택안료 – 옥토크릴렌, 시녹세이트
⑤ 특수기능안료 – 질화붕소, 포토크로믹 안료, 미립자 타이타늄다이옥사이드

정답풀이 ④

무기안료의 사용 특성에 따른 분류

- 백색안료 – 이산화타이타늄, 산화아연
- 착색안료 – 황색산화철, 흑색산화철, 적색산화철, 군청
- 체질안료 – 탤크, 카올린, 마이카, 탄산칼슘, 탄산마그네슘, 무수규산
- 진주광택안료 – 타이타네이티드마이카, 옥시염화비스무트
- 특수기능안료 – 질화붕소, 포토크로믹 안료, 미립자 타이타늄다이옥사이드

53 다음 화장품의 성분 중에서 항균, 미백, 주름개선, 비듬개선, 탈모치료 등에 도움을 주는 활성성분의 원료와 기능의 연결이 옳지 않은 것은?

① 징크피리치온 – 비듬억제, 탈모예방
② 레티놀 – 주름개선, 지용성
③ 알로에 – 염증완화, 진정작용, 상처치유
④ 아데노신 – 항산화, 콜라겐합성 촉진
⑤ 닥나무추출물, 알부틴 – 미백

정답
풀이　④

아데노신은 주름개선 효과의 성분이다. 즉 콜라겐, 엘라스틴을 생성하는 섬유아세포의 증식을 유도한다.

54 다음 중 피부를 곱게 태워주거나 자외선으로부터 피부를 보호하는 데 도움을 주는 제품의 성분이 아닌 것은?

① 징크옥사이드　　　　　　　　　② 티타늄디옥사이드
③ 세라마이드　　　　　　　　　　④ 드로메트리졸
⑤ 에칠헥실트리아존

정답
풀이　③

세라마이드는 다른 계면활성제와 복합물을 이루면서 피부 표면에 라멜라 상태로 존재하여 피부에 수분을 유지시켜 주는 역할을 하는 성분이다.

55 피부를 곱게 태워주거나 자외선으로부터 피부를 보호하는 데 도움을 주는 제품의 성분 및 최대함량이 가장 큰 것은?

① 드로메트리졸　　　　　　　　　② 시녹세이트
③ 징크옥사이드　　　　　　　　　④ 호모살레이트
⑤ 드로메트리졸트리실록산

정답
풀이　③

피부를 곱게 태워주거나 자외선으로부터 피부를 보호하는 데 도움을 주는 제품의 성분 중에서 징크옥사이드와 티타늄디옥사이드는 최대함량이 25%로 가장 높다.

56 다음 중 피부의 미백에 도움을 주는 제품의 성분과 거리가 먼 것은?

① 닥나무 추출물　　　　　　　　　② 알부틴
③ 아스코빌글루코사이드　　　　　④ 나이아신아마이드
⑤ 아데노신

⑤

피부의 미백에 도움을 주는 제품의 성분은 닥나무 추출물, 알부틴, 에칠아스코빌에텔, 유용성 감초 추출물, 아스코빌글루코사이드, 마그네슘아스코빌포스페이트, 나이아신아마이드, 알파-비사보롤, 아스코빌테트라이소팔미테이트 등이다.

57 다음 중 피부의 주름개선에 도움을 주는 제품의 성분과 거리가 먼 것은?

① 레조시놀
② 레티놀
③ 레티닐팔미테이트
④ 아데노신
⑤ 폴리에톡실레이티드레틴아마이드

 ①

피부의 주름개선에 도움을 주는 제품의 성분은 레티놀, 레티닐팔미테이트, 아데노신, 폴리에톡실레이티드레틴아마이드 등이다. 레조시놀은 모발의 색상을 변화시키는 기능을 가진 제품의 성분이다.

58 다음 중 체모를 제거하는 기능을 가진 제품의 성분인 것은?

① 치오클리콜산 80%
② 징크피리치온액 50%
③ 덱스판테놀
④ 비오틴
⑤ 살리실릭애씨드

 ①

체모를 제거하는 기능을 가진 제품의 성분은 치오클리콜산 80%로 함량은 3.0~4.5%이다.

59 다음 중 여드름성 피부를 완화하는데 도움을 주는 제품의 성분으로 옳은 것은?

① 치오글리콜산
② 살리실릭애씨드
③ 덱스판테놀
④ 비오틴
⑤ 엘-멘톨

정답풀이 ②

여드름성 피부를 완화하는데 도움을 주는 제품의 성분은 살리실릭애씨드이다.

60 다음 중 탈모증상의 완화에 도움을 주는 성분이 아닌 것은?

① 덱스판테놀
② 비오틴
③ 엘–멘톨
④ 징크피리치온
⑤ 살리실릭애씨드

정답
풀이 ⑤

탈모증상의 완화에 도움을 주는 성분은 덱스판테놀, 비오틴, 엘–멘톨, 징크피리치온, 징크피리치온액 50% 등이다. 살리실릭
애씨드는 여드름성 피부를 완화하는데 도움을 주는 제품의 성분이다.

61 화장품 전성분 표시지침에 대한 내용으로 옳지 않은 것은?

① 전성분이란 제품표준서 등 처방계획에 의해 투입·사용된 원료의 명칭으로서 혼합원료의 경우에는
　그것을 구성하는 개별 성분의 명칭을 말한다.
② 전성분 표시는 원칙적으로 모든 화장품을 대상으로 한다.
③ 성분의 명칭은 식품의약품안전처장이 발간하는 화장품 성분사전에 따른다.
④ 전성분을 표시하는 글자의 크기는 5포인트 이상으로 한다.
⑤ 전성분의 표시는 화장품에 사용된 함량 순으로 많은 것부터 기재한다.

정답
풀이 ③

성분의 명칭은 대한화장품협회장이 발간하는 〈화장품 성분사전〉에 따른다.

62 전성분의 표시는 모든 화장품을 대상으로 하는 것이 원칙이나 예외적으로 전성분 정보를
즉시 제공할 수 있는 전화번호 또는 홈페이지 주소를 대신 표시하거나, 전성분 정보를 기
재한 책자 등을 매장에 비치한 경우 전성분 표시대상에서 제외할 수 있는 경우(기준)로 맞
는 것은?

① 내용량이 10g 또는 10ml 이하인 제품
② 내용량이 15g 또는 15ml 이하인 제품
③ 내용량이 20g 또는 20ml 이하인 제품
④ 내용량이 50g 또는 50ml 이하인 제품
⑤ 내용량이 100g 또는 100ml 이하인 제품

정답
풀이 ④

전성분 표시는 모든 화장품을 대상으로 한다. 다만, 다음 각 호의 화장품으로서 전성분 정보를 즉시 제공할 수 있는 전화번호
또는 홈페이지 주소를 대신 표시하거나, 전성분 정보를 기재한 책자 등을 매장에 비치한 경우에는 전성분 표시대상에서 제외
할 수 있다.

- 내용량이 50g 또는 50ml 이하인 제품
- 판매를 목적으로 하지 않으며, 제품선택 등을 위하여 사전에 소비자가 시험 · 사용하도록 제조 또는 수입된 제품(견본품이나 증정품)

63 화장품 전성분 표시지침상 표시생략 성분에 대한 설명으로 틀린 것은?

① 메이크업용 제품, 눈화장용 제품, 염모용 제품 및 매니큐어용 제품에서 호수별로 착색제가 다르게 사용된 경우 〈± 또는 ＋/－〉의 표시 뒤에 사용된 모든 착색제 성분을 공동으로 기재할 수 있다.
② 원료 자체에 이미 포함되어 있는 안정화제, 보존제 등으로 제품 중에서 그 효과가 발휘되는 것보다 적은 양으로 포함되어 있는 부수성분과 불순물은 별도로 표시하여야 한다.
③ 제조과정 중 제거되어 최종제품에 남아 있지 않는 성분은 표시하지 않을 수 있다.
④ 착향제는 〈향료〉로 표시할 수 있다.
⑤ 식품의약품안전처장은 착향제의 구성성분 중 알레르기 유발물질로 알려져 있는 별표의 성분이 함유되어 있는 경우에는 그 성분을 표시하도록 권장할 수 있다.

정답풀이 ②
원료 자체에 이미 포함되어 있는 안정화제, 보존제 등으로 제품 중에서 그 효과가 발휘되는 것보다 적은 양으로 포함되어 있는 부수성분과 불순물은 표시하지 않을 수 있다.

64 화장품 성분사전의 발간기관은?

① 식품의약품안전처
② 지방 식품의약품안전청
③ 대한화장품협회
④ 무역수출입협회
⑤ 시 · 도청

정답풀이 ③
화장품 성분 사전의 발간기관은 대한화장품협회이다.

65 표시 · 광고하려는 경우 보존제 함량 표시대상 제품류는?

① 영 · 유아용 제품류
② 기초화장품 제품류
③ 체취 방지용 제품류
④ 면도용 제품류
⑤ 두발용 제품류

66 화장품 전성분 표시지침에 의거한 표시 순서에 대한 내용으로 옳지 않은 것은?

① 성분의 표시는 화장품에 사용된 함량순으로 많은 것부터 기재한다.
② 혼합 원료는 통합해서 대표적인 성분을 기재한다.
③ 1% 이하로 사용된 성분은 순서에 상관없이 기재할 수 있다.
④ 착향제는 순서에 상관없이 기재할 수 있다.
⑤ 착색제는 순서에 상관없이 기재할 수 있다.

 ②

성분의 표시는 화장품에 사용된 함량순으로 많은 것부터 기재한다. 다만, 혼합원료는 개개의 성분으로 표시하고, 1% 이하로 사용된 성분, 착향제 및 착색제에 대해서는 순서에 상관없이 기재할 수 있다.

67 다음 중 기초화장품의 제품유형에 속하지 아니하는 것은?

① 화장수　　　　　　　　　　② 유액
③ 비비크림　　　　　　　　　④ 영양크림
⑤ 마사지크림

 ③

비비크림은 피부색 정돈, 피부결점 커버, 자외선 차단 등의 목적으로 사용되는 색조화장품의 제품류이다.

68 다음 기초화장품 제품류에 속하는 영양크림에 대한 설명으로 적절하지 않은 것은?

① 세안 후 제거된 천연피지막을 회복한다.
② 피부를 외부환경으로부터 보호한다.
③ 활성성분이 피부트러블을 개선한다.
④ 각질층의 수분을 공급한다.
⑤ 유분량이 10~30% 정도이다.

 ④

각질층의 수분공급은 화장수의 역할이다.

69 다음 기초화장품의 제품과 그 작용의 연결이 옳지 않은 것은?

① 화장수 – 각질층 수분공급, 피부 pH회복, 모공 수축(수렴작용), 피부정돈
② 유액 – 세안 후 피부에 유분과 수분을 공급, 끈적이지 않는 가벼운 사용감
③ 마사지크림 – 피부를 외부환경으로부터 보호, 피부의 생리기능 도움, 피부트러블 개선
④ 영양액 – 보습성분과 영양성분이 고농축되어 있어 피부에 수분과 영양을 공급
⑤ 아이크림 – 한선, 피지선이 없고 피부두께가 얇은 눈 주위 피부에 영양공급

 정답풀이 ③

③은 영양크림의 내용이다.

〈기초화장품의 종류와 기능〉

화장수	각질층 수분공급, 비누 세안 후 피부 pH회복, 모공수축(수렴작용), 피부정돈
유액	세안 후 피부에 유분과 수분을 공급, 끈적이지 않는 가벼운 사용감
영양크림	세안 후 제거된 천연피지막의 회복, 피부를 외부환경으로부터 보호, 피부의 생리기능을 도와줌, 활성성분이 피부트러블을 개선함
아이크림	한선, 피지선이 없고 피부두께가 얇은 눈 주위 피부에 영양공급과 탄력감 부여
핸드크림	피부에 유분과 수분을 공급
마사지크림	피부의 혈행촉진, 유연
영양액	보습성분과 영양성분이 고농축되어 있어 피부에 수분과 영양을 공급

70 기초화장품 제품류 중 유분이 가장 많이 함유된 것은?

① 유액　　　　　　　　② 영양크림
③ 아이크림　　　　　　④ 영양액
⑤ 마사지크림

 정답풀이 ⑤

기초화장품의 제품별 유분함유량

- 유액 : 유분량 5~7%
- 영양크림 : 유분량 10~30%
- 아이크림 : 유분량 10~30%
- 영양액 : 유분량 3~5%
- 마사지크림 : 유분량 50% 이상

71 색조화장을 베이스메이크업(기초화장)과 포인트메이크업(색조화장)으로 분류할 때 베이스메이크업에 해당되는 제품이 아닌 것은?

① 립스틱 ② 파운데이션
③ 프라이머 ④ 파우더류
⑤ 쿠션

정답 풀이 ①

베이스메이크업에 해당되는 제품은 파운데이션, 쿠션, 프라이머, 파우더류, 컨실러, 메이크업베이스 등이 있고, 마스카라, 아이라이너, 치크브러쉬(볼터치), 아이섀도, 립스틱, 립틴트 등은 포인트메이크업 제품에 해당한다.

72 색조화장품 중 안료의 함유율이 가장 높은 제품은?

① 메이크업 프라이머 ② 쿠션
③ 비비크림 ④ 파우더
⑤ 파운데이션

정답 풀이 ④

색조화장품의 제품별 안료함유율

- 메이크업베이스, 메이크업 프라이머, 쿠션, 비비크림 : 안료 5~7%
- 파운데이션 : 안료 12~15%
- 스킨커버 : 안료 14~20%
- 파우더 : 안료 98~99%

73 색조화장품 제품 중 파우더에 대한 내용과 거리가 먼 것은?

① 땀이나 피지의 분비 흡수 ② 빛을 난반사하여 얼굴을 화사하게 표현
③ 피부색을 밝게 함 ④ 번들거림 방지
⑤ 피부결점 커버 및 피부색 보정

정답 풀이 ⑤

기초화장품 종류별 기능

- 메이크업베이스, 메이크업 프라이머 : 피부색 정돈, 파운데이션이 잘 발라지도록 하는 베이스로 파운데이션의 색소침착을 방지, 인공피지막을 형성하여 피부보호

- **쿠션** : 피부색 정돈, 피부결점 커버, 자외선 차단
- **비비크림** : 피부색 정돈, 피부결점 커버, 자외선 차단
- **파운데이션** : 피부결점 커버, 건조한 외부환경으로부터 피부보호, 자외선 차단, 피부색 보정, 피부요철 보정
- **스킨커버** : 피부결점 커버, 피부색 보정
- **파우더** : 땀이나 피지의 분비를 흡수 · 억제하여 화장붕괴 예방, 빛을 난반사하여 얼굴을 화사하게 표현하고 피부색을 밝게 함, 번들거림 방지

74 세정화장품 제품류 중 비누화 반응에 의해 제조되며 강력한 세정력을 가진 제품은?

① 클렌징 크림
② 클렌징 로션
③ 폼 클렌징
④ 페이셜 스크럽제
⑤ 클렌징 오일

정답
풀이
③
폼 클렌징은 비누화 반응에 의해 제조되며, 강력한 세정력, 피부보습 제공, 저자극으로 건조함과 피부가 당기는 것을 방지한다.

75 세정용 화장품 제품류 중 컨디셔너 · 린스에 대한 내용과 거리가 먼 것은?

① 모발의 표면을 매끄럽게 한다.
② 빗질을 쉽게 하고 정전기를 방지한다.
③ 모발의 표면을 보호하고 광택을 부여한다.
④ 세발 후 잔존할 수 있는 음이온성 계면활성제를 중화한다.
⑤ 미세한 알갱이가 모공 속에 있는 노폐물과 피부의 오래된 각질을 제거한다.

정답
풀이
⑤
⑤는 페이셜 스크럽제에 대한 내용이다.

76 샴푸의 조건으로 거리가 먼 것은?

① 거품이 미세하고 풍부하여 지속성을 가질 것
② 정전기를 방지하고 피부에 부착된 오염물질을 제거할 것
③ 세발 중 마찰에 의한 모발손상이 없을 것

④ 세발 후 모발이 부드럽고 윤기가 있고 빗질이 쉬울 것

⑤ 두피, 모발 및 눈에 대한 자극이 없을 것

정답
풀이
②

샴푸의 조건

• 적절한 세정력을 가질 것
• 거품이 미세하고 풍부하여 지속성을 가질 것
• 세발 중 마찰에 의한 모발손상이 없을 것
• 세발 후 모발이 부드럽고 윤기가 있고 빗질이 쉬울 것
• 두피, 모발 및 눈에 대한 자극이 없을 것

77 세정화장품의 종류와 기능에 대한 설명으로 적절하지 아니한 것은?

① 클렌징 크림은 유분량이 매우 많은 크림으로 피지와 메이크업을 피부로부터 제거한다.

② 클렌징 로션은 유분량이 클렌징 크림에 비해 많이 포함되어 있어 피부에 부담이 크나 퍼짐성이 좋다.

③ 클렌징 워터는 세정용 화장수로 옅은 메이크업을 지우거나 화장 전에 피부를 닦아낼 때 사용한다.

④ 클렌징 오일은 포인트메이크업을 제거할 때 사용되며 이의 성분은 미네랄오일, 에스테르 오일 등이다.

⑤ 페이셜 스크럽제는 미세한 알갱이가 모공 속에 노폐물과 피부의 오래된 각질을 제거한다.

정답
풀이
②

클렌징 로션은 유분량이 클렌징 크림에 비해 적게 포함되어 있어 피부에 부담이 적고 퍼짐성이 좋아 옅은 메이크업을 제거한다.

78 화장품 안전기준 등에 관한 규정에서 화장품에 사용할 수 없는 원료로 옳지 않은 것은?

① 펜피록시메이트 및 이를 25% 이상 함유한 혼합물

② 헥사클로로시클로헥산 및 이를 1.5% 이상 함유한 혼합물

③ 소듐라우로일사코시네이트를 사용 후 씻어내는 제품

④ 헵타크로르 및 이를 6% 이상 함유한 혼합물

⑤ 황산 탈륨 및 이를 1% 이상 함유한 혼합물

정답
풀이
③

③의 경우는 사용한도 (제한) 대상 원료이다.

79 사용한도 대상 원료로 보존제가 아닌 것은?

① 글루타랄
② 메칠클로로이소치아졸리논
③ 벤질알코올
④ 드로메트리졸트리실록산
⑤ 소듐아이오데이트

 정답풀이 ④

④의 드로메트리졸트리실록산은 자외선차단성분의 사용한도 대상 원료이다.

80 다음 자외선 차단성분 중 사용한도가 가장 높은 원료는?

① 징크옥사이드
② 호모살레이트
③ 시녹세이트
④ 디옥시벤존
⑤ 드로메트리졸

 정답풀이 ①

자외선 차단성분 중 사용한도는 징크옥사이드(25%)>호모살레이트(10%)>시녹세이트(5%)>디옥시벤존(3%)>드로메트리졸 (1%) 순이다.

81 착향제의 구성성분 중 알레르기 유발성분 25개에 속하지 아니하는 것은?

① 벤질알코올
② 시트랄
③ 쿠마린
④ 벤조아민
⑤ 파네솔

 정답풀이 ④

착향제의 구성성분 중 알레르기 유발성분으로는 아밀신남알, 벤질알코올, 신나밀알코올, 시트랄, 유제놀, 하이드록시시트로 넬알, 이소유제놀, 아밀신나밀알코올, 벤질살리실레이트, 신남알, 쿠마린, 제라니올, 아니스에탄올, 벤질신나메이트, 파네솔, 부틸페닐메칠프로피오날, 리말롤, 벤질벤조에이트, 시트로넬롤, 헥실신남알, 리모넨, 메칠2-옥티노에이트, 알파-이소메칠이 오논, 참나무이끼 추출물, 나무이끼 추출물 등이다.

82 화장품에 사용된 성분의 효능·효과와 평가방법으로 잘못 설명된 것을 고른다면?

① 각질층에 형광물질을 염색시킨 후 형광물질이 소멸되는 시간을 측정하여 세포재생효과를 평가 : 유효성분은 히알루론산, 젖산

② 인체의 피부로부터 얻은 섬유아세포를 일정시간 배양한 후 세포의 수를 측정하여 세포 증식효과를 평가 : 유효성분은 아데노신

③ 피부의 전기전도도를 측정하거나 표피에서 증발하는 경피수준손실량 평가 : 유효성분은 에탄올

④ 혈액의 단백질이 응고되는 정도를 관찰하여 수렴효과를 평가 : 유효성분은 에탄올

⑤ 피부의 주름 부분을 본떠서 만든 복제물의 측면에서 빛을 비추었을 때 생기는 그림자의 길이와 면적을 측정하여 피부의 거칠기와 주름억제효과를 평가 : 유효성분은 레티놀, 아데노신, 레티닐팔미테이트

정답풀이 ③

피부의 전기전도도를 측정하거나 표피에서 증발하는 경피수분손실량을 평가하는데 유효성분은 세라마이드이다.

83 화장품에 사용되는 무기안료에 대한 설명으로 틀린 것은?

① 무기안료는 체질안료, 착색안료, 백색안료로 분류된다.

② 체질안료는 착색이 목적이 아니라 제품의 적절한 제형을 갖추게 하기 위한 안료이다.

③ 착색안료는 이사환타이타늄, 산화아연 등이 있다.

④ 마이카, 세리사이트, 탤크, 카올린 등의 점토 광물과 무수규산 등의 합성 무기분체 등이 대표적인 체질안료이다.

⑤ 착색안료는 유기안료에 비해 색이 선명하지는 않지만 빛과 열에 강하여 색이 잘 변하지 않으므로 메이크업 화장품에서 많이 사용된다.

정답풀이 ③

무기안료의 사용특성에 따른 분류

- **백색안료** : 이사환타이타늄, 산화아연
- **착색안료** : 황색산화철, 흑색산화철, 적색산화철, 군청
- **체질안료** : 탤크(활석), 카올린(고령토), 마이카(운모), 탄산칼슘, 탄산마그네슘, 무수규산
- **진주광택안료** : 타이타네이티드마이카, 옥시염화비스무트
- **특수기능안료** : 질화붕소, 포토크로믹 안료, 미립자 타이타늄다이옥사이드

84 착향제 성분 중 알레르기 유발물질에 대한 설명으로 적당하지 않은 것은?

① 알레르기 유발성분을 포함하여 기존 유통품의 표시·기재사항을 변경하고자 한다면 원료목록 보고 시에도 해당 성분을 포함하는 것이 적절하다.

② 책임판매업자는 알레르기 유발성분이 기재된 제조증명서나 제품표준서를 구비하여야 한다.

③ 원료목록 보고 시 알레르기 유발성분을 제품에 표시하는 경우 원료목록 보고에 성분정보는 생략해도 된다.

④ 알레르기 유발성분이 제품에 포함되어 있음을 입증하는 제조사에서 제공한 신뢰성이 있는 자료를 보관하여야 한다.

⑤ 착향제의 구성성분 중 식품의약품안전처장이 정하여 고시한 알레르기 유발성분이 있는 경우에는 향료로 표시할 수 없고, 해당 성분의 명칭을 기재·표시하여야 한다.

> **정답풀이** ③
> 보고 시 알레르기 유발성분 정보 포함여부는 해당 알레르기 유발성분을 제품에 표시하는 경우 원료목록 보고에도 포함하여야 한다.

85 우수화장품 제조 및 품질관리기준(CGMP)상의 보관관리에 관한 설명으로 틀린 것은?

① 원자재, 반제품 및 벌크제품은 품질에 나쁜 영향을 미치지 아니하는 조건에서 보관하여야 하며, 보관기한을 설정하여야 한다.

② 원자재, 반제품 및 벌크제품은 바닥과 벽에 닿지 아니하도록 보관하고, 선입선출에 의하여 출고할 수 있도록 보관하여야 한다.

③ 원자재, 시험 중인 제품 및 부적합품은 각각 구획된 장소에서 보관하여야 한다. 다만, 서로 혼동을 일으킬 우려가 없는 시스템에 의하여 보관되는 경우에는 그러하지 아니하다.

④ 설정된 보관기한이 지나면 사용의 적절성을 결정하기 위해 재평가시스템을 확립하여야 하며, 동 시스템을 통해 보관기한이 경과한 경우 사용하지 않도록 규정하여야 한다.

⑤ 보관조건은 각각의 원료와 포장재에 적합하여야 하고, 원료와 포장재가 재포장될 때 새로운 용기에는 새로운 내용과 형태의 라벨링을 부착하여야 한다.

> **정답풀이** ⑤
> 보관조건은 각각의 원료와 포장재의 세부요건에 따라 적절한 방식으로 정의되어야 하며, 원료와 포장재가 재포장될 때, 새로운 용기에는 원래와 동일한 라벨링이 있어야 한다.

86 우수화장품 제조 및 품질관리기준(CGMP)상 보관 및 출고에 대한 설명으로 적절하지 아니한 것은?

① 완제품은 적절한 조건하의 정해진 장소에서 보관하여야 하며, 주기적으로 재고 점검을 수행해야 한다.

② 완제품은 시험결과 적합으로 판정되고 품질보증부서 책임자가 출고 승인한 것만을 출고하여야 한다.

③ 출고는 선입선출방식으로 하되, 타당한 사유가 있는 경우에는 그러하지 아니하다.

④ 완제품 관리항목은 보관, 검체채취, 보관용 검체, 제품시험, 합격 · 출하판정, 출하 · 재고관리, 반품 등이다.

⑤ 출고할 제품은 원자재, 부적합품 및 반품된 제품과 구획된 장소에서 보관하여야 하며, 서로 혼동을 일으킬 우려가 없는 시스템에 의하여 보관되는 경우에도 또한 같다.

> **정답풀이** ⑤
> 출고할 제품은 원자재, 부적합품 및 반품된 제품과 구획된 장소에서 보관하여야 한다. 다만, 서로 혼동을 일으킬 우려가 없는 시스템에 의하여 보관되는 경우에는 그러하지 아니할 수 있다.

87 제품의 보관환경요소가 아닌 것은?

① 출입제한

② 오염방지

③ 가격대별 분류

④ 방충 · 방서 대책

⑤ 온도 · 습도 · 차광(필요시)

> **정답풀이** ③
> 원료, 포장재 등 제품의 보관환경조건
>
> > • **출입제한** : 원료 및 포장재 보관소의 출입제한
> > • **오염방지** : 시설대응, 동선관리 등이 필요함
> > • **방충 · 방서 대책**
> > • **온도, 습도, 차광(필요시)**

88 일반화장품의 사용방법으로 적합하지 않은 것은?

① 화장품 사용 시에는 깨끗한 손으로 사용한다.

② 사용 후 항상 뚜껑을 바르게 닫는다.

③ 여러 사람이 함께 화장품을 사용하면 감염 · 오염의 위험성이 있다.

④ 화장에 사용되는 도구는 항상 깨끗하게 사용한다.

⑤ 화장품은 가능한 덥거나 차가운 곳에 보관하여야 한다.

> **정답풀이** ⑤
> 화장품은 서늘한 곳에 보관하여야 하며, 변질된 제품이나 사용기한이 경과한 제품은 사용하지 않아야 한다.

89 화장품 사용 시 주의사항으로 적절하지 아니한 것은?

① 화장품 사용 시 또는 사용 후 부작용이 있는 경우 책임판매업자와 상담할 것
② 상처가 있는 부위 등에는 사용을 자제할 것
③ 어린이의 손에 닿지 않는 곳에 보관할 것
④ 직사광선을 피해서 보관할 것
⑤ 화장품 사용 시 또는 사용 후 이상증상이 있는 경우 전문의 등과 상담할 것

정답
풀이

① 화장품 사용 시 또는 사용 후 직사광선에 의하여 사용부위에 붉은 반점, 부어오름 또는 가려움증 등의 이상 증상이나 부작용이 있는 경우 전문의 등과 상담하여야 한다.

90 회수대상 화장품과 거리가 먼 것은?

① 안전용기 · 포장 등에 위반되는 화장품
② 적정가격, 적정용량에 위반되는 화장품
③ 등록을 하지 아니한 자가 제조한 화장품
④ 신고하지 아니한 자가 판매한 맞춤형화장품
⑤ 맞춤형화장품 조제관리사를 두지 아니하고 판매한 맞춤형화장품

정답
풀이

② 회수대상 화장품

- 안전용기 · 포장 등을 위반한 화장품
- 전부 또는 일부가 변패되거나 병원미생물에 오염된 화장품
- 화장품에 사용할 수 없는 원료를 사용한 화장품 또는 사용한도가 지정된 원료를 사용한도 초과하여 사용한 화장품
- 이물이 혼입되었거나 부착된 것에 해당하는 화장품 중 보건위생상 위해를 발생할 우려가 있는 화장품
- 유통화장품 안전관리기준에 적합하지 아니한 화장품(내용량 기준에 관한 부분은 제외)
- 그 밖에 화장품 제조업자 또는 화장품 책임판매업자 스스로 국민보건에 위해를 끼칠 우려가 있어 회수가 필요하다고 판단한 화장품(자진회수)
- 등록을 하지 아니한 자가 제조한 화장품 또는 제조 · 수입하여 유통 · 판매한 화장품
- 신고를 하지 아니한 자가 판매한 맞춤형화장품
- 맞춤형화장품 조제관리사를 두지 아니하고 판매한 맞춤형화장품

91 화장품의 위해등급에서 '가' 등급에 해당하는 위해성 화장품은?

① 화장품에서 사용할 수 없는 원료를 사용한 화장품
② 안전용기 · 포장 등을 위반한 화장품

③ 유통화장품 안전관리 기준에 적합하지 아니한 화장품

④ 전부 또는 일부가 변패된 화장품

⑤ 병원성 미생물에 오염된 화장품

정답
풀이 ①

'가' 등급 위해성 화장품은 화장품에 사용할 수 없는 원료를 사용한 화장품이나 사용한도가 정해진 원료를 사용한도 이상으로 포함한 화장품이다.

92 다음 중 '나' 등급에 해당하는 위해성 화장품은?

① 정해진 원료를 사용한도 이상으로 포함한 화장품

② 유통화장품 안전관리기준에 적합하지 아니한 화장품(내용량의 기준에 관한 부분은 제외, 기능성 화장품의 기능성을 나타나게 하는 주원료 함량이 기준치에 부적합한 경우는 제외)

③ 전부 또는 일부가 변패된 화장품

④ 병원성 미생물에 오염된 화장품

⑤ 이물이 혼입되었거나 부착된 화장품 중에서 보건위생상 위해를 발생할 우려가 있는 화장품

정답
풀이 ②

'나' 등급 위해성 화장품이란 안전용기·포장 등을 위반한 화장품, 유통화장품 안전관리기준에 적합하지 아니한 화장품을 말한다.

93 다음 〈보기〉 중 '다' 등급 위해성 화장품인 것을 모두 고르면?

• 보기 •

가. 전부 또는 일부가 변패된 화장품

나. 병원성 미생물에 오염된 화장품

다. 이물이 혼입되었거나 부착된 화장품 중에서 보건위생상 위해를 발생할 우려가 있는 화장품

라. 사용기한 또는 개봉 후 사용기간을 위조·변조한 화장품

① 가, 나, 다   ② 가, 나, 라

③ 가, 다, 라   ④ 나, 다, 라

⑤ 가, 나, 다, 라

⑤

'다' 등급 위해성 화장품

- 전부 또는 일부가 변패된 화장품
- 병원성 미생물에 오염된 화장품
- 이물이 혼입되었거나 부착된 화장품 중에서 보건위생상 위해를 발생할 우려가 있는 화장품
- 사용기한 또는 개봉 후 사용기간을 위조·변조한 화장품
- 유통화장품 안전관리 기준에 적합하지 아니한 화장품(내용량의 기준에 관한 부분은 제외)
- 화장품 제조업자 또는 화장품 책임판매업자 스스로 국민보건에 위해를 끼칠 우려가 있어 회수가 필요하다고 판단한 화장품(자진회수)
- 등록을 하지 아니한 자가 제조한 화장품 또는 제조·수입하여 유통·판매한 화장품
- 신고를 하지 아니한 자가 판매한 맞춤형화장품
- 맞춤형화장품 조제관리사를 두지 아니하고 판매한 맞춤형화장품

94 화장품 회수의무자는 위해등급의 어느 하나에 해당하는 화장품에 대하여 회수대상화장품 이란 사실을 안 날로부터 며칠 이내에 회수계획서에 첨부서류를 첨부하여 지방 식품의약 품안전청장에게 제출하여야 하는가?

① 즉시   ② 3일
③ 5일   ④ 10일
⑤ 15일

정답
풀이
③

화장품 회수의무자는 위해등급의 어느 하나에 해당하는 화장품에 대하여 회수대상화장품이란 사실을 안 날로부터 5일 이내에 회수계획서에 첨부서류를 첨부하여 지방 식품의약품안전청장에게 제출하여야 한다.

95 화장품 회수의무자는 화장품이 위해등급에 해당되어 회수대상화장품에 대한 회수계획서 등을 누구에게 제출하여야 하는가?

① 식품의약품안전처장   ② 지방 식품의약품안전청장
③ 대한화장품협회   ④ 관할 경찰서
⑤ 시·군·구청

②

화장품 회수의무자는 위해등급의 어느 하나에 해당하는 화장품에 대하여 회수대상화장품이란 사실을 안 날로부터 5일 이내에 회수계획서에 첨부서류를 첨부하여 지방 식품의약품안전청장에게 제출하여야 한다.

96 화장품의 회수의무자는 회수대상화장품의 판매자, 그 밖에 해당 화장품을 업무상 취급하는 자에게 방문, 우편, 전화, 전보, 전자우편, 팩스 또는 언론매체를 통한 공고 등을 통하여 회수계획을 통보하여야 하며, 통보 사실을 입증할 수 있는 자료를 회수 종료일로부터 몇 년간 보관하여야 하는가?

① 1년　　　　　　　　　　　　　② 2년
③ 3년　　　　　　　　　　　　　④ 5년
⑤ 10년

> **정답**
> **풀이** ②
>
> 화장품의 회수의무자는 회수대상화장품의 판매자, 그 밖에 해당 화장품을 업무상 취급하는 자에게 방문, 우편, 전화, 전보, 전자우편, 팩스 또는 언론매체를 통한 공고 등을 통하여 회수계획을 통보하여야 하며, 통보 사실을 입증할 수 있는 자료를 회수 종료일로부터 2년간 보관하여야 한다.

97 회수의무자는 회수계획 작성 시 위해성 등급이 '가' 등급인 화장품의 회수종료일을 어떻게 정하여야 하는가?

① 회수를 시작한 날부터 10일 이내　　② 회수를 시작한 날부터 15일 이내
③ 회수를 시작한 날부터 30일 이내　　④ 회수를 시작한 날부터 60일 이내
⑤ 회수를 시작한 날부터 90일 이내

> **정답**
> **풀이** ②
>
> 회수의무자는 회수계획 작성 시 회수종료일을 다음 각 호의 구분에 정하여야 한다. 다만, 해당 등급별 회수기한 이내에 회수종료가 곤란하다고 판단되는 경우에는 지방 식품의약품안전청장에게 그 사유를 밝히고 그 회수기한을 초과하여 정할 수 있다.
>
> - 위해성 등급이 '가' 등급인 화장품 : 회수를 시작한 날부터 15일 이내
> - 위해성 등급이 '나' 등급 또는 '다'등급인 화장품 : 회수를 시작한 날부터 30일 이내
> - 다만, 제출기한까지 회수계획서의 제출이 곤란하다고 판단되는 경우에는 지방 식품의약품안전청장에게 그 사유를 밝히고 제출기한 연장을 요청하여야 한다.

98 화장품 회수의무자에 대한 설명으로 틀린 것은?

① 회수의무자는 위해등급의 어느 하나에 해당하는 화장품에 대하여 회수대상화장품이라는 사실을 안 날부터 5일 이내에 회수계획서 등을 지방 식품의약품안전청장에게 제출하여야 한다.
② 회수의무자는 회수대상화장품의 판매자, 그 밖에 해당 화장품을 업무상 취급하는 자에게 방문, 우편, 전화, 전보, 전자우편, 팩스 또는 언론매체를 통한 공고 등을 통하여 회수계획을 통보하여야 하며, 통보사실을 입증할 수 있는 자료를 회수 종료일부터 2년간 보관하여야 한다.

③ 회수의무자는 회수한 화장품을 폐기하려는 경우 폐기신청서에 필요서류를 첨부하여 지방 식품의약품안전청장에게 제출하고, 관계 공무원의 참관 하에 환경 관련 법령에서 정하는 바에 따라 폐기하여야 한다.

④ 폐기를 한 회수의무자는 폐기확인서를 작성하여 1년간 보관하여야 한다.

⑤ 회수의무자가 회수대상화장품의 회수를 완료한 경우에는 회수종료신고서에 회수확인서 사본, 폐기확인서 사본, 평가보고서 사본 등을 첨부하여 지방 식품의약품안전청장에게 제출하여야 한다.

 정답 풀이 ④

폐기를 한 회수의무자는 폐기확인서를 작성하여 2년간 보관하여야 한다.

99 위해화장품의 공표명령을 받은 영업자가 공표하여야 할 내용과 거리가 먼 것은?

① 제품명
② 제품가격
③ 회수사유
④ 회수방법
⑤ 회수하는 영업자의 명칭

정답 풀이 ②

위해화장품의 공표명령을 받은 영업자는 지체 없이 위해 발생사실 또는 다음 각 호의 사항을 공표하여야 한다. 다만, 회수의무자가 회수대상화장품의 회수를 완료한 경우에는 이를 생략할 수 있다.

- 화장품을 회수한다는 내용의 표제
- 제품명
- 회수대상화장품의 제조번호(맞춤형화장품의 경우는 식별번호)
- 사용기한 또는 개봉 후 사용기간
- 회수사유
- 회수방법
- 회수하는 영업자의 명칭
- 회수하는 영업자의 전화번호, 주소, 그 밖에 회수에 필요한 사항

100 화장품법상 동물실험을 실시한 화장품 또는 동물시험을 실시한 화장품 원료를 사용하여 제조 또는 수입한 화장품의 유통·판매를 금지하고 있지만, 예외적으로 동물실험을 할 수 있도록 인정해주고 있는 경우를 다음 〈보기〉에서 모두 고르면?

• 보기 •

가. 동물대체시험법이 존재하지 아니하여 동물실험이 필요한 경우
나. 화장품 수출을 위하여 수출 상대국의 법령에 따라 동물실험이 필요한 경우
다. 수입하려는 상대국의 법령에 따라 제품 개발에 동물실험이 필요한 경우
라. 다른 법령에 따라 동물실험을 실시하여 개발된 원료를 제조 등에 사용하는 경우

① 가, 나, 다
② 가, 나, 라
③ 가, 다, 라
④ 나, 다, 라
⑤ 가, 나, 다, 라

정답풀이 ⑤

동물실험을 예외적으로 허용하는 경우로는 위의 가. 나. 다. 라 외에 보존재, 색소, 자외선차단제 등 특별히 사용상의 제한이 필요한 원료에 대하여 그 사용기준을 지정하거나 국민보건상 위해 우려가 제기되는 화장품 원료 등에 대한 위해평가를 하기 위하여 필요한 경우 또는 그 밖에 동물실험을 대체할 수 있는 실험을 실시하기 곤란한 경우로서 식품의약품안전처장이 정하는 경우 등이다.

101 화장품법 제16조에서 규정하는 판매하거나 판매할 목적으로 보관 또는 진열하지 말아야 하는 화장품이 아닌 것은?

① 등록을 하지 아니한 자가 제조한 화장품 또는 제조, 수입하여 유통 판매한 화장품
② 맞춤형화장품 조제관리사를 두지 아니하고 판매한 맞춤형화장품
③ 화장품 기재사항 등을 위반하는 화장품 또는 의약품으로 잘못 인식할 우려가 있게 기재 · 표시된 화장품
④ 화장품의 포장 및 기재 · 표시 사항을 훼손 또는 위조 · 변조한 것
⑤ 맞춤형화장품 조제관리사가 화장품의 용기에 담은 내용물을 나누어서 판매하는 경우

정답풀이 ⑤

판매하거나 판매할 목적으로 보관 또는 진열하지 말아야 하는 화장품

- 등록을 하지 아니한 자가 제조한 화장품 또는 제조 · 수입하여 유통 · 판매한 화장품
- 맞춤형화장품 판매업 신고를 하지 아니한 자가 판매한 맞춤형화장품
- 맞춤형화장품 판매업자가 맞춤형화장품 조제관리사를 두지 아니하고 판매한 맞춤형화장품
- 화장품의 기재사항, 화장품의 가격표시, 기재 · 표시상의 주의에 위반되는 화장품 또는 의약품으로 잘못 인식할 우려가 있게 기재 · 표시된 화장품
- 판매의 목적이 아닌 제품의 홍보 · 판매촉진 등을 위하여 미리 소비자가 시험 · 사용하도록 제조 또는 수입된 화장품 (소비자에게 판매하는 화장품에 한함)
- 화장품의 포장 및 기재 · 표시사항을 훼손 또는 위조 · 변조한 것
- 누구든지(맞춤형화장품 조제관리사를 통하여 판매하는 맞춤형화장품 판매업자는 제외) 화장품의 용기에 담은 내용물을 나누어서 판매하여서는 안 된다.

102 불만처리 조치 후 기록 · 유지하여야 할 사항과 거리가 먼 것은?

① 불만접수연월일
② 불만제기자의 이름과 연락처

③ 제품명, 제조번호 등을 포함한 불만내용
④ 불만조사 및 추적조사의 내용, 처리결과 및 향후 대책
⑤ 품질개선 정도의 파악

 ⑤

품질부서 불만처리담당자는 제품에 대한 모든 불만을 취합하고, 제기된 불만에 대해 신속하게 조사하고 그에 대한 적절한 조치를 취하여야 하며, 다음 각 호의 사항을 기록·유지하여야 한다.

- 불만접수연월일
- 불만제기자의 이름과 연락처
- 제품명, 제조번호 등을 포함한 불만내용
- 불만조사 및 추적조사 내용, 처리결과 및 향후 대책
- 다른 제조번호의 제품에도 영향이 없는지 점검

103 원료 품질 검사성적서 인정기준이 아닌 것은?

① 제조업체의 원료에 대한 자가품질검사 또는 공인검사기관 성적서
② 제조판매업체의 원료에 대한 자가품질검사 또는 공인검사기관 성적서
③ 원료업체의 원료에 대한 공인검사기관 성적서
④ 원료업체의 원료에 대한 자가품질검사 시험성적서 중 대한화장품협회 원료공급자의 검사결과 신뢰기준 자율규약 기준에 적합한 것
⑤ 식품의약품안전처의 심사평가서

 ⑤

원료 품질 검사성적서 인정기준(식품의약품안전처, 원료 품질 검사성적서 인정기준)

- 제조업체의 원료에 대한 자가품질검사 또는 공인검사기관 성적서
- 제조판매업체의 원료에 대한 자가품질검사 또는 공인검사기관 성적서
- 원료업체의 원료에 대한 공인검사기관 성적서
- 원료업체의 원료에 대한 자가품질검사 시험성적서 중 대한화장품협회의 원료공급자의 검사결과 신뢰기준 자율규약 기준에 적합한 것

104 판매 가능한 맞춤형화장품 유형 중 가정과 매장에서 기기를 활용해 피부를 진단하고 혼합하여 맞춤형화장품을 제공하는 방법은?

① 디바이스형
② DIY 키트형
③ 공장제조배송형
④ 현장혼합형
⑤ 혼합·소분방식 결합형

①

판매 가능한 맞춤형화장품 구성 유형

현장혼합형	소비자가 직접 매장을 방문하여 피부상태를 상담하고 진단을 받은 후 제품을 현장에서 혼합해주는 방식
공장제조배송형	소비자의 피부상태를 진단 후 원료에 대한 요구와 효능에 대한 선택을 바탕으로 제조업소에서 화장품을 생산한 뒤 완제품을 소비자에게 전달하는 방식
DIY키트형	베이스로션과 액티브 부스터를 조합하여 나만의 화장품을 만드는 방식
디바이스형	가정과 매장에서 기기를 활용하여 피부를 진단하고 혼합해 맞춤형화장품을 제공하는 방식

105 화장품의 원료 중 에스터류에 속하는 것이 아닌 것은?

① 메틸
② 에틸
③ 소듐
④ 부틸
⑤ 페닐

 ③

화장품 원료 중 에스터류에 속하는 것으로는 메틸, 에틸, 프로필, 아이소프로필, 부틸, 아이소 부틸, 페닐 등이다.

106 화장품의 원료 중 염류에 속하지 않는 것은?

① 소듐
② 페닐
③ 칼슘
④ 암모늄
⑤ 베타인

 ②

화장품 원료 중 염류에는 소듐, 포타슘, 칼슘, 마그네슘, 암모늄, 에탄올아민, 클로라이드, 브로마이드, 설페이트, 아세테이트, 베타인 등이다.

107 착향제 성분 중 알레르기 유발물질에 대한 설명으로 적절하지 않은 것은?

① 제조, 수입되는 화장품을 대상으로 화장품 성분 중 향료의 경우 향에 포함되어 있는 알레르기 유발성분의 표시의무화가 시행된다.
② 착향제는 '향료'로 표시할 수 있으나, 착향제 구성 성분 중 식품의약품안전처장이 고시한 알레르기 유발성분이 있는 경우에는 '향료'로만 표시할 수 없고 추가로 해당 성분의 명칭을 기재하여야 한다.

③ 표시대상성분은 화장품 사용 시의 주의사항 및 알레르기 유발성분 표시에 관한 규정에서 정한 25종의 유발성분이다.

④ 표시대상성분 중 25종의 알레르기 유발성분 중 사용 후 씻어내는 제품에는 0.001%를 초과하는 경우이다.

⑤ 표시대상성분 중 25종의 알레르기 유발성분 중 사용 후 씻어내지 않는 제품에서 0.001%를 초과하는 경우이다.

 ④

표시대상 성분은 화장품 사용 시의 주의사항 및 알레르기 유발성분 표시에 관한 규정 별표2에서 정한 25종의 유발성분이다. 여기서 사용 후 씻어내는 제품에서 0.01% 초과, 사용 후 씻어내지 않는 제품에서 0.001%를 초과하는 경우에 한한다.

108 보습제가 갖추어야 할 구비조건으로 적절하지 않은 것은?

① 적절한 보습능력이 있을 것
② 흡습력이 환경변화에 영향을 받지 아니할 것
③ 피부친화성이 높을 것
④ 응고점이 높고 휘발성이 있을 것
⑤ 다른 성분과 잘 섞일 것

 ④

보습제는 적절한 보습력을 가질 것, 흡습력이 환경변화에 영향을 받지 않을 것, 피부친화성이 높을 것, 응고점이 낮고 휘발성이 없을 것, 다른 성분과 잘 섞일 것 등이다.

109 다음 중 위해평가방법으로 적당하지 않은 것은?

① 위해요소에 노출됨에 따라 발생할 수 있는 독성의 정도와 영향의 종류 등을 파악한다.

② 위해요소 및 이를 함유한 화장품의 사용에 따른 건강상 영향, 인체 노출 허용량 또는 수준 및 화장품 이외의 환경 등에 의하여 노출되는 위해요소의 양을 고려하여 사람에게 미칠 수 있는 위해의 정도와 발생빈도 등을 정량적 또는 정성적으로 예측한다.

③ 화장품의 사용을 통하여 노출되는 위해요소의 양 또는 수준을 정량적 또는 정성적으로 산출한다.

④ 위험성 결정에 제한이 있거나 신속한 위해평가가 요구될 경우 위험성 확인과 노출평가만으로 위해도를 예측할 수 있다.

⑤ 동물실험 결과, 동물대체 실험결과 등의 불확실성을 보정하여 인체 노출 허용량을 결정한다.

 ④

위험성 결정에 제한이 있거나 신속한 위해평가가 요구될 경우 화장품의 위해평가를 실시하여야 한다.

110 다음 중 화장품 제조작업소의 기준으로 적절하지 않은 것은?

① 제품의 오염을 방지하고 적절한 온도 및 습도를 유지할 수 있는 공기조화 시설 등 적절한 환기시설을 갖추어야 한다.
② 외부와 연결된 창문은 환기와 채광을 위하여 가능하면 잘 열리도록 설계하여야 한다.
③ 작업소 내의 외관 표면은 가능한 매끄럽게 설계하고, 청소와 소독제의 부식성에 저항력이 있어야 한다.
④ 제조하는 화장품의 종류 · 제형에 따라 적절히 구획 · 구분되어 교차오염 우려가 없도록 해야 한다.
⑤ 작업소는 환기가 잘되고 청결해야 한다.

정답
풀이 ②
작업소에 외부와 연결된 창문은 가능하면 열리지 않도록 설계하여야 한다.

111 다음 중 품질관리기준서에 포함되어야 할 내용으로 적절하지 않은 것은?

① 표준품 및 시약의 관리
② 안전성 및 유효성 시험
③ 완제품 등 보관용 검체의 관리
④ 시험검체의 채취방법 및 채취 시 주의사항
⑤ 시험시설 및 시험기구의 점검

정답
풀이 ②
품질관리기준서의 내용(우수화장품 제조 및 품질관리기준 제15조제4항)

> • 시험지시서
> • 시험검체 채취방법 및 채취 시 주의사항과 오염방지대책
> • 시험시설 및 시험기구의 점검(장비의 교정 및 성능점검 방법)
> • 안정성 시험
> • 완제품 등 보관용 검체의 관리
> • 표준품 및 시약의 관리
> • 위탁시험 또는 위탁 제조하는 경우 검체의 송부방법 및 시험결과의 판정방법

112 체질안료 중 탤크(활석)에 대한 설명으로 옳은 것은?

① 탄성이 풍부하여 사용감이 좋고 피부에 대한 부착성도 우수하다.
② 뭉침 현상을 일으키지 않고 자연스런 광택을 준다.
③ 매끄러운 사용감과 흡수력이 우수하여 메이크업 제품에 많이 사용된다.
④ 피부에 대한 부착성이 우수하다.
⑤ 땀이나 피지의 흡수력이 우수하다.

정답
풀이
③

탤크(활석)는 매끄러운 사용감과 흡수력이 우수하여 베이비파우더와 투웨이케이크 등 메이크업 제품에 많이 사용된다.

113 작업소의 기준으로 옳지 않은 것은?

① 화장품의 종류와 제형에 따라 구분·구획되어야 한다.
② 바닥, 벽, 천장은 청소하기 쉽게 매끄러운 표면을 가지고 있어야 한다.
③ 환기가 잘 되도록 외부와의 창문은 개방되어야 한다.
④ 세척실과 화장실은 접근이 쉬워야 하지만 생산구역과 분리되어야 한다.
⑤ 제품의 오염을 방지하고 적절한 온도 및 습도를 유지해야 한다.

정답
풀이
③

작업소는 외부로부터 오염물질이 유입되지 않도록 외부와 통하는 창문은 열리지 않도록 설계하는 것이 좋다.

114 세정제로서 단백질 응고 또는 변경에 의한 세포기능 장해를 일으키는 물질이 아닌 것은?

① 알코올   ② 페놀
③ 붕산   ④ 포르말린
⑤ 알데하이드

정답
풀이
③

단백질의 응고 또는 변경에 의한 세포 기능 장해를 일으키는 물질로는 알코올, 페놀, 알데하이드, 아이소프로판올, 포르말린 등이 있다. 붕산은 효소계 저해에 의한 세포기능 장해 물질이다.

115 다음 중 위해평가에서 평가하여야 할 요소와 거리가 먼 것은?

① 화장품 제조에 사용된 성분
② 중금속, 환경오염물질 및 제조·보관과정에서 생성되는 물질 등 화학적 요인
③ 이물 등 물리적 요인
④ 세균 등 미생물적 요인
⑤ 낙하균의 측정

⑤

위해평가에서 평가하여야 할 위해요소

- 화장품 제조에 사용된 성분
- 중금속, 환경오염물질 및 제조·보관 과정에서 생성되는 물질 등 화학적 요인
- 이물 등 물리적 요인
- 세균 등 미생물적 요인

116 다음 중 회수의무자가 회수를 시작한 날로부터 30일 이내에 회수하여야 하는 것이 아닌 경우는?

① 안전용기·포장 등에 위반되는 화장품
② 화장품에 사용할 수 없는 원료를 사용한 화장품
③ 전부 또는 일부가 변패된 화장품
④ 병원성 미생물에 오염된 화장품
⑤ 이물이 혼입되었거나 부착된 화장품 중에서 보건위생상 위해를 발생할 우려가 있는 화장품

 정답
풀이 ②

회수의무자는 회수계획서 작성 시 회수종료일을 다음 각 호의 구분에 따라 정하여야 한다. 즉 위해성 등급이 '가'등급인 화장품은 회수를 시작한 날부터 15일 이내, 위해성등급이 '나' 또는 '다'등급인 화장품은 회수를 시작한 날부터 30일 이내이다. 위 지문에서 ②는 '가' 등급이므로 15일 이내에 회수하여야 한다.

117 화장품 완제품의 보관 및 출고에 대한 설명으로 적합하지 않은 것은?

① 출고 시 선한선출식을 적용하여 불용재고가 없도록 한다.
② 출고는 반드시 선입선출방식으로 실시하여야 한다.
③ 완제품의 실재고량과 장부재고량을 일치시킨다.
④ 완제품은 적절한 조건 하의 장소에서 보관하여야 하며, 주기적으로 재고를 점검하여야 한다.
⑤ 완제품은 시험결과 적합으로 판정되고 품질보증부서 책임자가 출고 승인한 것만을 출고하여야 한다.

 정답
풀이 ②

출고는 선입선출방식을 원칙으로 한다. 다만, 타당한 사유가 있는 경우에는 그러하지 아니할 수 있다.(우수화장품 제조 및 품질관리기준 제19조)

118 고객불만 처리담당자가 기록, 유지 · 관리하여야 하는 사항과 거리가 먼 것은?

① 불만처지 결과 및 향후 대책   ② 불만제품의 구입가격
③ 다른 제조번호의 제품에도 영향이 없는지 점검   ④ 불만 제기자의 이름과 연락처
⑤ 제품명, 제조번호 등을 포함한 불만내용

정답풀이 ②

품질부서 불만처리담당자는 제품에 대한 모든 불만을 취합하고, 제기된 불만에 대해 신속하게 조사하고 그에 대한 적절한 조치를 취하여야 하며, 다음 각 호의 사항을 기록 · 유지하여야 한다.

- 불만 접수연월일
- 불만 제기자의 이름과 연락처
- 제품명, 제조번호 등을 포함한 불만내용
- 불만조사 및 추적조사 내용, 처리결과 및 향후대책
- 다른 제조번호의 제품에도 영향이 없는지 점검

119 화장품 제조와 관련된 보관관리의 설명으로 적절하지 않은 것은?

① 원자재, 반제품 및 벌크제품은 보관기한을 설정하여야 한다.
② 원자재, 반제품 및 벌크제품은 품질에 나쁜 영향을 미치지 않는 조건에서 보관한다.
③ 원자재, 시험 중인 제품 및 부적합품은 각각 구획된 장소에서 반드시 보관하여야 한다.
④ 원자재, 반제품 및 벌크제품은 바닥과 벽에 닿지 않도록 보관하고, 선입선출에 의하여 출고할 수 있도록 보관하여야 한다.
⑤ 설정된 보관기한이 지나면 사용의 적절성을 결정하기 위해 재평가시스템을 확립하여야 하며, 동 시스템을 통해 보관기한이 경과한 경우 사용하지 않도록 규정하여야 한다.

정답풀이 ③

원자재, 시험 중인 제품 및 부적합품은 각각 구획된 장소에서 보관하여야 한다. 다만, 서로 혼동을 일으킬 우려가 없는 시스템에 의하여 보관되는 경우에는 그러하지 아니하다.(우수화장품 제조 및 품질관리기준 제13조)

120 우수화장품 제조 및 품질관리기준(CGMP)에서 요구하는 문서관리에 대한 설명으로 적절하지 않은 것은?

① 원본 문서는 품질보증부서에서 보관하여야 한다.
② 문서를 개정할 때는 개정사유 및 개정연월일 등을 기재하고 별도로 개정번호를 지정하지는 않는다.
③ 모든 기록문서는 적절한 보존기간이 규정되어야 한다.

④ 작업자는 작업과 동시에 문서로 기록하여야 하며, 지울 수 없는 잉크로 작성하여야 한다.

⑤ 기록 문서를 수정하는 경우에는 수정하려는 글자 또는 문장 위에 선을 긋고 수정사유, 수정연월일 및 수정자의 서명을 기록한다.

정답 풀이 ②

문서를 개정할 때는 개정사유 및 개정연월일 등을 기재하고 권한을 가진 사람의 승인을 받아야 하며, 개정번호를 지정해야 한다.

121 원료와 자재의 보관관리 방법으로 가장 적당한 것은?

① 보관소의 공간 확보를 위해 벽에 가급적 붙여서 보관한다.

② 원료 보관소 온도는 상온으로 한다.

③ 바닥에 적재하지 않고 팔레트 위에 보관한다.

④ 햇빛이 비치도록 창문을 차광하지 않는다.

⑤ 원료는 공간 확보를 위해 팔레트 위에 여러 로트를 함께 보관한다.

정답 풀이 ③

원료와 자재의 보관은 벽에서 일정한 거리를 두고 팔레트 위에 보관하며, 보관소 창문은 차광한다.

122 내부감사에 대한 설명으로 적절하지 않은 것은?

① 품질보증체계가 계획된 사항에 부합하는지를 주기적으로 검증하기 위하여 내부감사를 실시한다.

② 내부감사 계획 및 실행에 관한 문서화된 절차를 수립하고 유지하여야 한다.

③ 감사자는 감사대상과는 독립적이어야 한다.

④ 감사결과는 구두로 경영책임자 및 피감사 부서의 책임자에게 공유되어야 한다.

⑤ 감사자는 자신의 업무에 대하여 감사를 실시하여서는 아니 된다.

정답 풀이 ④

내부감사

- 품질보증체계가 계획된 사항에 부합하는지를 주기적으로 검증하기 위하여 내부감사를 실시하여야 하고, 내부감사 계획 및 실행에 관한 문서화된 절차를 수립하고 유지하여야 한다.
- 감사자는 감사대상과는 독립적이어야 하며, 자신의 업무에 대하여 감사를 실시하여서는 아니 된다.
- 감사결과는 기록되어 경영책임자 및 피감사 부서의 책임자에게 공유되어야 하고, 감사 중에 발견된 결함에 대하여 시정조치를 하여야 한다.
- 감사자는 시정조치에 대한 후속 감사활동을 행하고 이를 기록하여야 한다.
- 감사자는 자격부여 대상으로 일정한 자격기준이 있고 이 자격기준에 적합한 자가 감사자가 될 수 있다.

123 판매의 목적이 아닌 제품의 선택 등을 위하여 미리 소비자가 시험, 사용하도록 제조된 휴화장품에 대하여 기재 · 표시를 생략할 수 있는 항목은?

① 견본품이나 비매품

② 제조번호

③ 화장품 책임판매업자의 상호

④ 화장품 책임판매업자의 주소

⑤ 화장품의 명칭

 ④

화장품의 명칭, 화장품 책임판매업자의 상호, 가격(견본품이나 비매품으로 표시), 제조번호, 사용기한 또는 개봉 후 사용기간 만을 견본품에 표시할 수 있다.

124 맞춤형화장품의 회수계획보고를 하는 회수의무자는?

① 화장품 제조업자

② 화장품 책임판매업자

③ 책임판매관리자

④ 맞춤형화장품 판매업자

⑤ 맞춤형화장품 조제관리사

 ②

법령상 회수의무자는 화장품 책임판매업자이다.

125 위해평가 절차의 내용으로 옳은 것은?

① 위해평가결과에 대하여 보건복지부 규정에 따라야 한다.

② 보건복지부장관은 위해평가를 하여 결과보고서를 작성한다.

③ 위해평가과정에서 무조건 관계 전문가의 의견을 청취한다.

④ 위해평가 결과에 대하여 식품의약품안전처 화장품 정책규정에 따라야 한다.

⑤ 위해평가 결과에 대해 화장품 분야 소위원회의 심의 · 의결을 거쳐야 한다.

정답 풀이 ⑤

식품의약품안전처장은 위해평가를 해야 하며, 위해평가 과정에서 필요한 경우 전문가 의견을 청취하여야 한다. 위해평가결 과에 대하여 식품의약품안전처 정책자문위원회 규정에 따른 화장품 분야 소위원회의 심의 · 의결을 거쳐야 한다.

126 다음 중 위해평가의 대상이 아닌 것은?

① 국제기구가 인체의 건강을 해칠 우려가 있다고 인정하여 판매할 목적의 제조 또는 진열을 금지하거 나 제한한 화장품

② 외국정부가 인체의 건강을 해칠 우려가 있다고 인정하여 판매의 목적의 진열을 금지한 화장품

③ 국내외 연구·검사기관에서 인체의 건강을 해칠 우려가 있다고 생각한 화장품

④ 새로운 원료·성분이 생산된 경우 안전성에 대한 기준 및 규격이 없어 인체의 건강을 해칠 우려가 있는 화장품

⑤ 새로운 기술에 대한 안정성의 기준이 없어 인체의 건강을 해칠 우려가 있는 화장품

정답풀이 ③

위해평가의 대상

> • 국제기구 또는 외국정부가 인체의 건강을 해칠 우려가 있다고 인정하여 판매하거나 판매할 목적으로 제조·수입·사용 또는 진열을 금지하거나 제한한 화장품
> • 국내외의 연구·검사기관에서 인체의 건강을 해칠 우려가 있는 원료 또는 성분 등이 검출된 화장품
> • 새로운 원료·성분 또는 기술을 사용하여 생산·제조·조합되거나 안전성에 대한 기준 및 규격이 정하여지지 아니하여 인체의 건강을 해칠 우려가 있는 화장품

127 제한이 있거나 신속한 위해평가가 요구될 경우 화장품의 위해평가가 아닌 것은?

① 국제기구 및 신뢰성 있는 국내외 위해평가기관 등에서 평가한 위험성 확인 및 위험성 결정결과를 준용하거나 인용할 수 있다.

② 위험성 결정이 어려울 경우 위험성 확인만으로도 위해도를 예측할 수 있다.

③ 화장품의 사용에 따른 사망 등의 위해가 발생하였을 경우, 위험성 확인만으로 위해도를 예측할 수 있다.

④ 노출평가 자료가 불충분하거나 없는 경우 활용 가능한 과학적 모델을 토대로 노출평가를 실시할 수 있다.

⑤ 특정집단에 노출 가능성이 클 경우 어린이 및 임산부 등 민감 집단 및 고위험 집단을 대상으로 위해평가를 실시할 수 있다.

정답풀이 ②

위험성 결정이 어려울 경우 위험성 확인과 노출평가만으로 위해도를 예측할 수 있다.

128 화장품 사용방법에 대한 내용으로 적절하지 않은 것은?

① 클렌징 – 생활환경에서 오는 미세먼지 또는 메이크업 잔여물을 닦아낸다.

② 토닉 – 수분증발을 막아주며 영양물질을 흡수시킨다.

③ 에멀션 – 유분과 수분을 조절하여 공급하고 피부에 건조함을 예방한다.

④ 영양크림 – 피부에 부족한 영양을 공급하면서 신진대사를 촉진시킨다.

⑤ 팩 · 마스크 – 흡착작용에 의한 피부노폐물 제거와 영양성분 흡수를 도와주고 피부 신진대사를 촉진시킨다.

정답풀이 ②

화장품 사용방법

- **클렌징** : 생활환경에서 오는 미세먼지 또는 메이크업 잔여물을 닦아낸다.
- **토닉** : 피부의 pH밸런스를 정상수치로 되돌린다.
- **에멀션** : 유분과 수분을 조절하여 공급하고 피부에 건조함을 예방한다.
- **에센스** : 수분증발을 막아주며 영양물질을 흡수시킨다.
- **영양크림** : 피부에 부족한 영양을 공급하면서 신진대사를 촉진시킨다.
- **팩 · 마스크** : 흡착작용에 의한 피부노폐물 제거와 영양성분 흡수를 도와주고 피부 신진대사를 촉진시킨다.

129 화장품 보관방법에 대한 설명으로 적당하지 않은 것은?

① 누구나 명확히 구분할 수 있도록 구분하여 보관한다.

② 보관장소는 항상 청결하며, 정리 · 정돈되어 있어야 하고, 출고는 별도 지시가 없는 한 선입선출방식을 원칙으로 한다.

③ 방서 · 방충 시설을 갖춘 곳에서 보관한다.

④ 제품명 및 시험 전 · 후의 시험번호별 구분을 명확히 하여 보관한다.

⑤ 단위 포장을 해체하여 출고하면 보관상 문제가 많으므로 전체 포장으로 출고한다.

정답풀이 ⑤

단위포장을 해체하여 출고하고, 남은 잔량은 재포장하여 수량 표시 후 보관한다.

130 재료 및 완제품 등의 보관 시 유의사항으로 틀린 것은?

① 원료 보관소와 칭량실은 구획되어 있어야 한다.

② 엎지르거나 흘리는 것을 방지하고, 즉각적으로 치우는 시스템과 절차를 시행한다.

③ 바닥은 깨끗하고 부스러기가 없는 상태로 유지한다.

④ 원료용기는 실제로 칭량하는 원료인 경우를 제외하고 적합하게 뚜껑을 덮어 놓는다.

⑤ 모든 드럼의 윗부분은 이송 후 또는 개봉 후 검사하고 깨끗하게 한다.

⑤
모든 드럼의 윗부분은 필요한 경우 **이송 전에** 또는 칭령구역에서 **개봉 전에** 검사하고 깨끗하게 한다.

131 화장품의 안전기준 등에 관한 설명으로 적절하지 않은 것은?

① 식품의약품안전처장은 화장품의 제조에 사용할 수 없는 원료를 지정하여 고시해야 한다.

② 식품의약품안전처장은 보존제, 색소, 자외선차단제 등과 같이 특별히 사용상의 제한이 필요한 원료에 대하여는 그 사용기준을 지정하여 고시하여야 하며, 사용기준이 지정·고시된 원료 외의 보존제, 색소, 자외선차단제 등은 사용할 수 없다.

③ 식품의약품안전처장은 국내외에서 유해물질이 포함되어 있는 것으로 알려지는 등 국민보건상 위해 우려가 제기되는 화장품 원료 등의 경우에는 총리령으로 정하는 바에 따라 위해요소를 신속히 평가하여 그 위해여부를 결정하여야 한다.

④ 식품의약품안전처장은 위해평가가 완료된 경우 해당 화장품 원료 등을 화장품의 제조에 사용할 수 없는 원료로 지정하거나 그 사용기준을 지정하며, 지정·고시된 원료의 사용기준의 안전성을 정기적으로 검토할 필요는 없다.

⑤ 식품의약품안전처장은 그 밖에 유통화장품 안전관리 기준을 정하여 고시할 수 있다.

④
식품의약품안전처장은 지정·고시된 원료의 사용기준의 안전성을 정기적으로 검토하여야 하고, 그 결과에 따라 지정·고시된 원료의 사용기준을 변경할 수 있다. 이 경우 안전성 검토의 주기 및 절차 등에 관한 사항은 총리령으로 정한다.

132 착향제 성분 중 알레르기 유발물질 표시·기재 관련 세부 내용으로 적절하지 않은 것은?

① 알레르기 유발성분의 표시기준(0.01% 또는 0.001%)의 산출방법은 해당 알레르기 유발성분이 제품의 내용량에서 차지하는 함량의 비율로 계산한다.

② 알레르기 유발성분 표시 기준인 '사용 후 씻어내는 제품' 및 '사용 후 씻어내지 않는 제품'의 구분에서 '사용 후 씻어내는 제품'은 피부, 모발 등에 적용 후 씻어내는 과정이 필요한 제품을 말한다.

③ 알레르기 유발성분 함량에 따른 표시방법이나 순서를 별도로 정하고 있다.

④ 알레르기 유발성분임을 별도로 표시하거나 '사용 시의 주의사항'에 기재한다.

⑤ 식물의 꽃·잎·줄기 등에서 추출한 에센셜오일이나 추출물이 착향의 목적으로 사용되었거나 또는 해당 성분이 착향제의 특성이 있는 경우 알레르기 유발성분을 표시·기재하여야 한다.

③
알레르기 유발성분의 함량에 따른 표시방법이나 순서를 별도로 정하고 있지는 않으나, 전성분 표시방법을 적용하길 권장한다.

133 화장품 작업소 설비기준에 대한 내용으로 적절하지 않은 것은?

① 제품과 설비가 오염되지 않도록 배관 및 배수관을 설치하며, 배수관은 역류되지 않아야 하고, 항상 청결을 유지한다.
② 천장 주위의 대들보, 파이프, 덕트 등은 가급적 노출되도록 하여 구분이 되어야 한다.
③ 시설 및 기구에 사용되는 소모품은 제품의 품질에 영향을 주지 않도록 한다.
④ 시설 및 기구에 사용되는 소모품을 선택할 때는 그 재질과 표면이 제품과의 상호작용을 검토하여 신중하게 골라야 한다.
⑤ 폐기물은 주기적으로 버려야 하며, 장기간 모아 놓거나 쌓아 두어서는 안 된다.

> **정답 풀이** ②
> 천장 주위의 대들보, 파이프, 덕트 등은 가급적 노출되지 않도록 설계하고, 파이프는 받침 등으로 고정하며, 벽에 닿지 않게 하여 청소가 용이하도록 한다.

134 다음 품질관리기준서의 지침서와 그 기록양식의 연결이 잘못된 것은?

① 표준품 관리지침서 – 표준품 관리대장, 표준품 라벨 등
② 검체의 채취 및 보관 절차서 – 관리품 라벨 등
③ 미생물 시험 지침서 – 시액 및 시약라벨 등
④ 낙하균 측정 지침서 – 낙하균 시험기록서 등
⑤ 안정성 시험 지침서 – 안정성 시험 관리대장, 안정성 시험 표시 라벨 등

> **정답 풀이** ③
> 시액 및 시약레벨 등은 시액 및 시약관리 지침서의 기록양식이다.

135 주름개선제의 성분 및 함량의 연결이 옳지 않은 것은?

① 레티놀 – 2,500µ/g
② 레티닐팔미테이트 – 10,000µ/g
③ 아데노신 – 0.04%
④ 폴리에톡실레이티드레틴아마이드 – 0.05~0.2%
⑤ 알부틴 – 2%

> **정답 풀이** ⑤
> ⑤의 알부틴은 피부의 미백에 도움을 주는 미백제 성분 및 함량이다.

136 무기안료 중 백색안료에 대한 설명으로 틀린 것은?

① 백색안료는 피복력이 주된 목적이다.
② 백색안료에는 타이타늄다이옥사이드와 징크옥사이드가 있다.
③ 타이타늄다이옥사이드는 굴절률이 높고 입자경이 작다.
④ 타이타늄다이옥사이드는 백색도, 은폐력, 착색력이 우수하다.
⑤ 타이타늄다이옥사이드는 빛이나 열 및 내약품성에 약한 것이 단점이다.

정답 풀이	⑤

타이타늄다이옥사이드는 굴절률이 높고 입자경이 작기 때문에 백색도, 은폐력, 착색력 등이 우수하고, 빛이 나기 때문에 열 및 내약품성도 뛰어나다.

137 다음 자외선 차단제 중 최대함량이 다른 하나는?

① 타이타늄다이옥사이드
② 아오아밀p-메톡시신나메이트
③ 드로메트리졸트라이실록산
④ 다이에틸헥실부타미도트라이아존
⑤ 다이에틸아미노하이드록시벤조에이트

정답 풀이	①

자외선 차단성분 중 타이타늄다이옥사이드와 징크옥사이드는 최대함량이 25%로 가장 높고, 나머지는 10%이다.

단 답 형

138 다음 〈보기〉는 화장품 원료 중 하나에 대한 설명이다. (   ) 안에 들어갈 알맞은 말은?

• 보기 •

(   )는 한 분자 내에 친수부와 친유부를 가지는 물질로 섞이지 않는 두 물질의 계면에 작용하여 계면장력을 낮추고 두 물질이 섞이도록 돕는다.

정답 풀이	계면활성제

139 다음 〈보기〉의 (   ) 안에 들어갈 용어는?

• 보기 •

물 속에 계면활성제를 투입하면 계면활성제의 소수성에 의해 계면활성제가 친유부를 공기쪽으로 밀어내서 기체와 액체 표면에 친유부가 분포하고 표면이 포화되어 더 이상 계면활성제가 표면에 있을 수 없으면 물 속에서 자체적으로 친유부가 물과 접촉하지 않도록 계면활성제가 화합하는데 이 화합체를 (   )이라 한다.

정답
풀이   미셀

140 다음 〈보기〉는 색소의 한 유형에 대한 설명이다. 무엇에 대한 설명인가?

• 보기 •

물에 녹기 쉬운 염료에 알루미늄 등의 염이나 황산 알루미늄, 황산지르코늄 등을 가해 물에 녹지 않도록 불용화시킨 유기안료로 색상과 안정성이 안료와 염료의 중간 정도이다.

정답
풀이   레이크

141 다음 〈보기〉는 화장품 전성분 표시지침에서 표시의 순서에 대한 내용이다. (   ) 안에 들어갈 적당한 숫자는?

• 보기 •

성분의 표시는 화장품에 사용된 함량순으로 많은 것부터 기재한다. 다만, 혼합 원료는 개개의 성분으로서 표시하고, (   )% 이하로 사용된 성분, 착향제 및 착색제에 대해서는 순서에 상관없이 기재할 수 있다.

정답
풀이   1

142 다음 〈보기〉의 내용에서 ( ) 안에 들어갈 알맞은 용어를 작성하시오.

> • 보기 •
>
> 화장품법 시행규칙에서는 맞춤형화장품 판매업자가 맞춤형화장품의 내용물 및 원료의 입고 시 품질관리 여부를 확인하고 책임판매업자가 제공하는 ( )를 구비하도록 요구하고 있다.

정답
풀이 　품질성적서

143 다음 〈보기〉의 내용에서 ( ) 안에 들어갈 적절한 단어를 쓰시오.

> • 보기 •
>
> 가. (Ⓐ)는 물이나 기름, 알코올 등에 용해되고, 화장품 기제 중에 용해 상태로 존재하며 색을 부여할 수 있는 물질을 뜻한다.
> 나. (Ⓑ)는 물이나 오일 등에 모두 녹지 않는 불용성 색소이다.

정답
풀이 　Ⓐ 염료 , Ⓑ 안료

144 다음 〈보기〉는 체질안료의 특성을 설명한 것이다. ( )에 맞는 단어를 쓰시오.

> • 보기 •
>
> 가. (Ⓐ) : 탄성이 풍부하기 때문에 사용감이 좋고 피부에 대한 부착성도 우수하다. 특히 뭉침현상을 일으키지 않고 자연스러운 광택을 주기 때문에 파우더류 제품에 많이 사용된다.
> 나. (Ⓑ) : 매끄러운 감촉이 풍부하고, 매끄러운 사용감과 흡수력이 우수하여 베이비파우더와 투웨이케이크 등 메이크업 제품에 많이 사용된다.
> 다. (Ⓒ) : 피부에 대한 부착성, 땀이나 피지의 흡수력이 우수하지만 매끄러운 느낌은 다소 떨어진다.

정답
풀이 　Ⓐ 마이카(운모), Ⓑ 탤크(활석), Ⓒ 카올린(고령토)

145 화장품 제조에 사용된 성분표시에 관한 설명이다. (   ) 안에 들어갈 말을 쓰시오.

> • 보기 •
>
> 착향제는 (   )로 표시할 수 있다. 다만, 착향제의 구성성분 중 식품의약품안전처장이 고시한 알레르기 유발성분이 있는 경우에는 향료로 표시할 수 없고 해당 성분의 명칭을 기재 · 표시하여야 한다.

정답
풀이 향료

146 다음 〈보기〉에서 설명하는 화장품 효과는 어떤 효과에 대한 설명인가?

> • 보기 •
>
> 살리실산(AHA), 유황성분(식품의약품안전처 고시성분)으로 각질을 제거하며 얻는 화장품의 효과이다.

정답
풀이 여드름치료효과

147 다음 〈보기〉는 무기안료의 종류이다. (   ) 안의 안료는 어떤 안료인가?

> • 보기 •
>
> 가. (Ⓐ) : 이사환타이티늄, 산화아연
> 나. (Ⓑ) : 황색산화철, 흑색산화철, 적색산화철, 산화크롬, 수산화트롬, 망간 바이올렛
> 다. (Ⓒ) : 탤크, 카올린, 마이카, 탄산칼슘, 탄산마그네슘, 무수규산

정답
풀이 Ⓐ 백색안료, Ⓑ 착색안료, Ⓒ 체질안료

148 다음 〈보기〉에서 설명하는 기능을 가지는 화장품은?

● 보기 ●

피부 상재균의 증식을 억제하는 항균기능을 가지고 있으며, 발생한 체취를 억제하는 기능을 가진다.

정답
풀이 　데오도런트

149 다음 〈보기〉 중 고분자화합물에 대한 설명으로 맞는 것을 모두 고르면?

● 보기 ●

가. 제품의 점성을 높이거나, 사용감을 개선하거나, 피막을 형성하기 위한 목적으로 이용된다.

나. 주로 메이크업 화장품에 다량 배합되어 피부를 적당히 피복하거나 색체를 부여하여 건강하고 매력적인 용모를 만든다.

다. 피부의 기미나 주근깨 등을 감추어 원하는 색상을 주고, 피지 등의 피부 분비물을 흡수해서 얼굴에 유분이 흐르는 것을 막아 주어 아름답게 보이게 한다.

라. 유화제품에서 적절한 고분자를 사용하면 유화 안정성을 크게 향상시키고, 화장수 등에서 적절한 고분자 물질을 사용하면 특이한 사용감을 갖게 할 수 있다.

정답
풀이 　가, 라

150 다음 〈보기〉는 화장품 원료 중 수성원료에 대한 설명이다. 어떤 원료에 대한 설명인가?

● 보기 ●

화장품에서는 수렴, 청결, 살균제, 가용화제 등으로 이용한다.

정답
풀이 　에탄올

151 화장품 원료 중 폴리올은 수성원료 중 하나이며, 보습제 및 동결을 방지하는 원료로 사용된다. 이의 대표적인 종류 3가지를 쓰시오.

정답
풀이

> 글리세린, 프로필렌글리콜, 부틸렌글리콜

152 다음 〈보기〉에서 설명하는 왁스류는?

• 보기 •

인체의 피지와 유사한 화학구조의 물질을 함유하고 있어서 퍼짐성과 친화성이 우수하고 피부 침투성이 좋으며, 미국의 남부나 멕시코 북부의 건조지에서 자생하고 있는 식물의 열매에서 얻은 액상의 왁스이다.

정답
풀이

> 호호바오일

153 다음 〈보기〉는 화장품에 사용되는 비타민에 대한 설명이다. 정확한 비타민의 종류는?

• 보기 •

화장품에서는 피부세포의 신진대사 촉진과 피부 저항력의 강화, 피지 분비의 억제효과 등이 있는 것으로 알려져 있다. 즉 화장품에서 피부 분화의 촉진, 자외선 등에 효과가 있는 것으로 알려져 있다.

정답
풀이

> 레티놀(비타민 A_1)

154 다음 〈보기〉는 무기안료 중 하나를 설명한 것이다. 어떤 안료에 대한 설명인가?

• 보기 •

착색이 목적이 아니라 제품의 적절한 제형을 갖게 하기 위해 이용되는 안료이다. 제품의 양을 늘리거나 농도를 묽게 하기 위하여 다른 안료에 배합하고, 제품의 사용성, 퍼짐성, 부착성, 흡수력, 광택 등을 조성하는 데 사용되는 무채색의 안료이다.

155 다음 〈보기〉는 체질안료 중 하나에 대한 설명이다. 무엇에 대한 설명인가?

• 보기 •

탄성이 풍부하기 때문에 사용감이 좋고 피부에 대한 부착성도 우수하다. 특히 뭉침현상을 일으키지 않고, 자연스러운 광택을 주기 때문에 파우더류 제품에 많이 사용된다.

정답
풀이   마이카(운모)

156 다음 〈보기〉는 체질안료 중 하나에 대한 설명이다. 무엇에 대한 설명인가?

• 보기 •

매끄러운 사용감과 흡수력이 우수하여 베이비파우더와 투웨이케이크 등 메이크업 제품에 많이 사용된다.

정답
풀이   탤크(활석)

157 다음 〈보기〉는 화장품 원료 등의 위해평가과정이다. (   ) 안에 들어갈 말을 쓰시오.

• 보기 •

가. 위해요소의 인체 내 독성을 확인하는 과정 : (Ⓐ)과정
나. 위해요소의 인체 노출 허용량을 산출하는 과정 : (Ⓑ)과정
다. 위해요소가 인체에 노출된 양을 산출하는 과정 : (Ⓒ)과정
라. 가, 나, 다 과정의 결과를 종합하여 인체에 미치는 위해 영향을 판단하는 과정 : (Ⓓ)과정

정답
풀이   Ⓐ 위험성 확인, Ⓑ 위험성 결정, Ⓒ 노출평가, Ⓓ 위해도 결정

158 다음 〈보기〉는 위해성 등급 중 어떤 등급에 해당하는 화장품인가?

• 보기 •

가. 전부 또는 일부가 변패된 화장품
나. 병원성 미생물에 오염된 화장품
다. 이물이 혼입되었거나 부착된 화장품 중에서 보건위생상 위해를 발생할 우려가 있는 화장품

정답
풀이   '다'등급 위해성화장품

159 다음 〈보기〉에서 설명하는 계면활성제의 종류는?

• 보기 •

계면활성제의 자극이 가장 작아서 기초 화장품류나 색조화장품류에서 주로 사용된다.

정답
풀이   비이온 계면활성제

160 다음 〈보기〉는 화장품의 색소 종류와 기준 및 시험방법의 일부를 설명한 것이다. (   ) 안에 들어갈 적당한 말은?

• 보기 •

(   )는 색소 중 콜타르, 그 중간생성물에서 유래되었거나 유기합성하여 얻은 색소 및 그 레이크, 염, 희석제와의 혼합물을 말한다.

정답
풀이   타르색소

161 다음은 식물 등에서 향을 추출하는 방법에 대한 설명이다. 어떤 방법에 대한 내용인가?

• 보기 •

열에 불안정한 향을 추출할 때 사용하는 방법으로 휘발성용제에 의해 향성분을 추출하는 방법이다.

162 다음 〈보기〉의 (   ) 안에 들어갈 적당한 말은?

• 보기 •

영·유아용 제품류(만3세 이하의 어린이용)이거나 어린이용 제품(만13세 이하 어린이)임을 화장품에 표시·광고 하려는 경우에는 전성분에 (   )의 함량을 표시·기재하여야 한다.

정답
풀이
보존제

163 다음 〈보기〉는 화장품 전성분 표시지침 중 표시생략 성분 등에 대한 일부 설명이다. (   ) 안에 들어갈 말을 쓰시오.

• 보기 •

표시할 경우 기업의 정당한 이익을 현저히 해할 우려가 있는 성분(영업비밀 성분)의 경우에는 그 사유의 타당성 에 대하여 식품의약품안전처장의 사전 심사를 받은 경우에 한하여 (   )으로 기재할 수 있다.

정답
풀이
기타성분

164 다음 〈보기〉는 화장품 전성분 표시지침 중 표시대상에 대한 내용이다. (   ) 안에 공통 으로 들어갈 말로 적당한 것을 쓰시오.

• 보기 •

전성분 표시는 모든 화장품을 대상으로 한다. 다만, 다음 각 호의 화장품으로서 전성분 정보를 즉시 제공할 수 있는 전화번호 또는 홈페이지주소를 대신 표시하거나, 전성분 정보를 기재한 책자 등을 매장에 비치한 경우에는 전성분 표시 대상에서 제외할 수 있다.

1. 내용량이 (   )g 또는 (   )ml 이하인 제품
2. 판매를 목적으로 하지 않으며, 제품선택 등을 위하여 사전에 소비자가 시험·사용하도록 제조 또는 수입된 제품(견본품이나 증정용)

정답
풀이 50

165 화장품 전성분 표시지침에 의한 '화장품 성분 사전'의 발간기관은?

정답
풀이 대한화장품협회

166 색조화장은 크게 베이스메이크업과 포인트메이크업으로 분류하고 있는 바 파운데이션, 쿠션, 프라이머, 파우더류, 컨실러 등은 무엇에 해당하는 제품들인가?

정답
풀이 베이스메이크업(기초화장)

167 다음 〈보기〉는 품질관리에 관련된 설명이다. (   )에 공통으로 들어갈 말은?

• 보기 •

가. 내용물 품질관리 여부를 확인할 때 제조번호 · 사용기한 · 제조일자 · 시험결과를 주의 깊게 검토해야 하며, 내용물의 제조번호 · 사용기한 · 제조일자는 맞춤형화장품 (   ) 및 맞춤형화장품 사용기한에 영향을 준다.
나. 원료 품질관리 여부를 확인할 때에도 제조번호 · 사용기한을 주의 깊게 검토해야 하며, 원료의 제조번호는 맞춤형화장품 (   )에 영향을 준다.

정답
풀이 식별번호

168 다음 〈보기〉는 착향제의 구성성분 중 알레르기 유발성분 표시기준이다. (   )에 들어갈 숫자는?

• 보기 •

가. 사용 후 씻어내는 제품 : (Ⓐ   )%를 초과하는 경우
나. 사용 후 씻어내지 않는 제품 : (Ⓑ   )%를 초과하는 경우

정답풀이   Ⓐ 0.01, Ⓑ 0.001

169 다음 〈보기〉는 우수화장품 제조 및 품질관리기준(CGMP)의 보관관리에 대한 설명이다. (   ) 안에 들어갈 말을 쓰시오.

• 보기 •

원자재, 반제품 및 벌크 제품은 바닥과 벽에 닿지 아니하도록 보관하고, (   ) 방식에 의하여 출고할 수 있도록 보관하여야 한다.

정답풀이   선입선출

170 다음 〈보기〉는 위해등급에 해당하는 화장품 회수에 대한 설명이다. (   ) 안에 들어갈 적당한 말을 쓰시오.

• 보기 •

회수의무자는 위해등급의 어느 하나에 해당하는 화장품에 대하여 회수대상화장품이라는 사실을 안 날로부터 5일 이내에 회수계획서에 구비서류를 첨부하여 (   )에게 제출해야 한다.

정답풀이   지방 식품의약품안전청장

171 다음 〈보기〉는 화장품 회수의무자에 대한 내용이다. ( ) 안에 들어갈 숫자를 쓰시오.

> • 보기 •
>
> 회수의무자는 회수대상화장품의 판매자, 그 밖에 해당 화장품을 업무상 취급하는 자에게 방문, 우편, 전화, 전보, 전자우편, 팩스 또는 언론매체를 통한 공고 등을 통하여 회수계획을 통보하여야 하며, 통보사실을 입증할 수 있는 자료를 회수 종료일부터 ( )년간 보관하여야 한다.

정답
풀이
2

172 다음 〈보기〉는 위해화장품의 상세한 공표기준이다. ( ) 안에 들어갈 말을 쓰시오.

> • 보기 •
>
> 가. (Ⓐ) 또는 (Ⓑ) : 전국을 보급지역으로 하는 1개 이상의 일간신문 및 해당 영업자의 인터넷 홈페이지에 게재하고, 식품의약품안전처의 인터넷 홈페이지에 게재 요청할 것
> 나. (Ⓒ) : 해당 영업자의 인터넷 홈페이지에 게재하고, 식품의약품안전처의 인터넷 홈페이지에 게재 요청

정답
풀이
Ⓐ '가'등급 위해성, Ⓑ '나'등급 위해성, Ⓒ '다'등급 위해성

3편

유통화장품의 안전관리

제3편 유통화장품의 안전관리

핵심요약

✳ 청정도 기준표

청정도 등급	대상시설	해당작업실	청정공기 순환	구조조건	관리기준	작업복장
1	청정도 엄격 관리	Clean Bench	20회/hR이상 또는 차압관리	Pre-filter Med-filter HEPA-filter Clean bench / booth 온도조절	낙하균: 10개 / hR 또는 부유균 20개 / m³	작업복, 작업모, 작업화
2	화장품 내용물이 노출되는 작업실	제조실, 성형실, 충진실, 내용물보관소, 원료 칭량실, 미생물시험실	10회/hR이상 또는 차압관리	Pre-filter Med-filter (필요시 HEPA-filter) 분진발생실 주변 양압 · 제진 시설	낙하균: 30개 / hR 또는 부유균 200개 / m³	
3	화장품 내용물이 노출 안되는 곳	포장실	차입관리	Pre-filter 온도조절	갱의, 포장재의 외부 청소 후 반입	
4	일반작업실	포장재 · 완제품 · 관리품 및 원료보관소, 갱의실, 일반시험실	환기장치	환기(온도조절)	–	–

✳ 작업소의 시설과 적합설비

작업소의 시설

(1) 제조하는 화장품의 종류 · 제형에 따라 적절히 구획 · 구분되어 있어 교차오염 우려가 없을 것
(2) 바닥, 벽, 천장은 가능한 청소하기 쉽게 매끄러운 표면을 지니고 소독제 등의 부식성에 저항력이 있을 것
(3) 환기가 잘 되고 청결할 것
(4) 외부와 연결된 창문은 가능한 열리지 않도록 할 것
(5) 작업소 내 외관 표면은 가능한 매끄럽게 설계하고, 청소, 소독제의 부식성에 저항력이 있을 것
(6) 수세실과 화장실은 접근이 쉬워야 하나 생산구역과 분리되어 있을 것
(7) 작업소 전체에 적절한 조명을 설치하고, 조명이 파손될 경우를 대비한 제품을 보호할 수 있는 처리절차를 마련할 것
(8) 제품의 오염을 방지하고 적절한 온도 및 습도를 유지할 수 있는 공기조화시설 등 적절한 환기시설을 갖출 것
(9) 각 제조구역별 청소 및 위생관리 절차에 따라 효능이 입증된 세척제 및 소독제를 사용할 것
(10) 제품의 품질에 영향을 주지 않는 소모품을 사용할 것

작업소의 적합 설비

(1) 사용목적에 적합하고, 청소가 가능하며, 필요한 경우 위생 · 유지관리가 가능하여야 한다.(자동화시스템을 도입한 경우도 또한 같다.)
(2) 사용하지 않는 연결호스와 부속품은 청소 등 위생관리를 하며, 건조한 상태로 유지하고 먼지, 얼룩 또는 다른 오염으로부터 보호하여야 한다.
(3) 설비 등은 제품의 오염을 방지하고 배수가 용이하도록 설계 · 설치하며, 제품 및 청소 소독제와 화학반응을 일으키지 않도록 하여야 한다.
(4) 설비 등의 위치는 원자재나 직원의 이동으로 인하여 제품의 품질에 영향을 주지 않도록 하여야 한다.
(5) 용기는 먼지나 수분으로부터 내용물을 보호할 수 있어야 한다.
(6) 제품과 설비가 오염되지 않도록 배관 및 배수관을 설치하며, 배수관은 역류되지 않아야 하고, 청결을 유지하여야 한다.
(7) 천정 주위의 대들보, 파이프, 덕트 등은 가급적 노출되지 않도록 설계하고, 파이프는 받침대 등으로 고정하고 벽에 닿지 않게 하여 청소가 용이하도록 설계하여야 한다.
(8) 시설 및 기구에 사용되는 소모품은 제품의 품질에 영향을 주지 않도록 해야 한다.

✳ 세척제 일반

(1) 세척제는 접촉면에서 바람직하지 않은 오염물질을 제거하기 위해 사용하는 화학물질 또는 이들의 혼합액으로 용매, 산, 염기, 세제 등이 주로 사용된다.
(2) 세척제는 환경문제와 작업자의 건강문제를 고려하여 수용성 세정제가 많이 사용된다.
(3) 세척제는 안전성이 높고, 세정력이 우수하며, 헹굼이 용이하여야 한다.

(4) 세척제는 기구 및 장치의 재질에 부식성이 없고 가격이 저렴해야 한다.

(5) **세척제에 사용 가능한 원료** : 과산화수소, 과초산, 락트애씨드, 알코올(아이소프로판올 및 에탄올), 계면활성제, 석회장석유, 소듐카보네이트, 소듐하이드록사이드, 시트릭애씨드, 식물성 비누, 아세틱애씨드, 열수와 증기, 정류, 포타슘하이드록사이드, 무기산과 알칼리

✳ 세척의 확인방법

(1) 육안으로 확인하는 방법

(2) 천 특히 무진포로 문질러 부착물로 확인하는 방법(손으로 문지르는 것은 피함)

(3) 린스(헹굼) 액의 화학분석 방법

✳ 화학적 세척제 유형과 특징

유형	특징
무기산과 약산성 세척제	(1) 성질 : pH가 0.2~5.5이다. (2) 오염제거물질 : 무기염, 수용성 금속 혼합물 (3) 장점 : 산성에 녹는 물질, 금속산화물 제거에 효과적이다. (4) 단점 : 독성이 있으며 환경 및 취급문제가 있을 수 있다.
중성 세척제	(1) 성질 : pH가 5.5 ~ 8.5이다. (2) 오염제거물질 : 기름때 등 작은 입자 (3) 장점 : 용해나 유화에 의한 제거이며 독성은 낮다. (4) 단점 : 부식성이 있다.
약알칼리, 알칼리 세척제	(1) 성질 : pH가 8.5~12.5이다. (2) 오염제거물질 : 기름, 지방입자 등 (3) 장점 : 알칼리는 비누화, 가수분해를 촉진한다.
부식성 알칼리 세척제	(1) 성질 : pH가 12.5~14이다. (2) 오염제거물질 : 찌든 기름 등 (3) 장점 : 오염물의 가수분해 시 효과가 좋다. (4) 단점 : 독성과 부식성을 주의하여야 한다.

✳ 소독제 일반

소독제의 정의	(1) 소독제란 병원미생물을 사멸시키기 위해 인체의 피부, 점막의 표면이나 기구, 환경의 소독을 목적으로 사용하는 화학물질의 총칭한다. (2) 소독제는 기구 등에 부착한 균에 대해 사용하는 약제를 말한다. (3) 소독제는 에탄올 70%, 아이소프로필 알코올 70%가 주로 사용된다.
소독제의 구비조건	(1) 사용기간 동안 활성을 유지하며 경제적일 것 (2) 사용농도에서 독성이 없고 제품이나 설비와 반응하지 않을 것 (3) 불쾌한 냄새가 남지 않고 광범위한 항균 스펙트럼을 가질 것 (4) 소독 전에 존재하던 미생물을 최소한 99.9% 이상 사멸시킬 것 (5) 쉽게 이용할 수 있을 것

✳ 소독제를 선택할 때에 고려하여야 할 사항

(1) 대상 미생물의 종류와 수
(2) 항균 스펙트럼의 범위
(3) 미생물 사멸에 필요한 작용시간 및 작용의 지속성
(4) 물에 대한 용해성 및 사용방법의 간편성
(5) 적용방법
(6) 부식성 및 소독제의 향취
(7) 적용장치의 종류, 설치장소 및 사용하는 표면의 상태
(8) 내성균의 출현빈도
(9) pH, 온도, 사용하는 물리적 환경 요인의 약제에 미치는 영향
(10) 잔류성 및 잔류하여 제품에 혼입될 가능성
(11) 종업원의 안전성 고려
(12) 법 규제 및 소요비용

✳ 화학적 소독제의 종류와 소독방법

(1) **알코올** : 70%의 에탄올을 사용하여 손 소독이나 미용도구를 소독한다.
(2) **과산화수소** : 3%의 수용액을 사용하여 피부상처를 소독한다.
(3) **승홍수** : 0.1%의 수용액을 사용하여 화장실, 쓰레기통, 도자기류 등을 소독한다.
(4) **석탄산** : 고온일수록 효과가 높으며 살균력과 냄새가 강하고 독성이 있다. 특히 3% 수용액을 사용하며 금속을 부식시킨다는 단점이 있다.

3편 유통화장품의 안전관리

(5) **생석회** : 화장실, 하수도 소독시 사용하며, 가격이 저렴하다.

(6) **크레졸** : 3%의 수용액을 사용한다.

(7) **염소** : 살균력이 강하고 경제적이며 잔류효과가 크지만 냄새가 강하다.

(8) **폼알데하이드** : 금속제 소독 시 사용한다.

(9) **역성비누** : 무색액체로 살균작용을 나타내는 양이온 계면활성제이며, 기구, 식기, 손 등에 적당하다.

✽ 세척대상 및 확인방법

세척대상물질	세척대상 설비	세척확인 방법
(1) 화학물질, 미립자, 미생물 (2) 동일제품, 이종제품 (3) 쉽게 분해되는 물질, 안정된 물질 (4) 세척이 쉬운 물질, 세척이 곤란한 물질 (5) 불용물질, 가용물질 (6) 검출이 곤란한 물질, 쉽게 검출될 수 있는 물질	(1) 설비, 배관, 용기, 호스, 부속품 (2) 단단한 표면(용기내부), 부드러운 표면(호스) (3) 큰 설비, 작은 설비 (4) 세척이 곤란한 설비, 세척이 용이한 설비	(1) 육안확인 방법 (2) 천으로 문질러서 부착물로 확인하는 방법 (3) 린스액의 화학분석 방법

✽ 제조설비

교반기	교반기는 교반의 목적, 액의 비중, 점도의 성질, 혼합상태, 혼합시간 등을 고려하여 교반기를 편심 설치하거나 중심설치를 한다.
호모믹서	전단력, 충격 및 대류에 의해서 균일하고 미세한 유화입자를 얻을 수 있다.
혼합기	혼합기는 회전형과 고정형이 있다.
분쇄기	분쇄공정은 혼합공정에서 예비혼합된 분제 입자를 분쇄기를 통해 분체의 응집을 풀고, 크기를 완전히 균일하게 분쇄하는 작업과정으로, 아토마이저, 헨셀믹서, 비드밀과 제트밀이 널리 사용된다.

✱ 유통화장품 안전관리기준

비의도적으로 유래된 물질의 검출 허용한도	(1) 납 : 점토를 원료로 사용한 분말제품의 50μg/g(ppm)이하, 그 밖의 제품은 20μg/g 이하 (2) 비소 : 10μg/g 이하 (3) 수은 : 1μg/g 이하 (4) 안티몬 : 10μg/g 이하 (5) 카드뮴 : 5μg/g 이하 (6) 디옥산 : 100μg/g 이하 (7) 메탄올 : 0.2(v/v)% 이하, 물휴지는 0.002(v/v)% 이하 (8) 포름알데하이드 : 2000μg/g 이하 (9) 프탈레이트류(디부틸프탈레이트, 부틸벤질프탈레이트 및 디에칠헥실프탈레이트에 한함) : 총합으로서 100μg/g 이하
미생물한도 기준	(1) 총호기성 생균수는 영·유아용 제품류 및 눈 화장용 제품류의 경우 500개/g(ml)이하 (2) 물휴지의 경우 세균 및 진균수는 각각 100개/g(ml)이하 (3) 기타 화장품의 경우 1,000개/g(ml)이하 (4) 대장균, 녹농균, 황색포도상구균은 불검출
내용량 기준	(1) 제품 3개를 가지고 시험할 때 그 평균 내용량이 표기량에 대하여 97% 이상 (다만, 화장비누의 경우 건조중량을 내용량으로 한다.) (2) 위의 기준치를 벗어날 경우(97% 미만) : 6개를 더 취하여 시험할 때 9개의 평균 내용량이 위 기준치(97%) 이상 (3) 그 밖의 특수한 제품 : 대한민국 약전(식품의약품안전처 고시)을 따를 것
pH기준	(1) pH기준 : 유아용 제품, 눈 화장용 제품류, 색조화장용 제품류, 두발용 제품류(샴푸, 린스 제외), 면도용 제품류(셰이빙 크림, 셰이빙 폼 제외), 기초화장품 제품류(클렌징 워터, 클렌징오일, 클렌징 로션, 클렌징 크림 등 메이크업 리무버 제품 제외) 중 액, 로션, 크림 및 이와 유사한 제형의 액상제품은 pH기준이 3.0~9.0 이어야 한다. 다만, 물을 포함하지 않는 제품과 사용 후 곧바로 물로 씻어내는 제품은 제외한다. (2) 기능성화장품은 기능성을 나타나게 하는 주원료의 함량이 화장품법 제4조 및 같은 법 시행규칙 제9조 또는 제10조에 따라 심사 또는 보고한 기준에 적합하여야 한다.

✱ 안전용기·포장대상 품목

(1) 아세톤을 함유하는 네일 에나멜 리무버 및 네일 폴리시 리무버
(2) 어린이용 오일 등 개별포장 당 탄화수소류를 10% 이상 함유하고 운동점도가 21센티스톡스(cst)(섭씨 40도 기준)이하인 비에멀전 타입의 액체상태의 제품
(3) 개별 포장 당 메틸살리실레이트를 5% 이상 함유하는 액체상태의 제품

✳ 용기의 종류

(1) **밀폐용기** : 일상의 취급 또는 보통 보존상태에서 외부로부터 고형의 이물이 들어가는 것을 방지하고 고형의 내용물이 손실되지 않도록 보호할 수 있는 용기를 말하며, 밀폐용기로 규정되어 있는 경우에는 기밀용기도 사용이 가능하다.

(2) **기밀용기** : 일상의 취급 또는 보통 보존상태에서 액상 또는 고형의 이물 또는 수분이 침입하지 않고 내용물을 손실, 풍화, 조해 또는 증발로부터 보호할 수 있는 용기를 말하며, 기밀용기로 규정되어 있는 경우에는 밀봉용기도 사용이 가능하다.

(3) **밀봉용기** : 일상의 취급 또는 보통의 보존상태에서 기체 또는 미생물이 침입할 염려가 없는 용기를 말한다.

(4) **차광용기** : 광선의 투과를 방지하는 용기 또는 투과를 방지하는 포장을 한 용기를 말한다.

✳ 화장품 용기(자재) 시험방법(대한화장품협회)

(1) **내용물 감량시험방법** : 화장품 용기에 충진된 내용물의 건조감량을 측정하기 위한 시험방법이다.

(2) **감압누설 시험방법** : 액상의 내용물을 담는 용기의 마개, 펌프, 패킹 등의 밀폐성을 시험하는 방법이다.

(3) **내용물에 의한 용기 마찰 시험방법** : 용기 표면의 인쇄문자, 핫스탬핑, 증착 및 코팅 막 등의 내용물에 의한 용기 마찰 시험방법이다.

(4) **내용물에 의한 용기의 변형을 측정하는 시험방법** : 내용물이 충진된 용기 및 용기를 이루는 각종 재료들의 내한성, 내열성을 시험하는 방법이다.

(5) **유리병 표면 알칼리 용출량 시험방법** : 화장품 용기의 유리병 표면 알칼리 용출량 시험방법이다.

(6) **유리병의 내부압력 시험방법** : 화장품 용기의 유리병 내부 압력을 시험하는 방법이다.

(7) **유리병의 열 충격 시험방법** : 화장품 용기 유리병의 급격한 온도변화에 대한 내구력을 측정하는 시험방법이다.

(8) **펌프 누름강도 시험방법** : 펌프 용기의 화장품을 펌핑 시 펌프 버튼의 누름강도를 측정하는 시험방법이다.

(9) **펌프분사 형태 시험방법** : 스프레이 펌프의 분사 패턴을 측정하기 위한 참고 시험방법이다.

(10) **낙하시험 방법** : 플라스틱 성형품, 조립 캡, 조립용기, 거울, 명판 등의 조립 및 접착에 의해 만들어진 화장품 용기의 낙하 시험방법이다.

(11) **접착력 시험방법** : 화장품 용기에 표시된 인쇄문자, 코팅 막 및 라미네이팅의 밀착성을 측정하기 위한 시험방법이다.

(12) **라벨 접착력 시험방법** : 라벨의 접착강도에 대한 시험방법이다.

(13) **용기의 내열성 및 내한성 시험방법** : 내용물이 충진된 용기 및 용기를 이루는 각종 재료들의 내한성과 내열성에 대한 시험방법이다.

✽ 포장재 보관 시 주의사항

(1) 입고된 원료와 포장재는 검사 중, 적합, 부적합에 따라 각각의 구분된 공간에 별도로 보관되어야 한다.

(2) 외부로부터 반입되는 모든 원료와 포장재는 관리를 위해 표시를 하여야 하며, 필요한 경우 포장 외부를 깨끗이 청소한다. 한 번에 입고된 원료와 포장재는 제조단위별로 각각 구분하여 관리하여야 한다.

(3) 적합판정이 내려지면, 원료와 포장재는 생산 장소로 이송되며, 품질이 부적합 되지 않도록 하기 위하여 수취와 이송 중의 관리 등의 사전관리를 하여야 한다.

(4) 확인, 검체 채취, 규정 기준에 대한 검사 및 시험 및 그에 따른 승인된 자에 의한 불출 전까지는 어떠한 물질도 사용되어서는 안된다는 것을 명시하는 원료 수령에 대한 절차서를 수립하여야 한다. 원료 및 포장재 선적 용기에 대하여 확실한 표기 오류, 용기손상, 봉인파손, 오염 등에 대해 육안으로 검사하며 필요한 경우 운송 관련 자료에 대한 추가적인 검사를 수행한다.

(5) 제품을 정확히 식별하고 혼동의 위험을 없애기 위해 라벨링을 해야 한다. 즉 원료 및 포장재의 용기는 물질과 배치 정보를 확인할 수 있는 표시를 부착해야 한다.

(6) 제품의 품질에 영향을 줄 수 있는 결함을 보이는 원료와 포장재는 결정이 완료될 때까지 보류상태로 있어야 한다.

(7) 확인시스템은 혼동, 오류 또는 혼합을 방지할 수 있도록 설계되어야 한다.

3편 유통화장품의 안전관리

선 다 형

01 맞춤형화장품 작업장의 권장시설 기준으로 적합하지 않는 것은?

① 맞춤형화장품의 소분·혼합장소와 판매·상담 장소는 구분·구획이 권장된다.

② 적절한 환기시설이 권장된다.

③ 작업대, 바닥, 벽, 천장 및 창문은 청결하게 유지되어야 한다.

④ 시험기구 및 도구를 비치하고 시험실을 별도로 구획하여야 한다.

⑤ 소분·혼합 전·후 작업의 손 세척 및 장비 세척을 위한 세척시설의 설치가 권장된다.

정답
풀이 　④
맞춤형화장품 작업장

- 맞춤형화장품의 소분·혼합장소와 판매·상담 장소는 구분·구획이 권장된다.
- 적절한 환기시설이 권장된다.
- 작업대, 바닥, 벽, 천장 및 창문은 청결하게 유지되어야 한다.
- 소분·혼합 전·후 작업의 손 세척 및 장비 세척을 위한 세척시설의 설치가 권장된다.
- 방충·방서에 대한 대책이 마련되고 정기적으로 방충·방서를 점검하는 것이 권장된다.

02 화장품작업장의 건물기준으로 적절하지 않은 것은?

① 건물이 제품을 보호하도록 위치, 설계, 건축 및 이용되어야 한다.

② 건물이 청소가 용이하도록 하여야 한다.

③ 건물은 반드시 위생관리 및 유지관리가 가능하도록 하여야 한다.

④ 제품, 원료 및 자재 등의 혼동이 없도록 하여야 한다.

⑤ 건물은 제품의 제형, 현재상황 및 청소 등을 고려하여 설계하여야 한다.

정답
풀이 　③
　건물을 청소가 용이하도록 하고, 필요한 경우 위생관리 및 유지관리가 가능하도록 해야 한다.

03 화장품 작업소에 대해 적절하지 않은 것은?

① 제조하는 화장품의 종류, 제형에 따라 적절히 구획, 구분되어 교차오염 우려가 없을 것
② 바닥, 벽, 천장은 가능한 청소하기 쉽도록 매끄럽게 표면을 지니고 소독제 등의 부식성에 저항력이 있을 것
③ 외부와 연결된 창문은 가능한 열리지 않도록 할 것
④ 작업소 내의 외관표면은 미끄러지지 않도록 가능하면 요철바닥으로 하고, 청소·소독제의 부식성에 저항력이 있을 것
⑤ 수세실과 화장실은 접근이 쉬워야 하나 생산구역과 분리되어 있을 것

> **정답풀이** ④
> 작업소 내의 외관표면은 가능한 매끄럽게 설계하고, 청소·소독제의 부식성에 저항력이 있어야 한다.

04 다음 중 작업소 시설에 대해 적절하지 않은 것은?

① 작업소 전체에 적절한 조명을 설치하고, 조명이 파손될 경우를 대비한 제품을 보호할 수 있는 처리절차를 마련할 것
② 제품의 오염을 방지하고 적절한 온도 및 습도를 유지할 수 있는 공기조화시설 등 적절한 환기시설을 갖출 것
③ 각 제조구역별 청소 및 위생관리 절차에 따라 효능이 입증된 세척제 및 소독제를 사용할 것
④ 제품의 품질에 영향을 주지 않는 소모품을 사용할 것
⑤ 수세실과 화장실은 동일 장소에 배치하여 이동거리를 최소화할 것. 특히 생산구역과 가까이 할 것

> **정답풀이** ⑤
> 수세실과 화장실은 접근이 쉬워야 하나 생산구역과 분리되어 있어야 한다.

05 화장품 제조 및 품질관리에 필요한 설비에 대한 설명으로 적합하지 않은 것은?

① 사용목적에 적합하고, 청소가 가능하여 필요한 경우 위생, 유지관리가 가능하여야 하며, 자동화시스템을 도입한 경우는 예외로 한다.
② 사용하지 않는 연결호스와 부속품은 청소 등 위생관리를 하며, 건조한 상태로 유지하고 먼지, 얼룩 또는 다른 오염으로부터 보호하여야 한다.
③ 설비 등은 제품의 오염을 방지하고 배수가 용이하도록 설계, 설치하며 제품 및 청소 소독제와 화학반응을 일으키지 않도록 하여야 한다.

④ 설비 등의 위치는 원자재나 직원의 이동으로 인하여 제품의 품질에 영향을 주지 않도록 하여야 한다.
⑤ 제품과 설비가 오염되지 않도록 배관 및 배수관을 설치하며, 배수관은 역류되지 않아야 하고 청결을 유지하여야 한다.

정답풀이 ①

사용목적에 적합하고, 청소가 가능하며, 필요한 경우 위생·유지관리가 가능하여야 한다. 또한 자동화시스템을 도입한 경우도 같다.

06 작업소의 위생에 대한 설명으로 적당하지 않은 것은?

① 곤충, 해충이나 쥐를 막을 수 있는 대책을 마련하고 정기적으로 점검·확인하여야 한다.
② 제조, 관리 및 보관구역 내의 바닥, 벽, 천장 및 창문은 항상 청결하게 유지되어야 한다.
③ 제조시설이나 설비의 세척에 사용되는 세제 또는 소독제는 효능이 입증된 것을 사용하여야 한다.
④ 제조시설이나 설비의 세척에 사용되는 세제 또는 소독제는 효능을 지속하기 위해 잔류성이 오래 유지될 수 있는 제품이어야 한다.
⑤ 제조시설이나 설비는 적절한 방법으로 청소하여야 하며, 필요한 경우 위생관리 프로그램을 운영하여야 한다.

정답풀이 ④

제조시설이나 설비의 세척에 사용되는 세제 또는 소독제는 효능이 입증된 것을 사용하고, 잔류하거나 적용하는 표면에 이상을 초래하지 않아야 한다.

07 다음 〈보기〉에서 방충방서의 절차순서가 바르게 연결된 것은?

• 보기 •

가. 현상파악   나. 제조시설의 방충방서체계 확립
다. 방충방서체제 유지   라. 모니터링
마. 방충방서체제 보완

① 가 – 나 – 다 – 라 – 마   ② 가 – 다 – 나 – 라 – 마
③ 다 – 가 – 나 – 라 – 마   ④ 다 – 나 – 라 – 가 – 마
⑤ 라 – 가 – 나 – 다 – 마

정답풀이 ①

방충방서의 절차는 현상파악 → 제조시설의 방충방서체제 확립 → 방충방서체제 유지 → 모니터링 → 방충방서체제 보완 순으로 이루어진다.

08 세제(세척제)의 설명으로 적합하지 않은 것은?

① 세척제는 접촉면에서 바람직하지 않은 오염물질을 제거하기 위해 사용하는 화학물질이다.

② 세제용 화학물질 혼합액으로 용매, 산, 염기, 세제 등이 주로 사용된다.

③ 세제는 환경문제와 작업자의 건강문제로 인해 지용성 세정제가 많이 사용된다.

④ 세척제는 안전성이 높아야 하고 세정력이 우수하며 헹굼이 용이하여야 한다.

⑤ 세척제는 기구 및 장치의 재질에 부식성이 없고 가격이 저렴해야 한다.

 ③

세척제는 환경문제와 작업자의 건강문제로 인해 **수용성** 세정제가 많이 사용된다.

09 소독제에 대한 내용으로 적절하지 않은 것은?

① 소독제는 인체의 피부, 점막의 표면이나 기구, 환경의 소독을 목적으로 사용하는 화학물질의 총칭이다.

② 소독제는 기구 등에 부착한 균에 대해 사용하는 약제를 말한다.

③ 소독제는 에탄올 70%, 아이소프로필 알코올 70%가 주로 사용된다.

④ 소독제를 선택할 때는 경제적이고 쉽게 이용할 수 있어야 한다.

⑤ 소독제는 제품이나 설비와 반응하여야 하며, 불쾌한 냄새가 나지 않아야 한다.

 ⑤

소독제는 제품이나 설비와 **반응하지 않아야** 하며, 5분 이내의 짧은 처리에도 효과를 보여야 한다.

10 소독제를 선택할 때 고려하여야 할 사항과 거리가 먼 것은?

① 종업원의 안전성 고려

② 내성균의 출현빈도 고려

③ 미생물을 최소한 50% 이상 사멸시킬 수 있을 것 고려

④ 대상 미생물의 종류와 수를 고려

⑤ 잔류하여 제품에 혼입된 가능성 고려

 ③

소독제는 소독 전에 존재하던 미생물을 최소한 **99.9%** 이상 사멸시켜야 한다.

11 제조설비의 청소와 소독에 대한 설명으로 적절하지 않은 것은?

① 세제와 소독제는 적절한 라벨을 통해 명확하게 확인되어야 한다.
② 세제와 소독제는 원료, 자재 또는 제품의 오염을 방지하기 위해서 적절히 선정, 보관, 관리 및 사용되어야 한다.
③ 설비는 사용 전에 소독하고 연속해서 제조하고 있을 때는 소독을 중단하여야 한다.
④ 설비는 적절히 세척을 해야 하고, 필요할 때에는 소독을 해야 한다.
⑤ 설비세척의 원칙에 따라 세척하고 판정하며 그 기록을 남겨야 한다.

> **정답풀이** ③
> 설비는 적절히 세척을 해야 하고 필요할 때는 소독을 해야 한다. 설비세척의 원칙에 따라 세척하고 판정하여 그 기록을 남겨야 한다. 제조하는 제품의 전환 시 뿐만 아니라 연속해서 제조하고 있을 때에도 적절한 주기로 제조설비를 세척해야 한다.

12 세척확인 방법과 거리가 먼 것은?

① 육안확인
② 천으로 문질러 부착물을 확인
③ 린스 정량법
④ 헹굼액의 화학분석방법
⑤ 흰 천을 사용하며, 검은 천은 사용하지 않음

> **정답풀이** ⑤
> 천(무진포)으로 문질러 부착물을 확인하는 방법에서 흰 천이나 검은 천으로 설비 내부의 표면을 닦아내고 천 표면의 잔류물 유무로 세척결과를 판정하는 바, 흰 천을 사용할지 검은 천을 사용할지는 전회 제조물 종류로 정하면 된다.

13 청소와 세척의 원칙으로 적합하지 않은 것은?

① 책임을 명확하게 한다.
② 구체적 절차를 정하지 않고 유연성을 가지고 대응한다.
③ 사용기구를 정해 놓는다.
④ 심한 오염에 대한 대처방법을 기재해 놓는다.
⑤ 판정기준을 정한다.

> **정답풀이** ②
> 청소와 세척은 사용기구와 구체적인 절차를 정해 놓아야 한다.

14 맞춤형화장품 작업장 내 직원의 위생에 대해 옳지 않은 것은?

① 소분 · 혼합할 때는 위생복과 위생 모자를 착용하며 필요시 일회용 마스크를 착용한다.
② 소분 · 혼합 전에 손을 세척하고 필요 시 소독한다.
③ 피부 외상이 있는 직원은 소분 · 혼합작업을 하지 않는다.
④ 소분 · 혼합하는 직원은 이물이 발생할 수 있는 베이스메이크업을 반드시 하지 않는다.
⑤ 질병이 있는 직원은 소분 · 혼합작업을 하지 않는다.

정답
풀이
④
소분 · 혼합하는 직원은 이물이 발생할 수 있는 포인트메이크업을 하지 않는 것이 권장된다.

15 화장품 작업장 내 직원의 위생에 대한 설명으로 옳지 않은 것은?

① 적절한 위생관리 기준 및 절차를 마련하고 제조소 내의 모든 직원은 이를 준수해야 한다.
② 작업소 및 보관소 내의 모든 직원을 화장품의 오염을 방지하기 위해 규정된 작업복을 착용해야 하고 음식물 등을 반입해서는 아니 된다.
③ 피부에 외상이 있거나 질병에 걸린 직원은 건강이 양호해지거나 화장품의 품질에 영향을 주지 않는다는 의사의 소견이 있기 전까지는 화장품과 직접적으로 접촉되지 않도록 격리되어야 한다.
④ 적절한 위생관리기준 및 절차를 마련하고 제조소 내의 모든 직원이 위생관리 기준 및 절차를 준수할 수 있도록 신규직원에 대해 교육훈련을 해야 하며, 기존직원의 경우 예외로 한다.
⑤ 방문객 또는 안전위생의 교육훈련을 받지 않은 직원이 화장품 제조, 관리, 보관을 실시하고 있는 구역으로 출입하는 일은 피해야 한다.

정답
풀이
④
적절한 위생관리 기준 및 절차를 마련하고 제조소 내의 모든 직원이 위생관리 기준 및 절차를 준수할 수 있도록 교육훈련을 해야 하는 바, 신규직원에 대하여 위생교육을 실시하며, 기존직원에 대해서도 정기적으로 교육을 실시한다.

16 화장품 작업장 내에 안전위생의 교육훈련을 받지 않은 사람들이 제조, 관리, 보관구역으로 출입하는 경우에는 안전위생 교육훈련 자료에 따라 출입 전에 '교육훈련'을 실시하여야 하는데 그 내용이 아닌 것은?

① 제품과 원료의 중요성　　　　　　② 직원용 안전대책
③ 작업위생 규칙　　　　　　　　　　④ 작업복 등의 착용
⑤ 손 씻는 절차

①

안전위생의 교육훈련을 받지 않은 사람들이 제조, 관리, 보관구역으로 출입하는 경우에는 안전위생 교육훈련 자료에 따라 출입 전에 교육훈련을 실시하여야 하는데 교육훈련의 내용에는 직원용 안전대책, 작업위생 규칙, 작업복 등의 착용, 손 씻는 절차 등이 포함된다.

17 건강상의 문제가 있는 작업자는 화장품과 직접 접촉하는 작업을 해서는 안 된다. 이에 해당하지 않는 자는?

① 전염성 질환의 발생 또는 그 위험이 있는 자
② 콧물 등 분비물이 심하여 화장품을 오염시킬 가능성이 있는 자
③ 화농성 화상 등에 의하여 화장품을 오염시킬 가능성이 있는 자
④ 과도한 음주로 인한 숙취자로 작업 중 과오를 일으킬 가능성이 있는 자
⑤ 화장품에 대한 이해부족 등으로 작업을 시킬 수 없는 자

⑤

건강상 문제가 있는 작업자로 화장품과 직접 접촉하는 작업을 할 수 없는 자

- 전염성 질환의 발생 또는 그 위험이 있는 자
- 콧물 등 분비물이 심하거나 화농성 회상 등으로 화장품을 오염시킬 가능성이 있는 자
- 과도한 음주로 인한 숙취, 피로 또는 정신적 고민 등으로 작업 중 과오를 일으킬 가능성이 있는 자

18 작업자의 작업장 출입을 위해 준수해야 할 사항으로 적당하지 않은 것은?

① 생산, 관리 및 보관구역에 들어가는 모든 직원은 화장품의 오염을 방지하기 위한 규정된 작업복을 착용하고, 일상복이 작업복 밖으로 노출되지 않도록 한다.
② 반지, 목걸이, 귀걸이 등 생산 중 제품 품질에 영향을 줄 수 있는 것은 착용하지 아니한다.
③ 개인사물은 지정된 장소에 보관하고, 작업실 내로 가지고 들어오지 않는다.
④ 베이스메이크업 및 포인트메이크업을 한 작업자는 화장품을 지우고 샤워 후 입실한다.
⑤ 운동 등에 의한 오염을 제거하기 위해서는 작업장 진입 전 샤워설비가 비치된 장소에서 샤워 및 건조 후 입실한다.

④

포인트메이크업을 한 작업자는 화장품만 지운 후에 입실한다.

19 작업자의 작업복 관리에 관한 설명으로 적절하지 않은 것은?

① 작업자는 작업종류 혹은 청정도에 맞는 적절한 작업복, 모자와 작업화를 착용하고 필요할 경우에는 마스크, 장갑을 착용한다.
② 작업복은 주기적으로 세탁하거나 오염 시에 세탁한다.
③ 작업복 세탁 시 작업복의 훼손여부를 점검하며 훼손된 작업복은 수선 후 착용한다.
④ 작업복을 작업장 내 세탁기를 설치하여 세탁하거나 외부업체에 의뢰하여 세탁한다.
⑤ 작업복의 정기 교체주기를 정해야 하며, 먼지가 발생하지 않는 소재로 되어야 한다.

> **정답 풀이** ③
> 세탁 시 작업복의 훼손여부를 점검하여 훼손된 작업복은 폐기한다.

20 설비 및 기구의 세척에 대한 설명으로 적당하지 않는 것은?

① 세척은 오염 미생물의 수를 허용수준 이하로 감소시키기 위해 수행하는 절차이다.
② 화장품 제조를 위해 제조설비의 세척과 소독은 문서화된 절차에 따라 수행한다.
③ 세척기록은 잘 보관해야 하며, 세척 및 소독된 모든 장비는 건조시켜 보관하는 것이 오염을 방지할 수 있다.
④ 세척과 소독주기는 주어진 환경에서 수행된 작업의 종류에 따라 결정한다.
⑤ 세척완료 후 세척상태에 대한 평가를 실시하고 세척완료 라벨을 설비에 부착한다.

> **정답 풀이** ①
> 세척은 제품잔류물과 흙, 먼지, 기름때 등의 오염물을 제거하는 과정이며, 소독은 오염 미생물 수를 허용 수준 이하로 감소시키기 위해 수행하는 절차이다.

21 설비세척의 원칙으로 옳지 않은 것은?

① 위험성이 없는 용제로 세척한다.
② 가능하면 세제를 사용하여 온수세척을 권장한다.
③ 브러시 등으로 문질러 지우는 것을 고려한다.
④ 분해할 수 있는 설비는 분해해서 세척한다.
⑤ 세척 후 반드시 '판정'한다.

> **정답 풀이** ②
> 설비세척은 가능한 세제를 사용하지 않으며, 증기세척을 권장한다.

22 일반적으로 제조, 충진에 사용되는 교반기, 호모믹서, 혼합기, 디스퍼, 충전기 등의 재질은?

① 알루미늄
② 동 또는 구리
③ 스테인레스 스틸
④ 고탄성 재질
⑤ 플라스틱

> **정답**
> **풀이** ③
>
> 제조, 충진에 사용되는 교반기(아지믹서), 호모믹서, 혼합기, 디스퍼, 충전기 등은 스테인레스 스틸 #304 혹은 #316 재질을 사용한다.

23 다음 〈보기〉에서 칭량, 혼합, 소분 등에 사용되는 기구의 재질로 사용되는 것을 모두 고르면?

> • 보기 •
>
> 가. 스테인레스 스틸　　　　　　　　　나. 플라스틱
> 다. 유리　　　　　　　　　　　　　　　라. 나무

① 가, 나
② 가, 다
③ 가, 라
④ 나, 다
⑤ 다, 라

> **정답**
> **풀이** ①
>
> 칭량, 혼합, 소분 등에 사용되는 기구는 이물이 발생하지 않고 원료 및 내용물과 반응성이 없는 스테인레스 스틸 혹은 플라스틱(PP)으로 제작된 것을 사용하며, 유리재질의 기구는 파손에 의한 이물 발생의 우려가 있어 권장되지 않는다.

24 제조설비 중 교반기 설치 시 고려해야 할 사항과 거리가 먼 것은?

① 교반의 목적
② 혼합량
③ 점도의 성질
④ 혼합상태
⑤ 혼합시간

> **정답**
> **풀이** ②
>
> 제조설비 중 교반기 설치 시 교반의 목적, 액의 비중, 점도의 성질, 혼합상태, 혼합시간 등을 고려하여 교반기를 편심 설치하거나 중심 설치한다.

25 화장품 제조설비 중 교반기에 대한 설명으로 틀린 것은?

① 교반기는 설치 위치에 따라 아지믹서, 측면형 교반기, 저면형 교반기 등으로 분류된다.

② 교반기는 회전 날개의 종류에 따라 프로펠러형과 임펠러형으로 나누고 있다.

③ 교반기 중 임펠러형 믹서를 디스퍼라고 부른다.

④ 교반기의 회전속도는 240~3,600rpm으로 화장품 제조에서 분산공정의 특성에 맞게 사용한다.

⑤ 교반기는 교반의 목적, 액의 비중, 점도의 성질, 혼합상태, 혼합시간 등을 고려하여 편심설치하거나 중심설치한다.

> **정답풀이** ③
>
> 교반기 중 프로펠러형 믹서를 디스퍼라고 부른다.

26 제조설비 중 터빈형 날개를 원통으로 둘러싼 구조로 통 속에서 대류가 일어나도록 설계되어 균일하고 미세한 유화입자를 형성하는 기구는?

① 아지믹서   ② 호모믹서

③ 디스퍼   ④ 헨셀믹서

⑤ 비드밀

> **정답풀이** ②
>
> 호모믹서는 고정된 고정자와 고속회전이 가능한 운동자 사이의 간격으로 내용물이 대류현상으로 통과되며 강한 전단력을 받는다. 이러한 전단력, 충격 및 대류에 의해서 균일하고 미세한 유화입자를 얻을 수 있다.

27 제조설비 중 밀폐된 진공상태와 유화탱크에 용해탱크원료가 자동 주입된 후 교반속도, 온도조절, 시간조절, 탈포, 냉각 등이 컨트롤패널로 자동조작이 가능한 장치는?

① 진공유화기   ② 초음파유화기

③ 리포좀   ④ 고압 호모게나이저

⑤ 콜로이드밀

> **정답풀이** ①
>
> 진공유화기는 밀폐된 진공상태와 유화탱크에 용해탱크원료가 자동 주입된 후 교반속도, 온도조절, 시간조절, 탈포, 냉각 등이 컨트롤패널로 자동조작이 가능한 장치로, 호모믹서와 패들믹서로 구성되어 있으며 현재 가장 많이 사용되는 장치이다.

28 제조설비 중 나노분산, 혼합물 용해 및 추출 등에 사용되며 균질화 및 유화에 사용되는 장치는?

① 진공유화기
② 초음파유화기
③ 리포좀
④ 고압 호모게나이저
⑤ 콜로이드밀

정답
풀이   ②

초음파유화기는 초음파 발생장치로부터 나오는 초음파를 시료에 조사하는 방법과 진동이 있는 관 내부로 시료를 흘려보낼 때 초음파가 발생하도록 하는 장치로서, 나노분산, 혼합물 용해 및 추출 등에 사용되며 균질화 및 유화에 사용된다.

29 다음 장치 중 유화장치가 아닌 것은?

① 리포좀
② 콜로이드밀
③ 제트밀
④ 진공유화기
⑤ 초음파유화기

정답
풀이   ③

유화장치로는 진공유화기, 초음파유화기, 리포좀, 고압 호모게나이저, 콜로이드밀 등이 있다. 제트밀은 분쇄기의 한 종류이다.

30 제조설비의 혼합기 중 회전형이 아닌 것은?

① 원통형
② 이중 원추형
③ 정입방형
④ 피라미드형
⑤ 리본형

정답
풀이   ⑤

혼합기는 회전형과 고정형으로 나뉜다.

회전형 혼합기	회전형은 용기 자체가 회전하는 것으로 원통형, 이중 원추형, 정입방형, 피라미드형, V형 등이 있다.
고정형 혼합기	고정형은 용기가 고정되어 있고 내부에서 스크루형, 리본형 등의 교반장치가 회전한다.

31 제조설비 중 혼합기의 한 종류로 드럼의 회전에 의해 드럼 내부의 혼합물은 1/2, 1/4, 1/8,......1/n 등과 같이 연속적으로 세분화하여 혼합이 이루어지며 가장 균질한 혼합이 이루어지는 혼합기는?

① 원통형
② 이중 원추형
③ 정입방형
④ 피라미드형
⑤ V형

정답풀이 ⑤

혼합기 유형 중 V형은 드럼의 회전에 의해 드럼 내부의 혼합물은 1/2, 1/4, 1/8......1/n등과 같이 연속적으로 세분화하여 혼합이 이루어지며 가장 균질한 혼합이 이루어지는 혼합기이다.

32 제조설비 중 혼합기의 한 유형으로 드럼 내에 개방된 스크루가 자전 및 공전을 동시에 진행하면서 투입된 원료에 복잡한 혼합운동이 이루어지는 혼합기는?

① 원통형
② 원추형
③ 정입방형
④ 피라미드형
⑤ V형

정답풀이 ②

원추형 혼합기는 드럼 내에 개방된 스크루가 자전 및 공전을 동시에 진행하면서 투입된 원료에 복잡한 혼합운동이 이루어지는 혼합기로, 혼합속도는 아래로부터 밀어 올려지는 분체의 양으로 결정되며, 분체의 상승운동, 나선운동, 하강운동으로 분류된다.

33 제조설비 중 널리 사용되는 분쇄기의 종류가 아닌 것은?

① 아토마이저
② 아지믹서
③ 헨셀믹서
④ 비드밀
⑤ 제트밀

정답풀이 ②

분쇄기로는 아토마이저, 헨셀믹서, 비드밀과 제트밀이 널리 사용되며, 아지믹서는 교반기이다.

34 분쇄기의 하나로 단열팽창효과를 이용하여 수 기압 이상의 압축공기 또는 고압증기 및 고압가스를 생성시켜 입자끼리 충돌시켜 분쇄하는 방식의 분쇄기는?

① 아토마이저   ② 아지믹서
③ 헨셀믹서   ④ 비드밀
⑤ 제트밀

정답
풀이   ⑤

제트밀은 단열팽창효과를 이용하여 수 기압 이상의 압축공기 또는 고압증기 및 고압가스를 생성시켜 분사노즐로 분사시키면 초음속의 속도인 제트기류를 형성하는데, 이를 통해 입자끼리 충돌시켜 분쇄하는 방식으로 건식형태로 가장 작은 입자를 얻을 수 있는 장치이다.

35 분쇄기 중 스윙해머 방식의 고속회전 분쇄기는?

① 아토마이저   ② 아지믹서
③ 헨셀믹서   ④ 비드밀
⑤ 제트밀

정답
풀이   ①

아토마이저는 스윙해머 방식의 고속회전 분쇄기이다.

36 분쇄기 중 이사환티탄과 산화아연을 처리하는 데 주로 사용되는 믹서는?

① 아토마이저   ② 아지믹서
③ 헨셀믹서   ④ 비드밀
⑤ 제트밀

정답
풀이   ④

비드밀은 지르콘으로 구성된 비드를 사용하여 이산화티탄과 산화아연을 처리하는 데 주로 사용된다.

37 분쇄기 중 주로 색조화장품 제조에 사용되는 믹서로 고속회전에 의한 열이 발생하여 파우더의 변색 등을 유발할 수 있는 믹서는?

① 아토마이저   ② 아지믹서
③ 헨셀믹서   ④ 비드밀
⑤ 제트밀

③

헨셀믹서는 임펠러가 고속으로 회전함에 따라 분쇄하는 믹서로 색조화장품 제조에 사용되나, 고속회전에 의한 열이 발생하여 파우더의 변색 등을 유발할 수 있는 단점이 있다.

38 제조설비 중 분쇄기의 하나로 한쪽은 고정되고 다른 한쪽은 고속으로 회전하는 두 개의 소결체의 좁은 틈으로 시료를 통과시켜 전단력에 의한 분산·유화를 일으키는 것은?

① 콜로이드 밀　　　　　　　　　② 볼 밀
③ 헨셀믹서　　　　　　　　　　　④ 비드밀
⑤ 제트밀

 ①

콜로이드 밀은 한쪽은 고정되고 다른 한쪽은 고속으로 회전하는 두 소결체의 좁은 틈으로 시료를 통과시킨다. 고정자 표면과 고속 운동자의 작은 간격에 액체를 통과시켜 전단력에 의해 분산·유화가 일어난다.

39 분쇄기 중 대표적 파우더 분쇄설비로 탱크 속의 볼이 탱크와 회전하면서 충돌 또는 마찰 등에 의해서 분산되는 장치는?

① 콜로이드 밀　　　　　　　　　② 볼 밀
③ 헨셀믹서　　　　　　　　　　　④ 비드밀
⑤ 제트밀

 ②

볼 밀은 대표적인 파우더 분쇄설비로 탱크 속의 볼이 탱크와 회전하면서 충돌 또는 마찰 등에 의해서 분산되는 장치로 실험실용부터 생산용이 있으며, 일반적으로 생산용은 20~50mm정도의 볼을 원통형의 탱크에 제품과 함께 넣고 돌리는 방식의 장치이다.

40 다음 〈보기〉 중에서 제조설비 중 교반기에 해당하는 것을 모두 고르면?

• 보기 •

| 가. 아지믹서 | 나. 디스퍼 |
| 다. 콜로이드밀 | 라. 리본믹서 |

① 가, 나   ② 가, 다
③ 가, 라   ④ 나, 다
⑤ 다, 라

정답풀이 ①

교반기의 종류

설치위치에 따른 구분	아지믹서, 측면형 교반기, 저면형 교반기
회전날개의 종류에 따른 구분	프로펠러형(디스퍼), 임펠러형

41 다음 〈보기〉의 화장품 제조설비 중 혼합기에 해당하는 것을 모두 고르면?

• 보기 •

가. 원통형   나. 이중 원추형
다. 정입방형   라. 비드밀
마. 제트밀

① 가, 나, 다   ② 가, 나, 라
③ 가, 다, 라   ④ 가, 다, 마
⑤ 가, 나, 마

정답풀이 ①

혼합기는 회전형과 고정형으로 나뉜다. 회전형은 용기 자체가 회전하는 것으로 원통형, 이중 원추형, 정입방형, 피라미드형, V형 등이 있으며, 고정형은 용기가 고정되어 있고 내부에서 스크루형, 리본형 등의 교반장치가 회전한다.

42 다음 제조설비 중 분쇄기 종류와 그 특징이 잘못 연결된 것은?

① 아토마이저 – 스윙해머 방식의 고속회전 분쇄기
② 비드밀 – 비드를 사용하여 이산화티탄과 산화아연을 주로 처리함
③ 헨셀믹서 – 색조화장품 제조에 주로 사용
④ 제트밀 – 제트기류를 이용하여 입자끼리 충돌시켜 분쇄하는 방식의 건식형태로 가장 작은 입자를 얻을 수 있는 장치
⑤ 볼 밀 – 대표적인 파우더 분쇄설비로 생산성, 소음, 설치공간 등에 장점을 가짐

⑤

볼 밀은 대표적인 파우더 분쇄설비이다. 다만, 생산성, 소음, 설치 공간 등에 단점을 가지고 있어 최근에는 사용되지 않고 있다.

43 제조설비와 기구 등의 관리 및 폐기에 관한 내용으로 적당하지 않은 것은?

① 제조설비는 주기적으로 점검하고 그 기록을 보관하여야 하며, 수리내역 및 부품 등의 교체이력을 설비이력대장에 기록한다.
② 설비점검 시 누유 · 누수 · 밸브 미작동 등이 발견되면 설비사용을 금지시키고 '점검 중' 표시를 한다.
③ 정밀점검 후 수리가 불가한 경우에는 폐기하고, 폐기 전까지 '폐기예정' 표시를 하여 설비가 사용되는 것을 방지한다.
④ 오염된 기구나 일부가 파손된 기구는 폐기한다.
⑤ 플라스틱 재질의 기구는 주기적으로 교체하는 것이 권장된다.

 ③

정밀점검 후에 수리가 불가한 경우에는 설비를 폐기하고, 폐기 전 까지 "유휴설비" 표시하여 설비가 사용되는 것을 방지한다.

44 화장품 제조설비의 설비별 점검주요항목의 연결이 잘못된 것은?

① 제조탱크, 저장탱크 – 내부의 세척상태 및 건조 상태 등
② 회전기기 – 필터압력, 송풍기운전상태, 구동밸브의 장력, 베어링 오일, 이상소음 등
③ 정제수제조장치 – 전도도, UV램프수명시간, 정제수 온도, 필터교체주기, 연수기 탱크의 소금량, 순환펌프 압력 및 가동상태 등
④ 이송펌프 – 펌프압력 및 가동상태
⑤ 밸브 – 밸브의 원활한 개폐유무

 ②

설비별 점검할 주요항목

- **제조탱크 및 저장탱크** : 내부의 세척상태 및 건조 상태 등
- **회전기기(교반기, 호모믹서, 혼합기, 분쇄기)** : 세척상태 및 작동유무, 윤활오일게이지 표시유무, 비상정지스위치 등
- **정제수제조장치** : 전도도, UV램프수명시간, 정제수온도, 필터교체주기, 연수기 탱크의 소금량, 순환펌프 압력 및 가동상태 등
- **이송펌프** : 펌프압력 및 가동상태
- **밸브** : 밸브의 원활한 개폐유무
- **공조기** : 필터압력 , 송풍기운전상태, 구동밸브의 장력, 베어링 오일, 이상소음 등

3편 유통화장품의 안전관리

45 원자재 용기 및 시험기록서의 필수적 기재사항이 아닌 것은?

① 원자재 공급자가 정한 제품명　　　　② 원자재 공급자명
③ 수령일자　　　　　　　　　　　　　④ 공급자가 부여한 제조번호 또는 관리번호
⑤ 수령자가 부여한 식별번호

정답
풀이 　⑤
원자재 용기 및 시험기록서의 필수적 기재사항

- 원자재 공급자가 정한 제품명
- 원자재 공급자명
- 수령일자
- 공급자가 부여한 제조번호 또는 관리번호

46 원료와 포장재의 관리에 필요한 사항과 거리가 먼 것은?

① 중요도 분류　　　　　　　　　　　② 가격대 구분
③ 공급자 결정　　　　　　　　　　　④ 보관환경 설정
⑤ 사용기한 설정

정답
풀이 　②
원료와 포장재의 관리에 필요한 사항

- 중요도 분류
- 공급자 결정
- 발주, 입고, 식별표시, 합격 · 불합격 판정, 보관, 불출
- 보관환경 설정
- 사용기한 설정
- 정기적 재고관리
- 재평가 및 재보관

47 원료 및 포장재의 구매 시 고려하여야 할 사항으로 거리가 먼 것은?

① 요구사항을 만족하는 품목과 서비스를 지속적으로 공급할 수 있는 능력평가를 근거로 한 공급자의
　체계적 선정과 승인
② 합격판정기준에 대한 문서화된 기술조항의 수립
③ 결함이나 일탈 발생 시의 조치에 대한 문서화된 기술조항의 수립

④ 가격의 불합리 등의 반환조치에 대한 문서화된 기술조항의 수립

⑤ 운송조건에 대한 문서화된 기술조항의 수립

 정답 풀이 ④

원표 및 포장재의 구매 시 고려해야 할 사항

> • 요구사항을 만족하는 품목과 서비스를 지속적으로 공급할 수 있는 능력평가를 근거로 한 공급자의 체계적 선정과 승인
> • 합격판정기준, 결함이나 일탈 발생 시의 조치 그리고 운송조건에 대한 문서화된 기술조항의 수립
> • 협력이나 감사와 같은 회사와 공급자 간의 관계 및 상호 작용의 정립

48 우수화장품 제조 및 품질관리기준(CGMP)상 입고관리의 설명으로 적당하지 않은 것은?

① 원료 및 포장재의 용기는 물질과 뱃치 정보를 확인할 수 있는 표시를 부착해야 한다.

② 제품을 정확히 식별하고 혼동의 위험을 없애기 위해 라벨링을 하여야 한다.

③ 외부로부터 반입되는 모든 원료와 포장재는 관리를 위해 표시를 하여야 한다.

④ 입고된 원료와 포장재는 적합, 부적합, 검사 중에 따라 각각의 구분된 공간에 별도로 보관되어야 한다.

⑤ 제품의 품질에 영향을 줄 수 있는 결함을 보이는 원료와 포장재는 즉각적 폐기 또는 반품되어야 한다.

 정답 풀이 ⑤

제품의 품질에 영향을 줄 수 있는 결함을 보이는 원료와 포장재는 결정이 완료된 때까지 보류상태로 있어야 한다. 원료 및 포장재의 상태는 적절한 방법으로 확인되어야 하고, 확인시스템은 혼동, 오류 또는 혼합을 방지할 수 있도록 설계되어야 한다.

49 원료 및 포장재의 확인 시 포함되어야 할 정보로 거리가 먼 것은?

① 인도문서와 포장에 표시된 품목·제품명

② CAS번호(적용이 가능한 경우)

③ 기록된 양

④ 계약된 가격

⑤ 공급자명

 정답 풀이 ④

원료 및 포장재의 확인에 포함되어야 할 정보

> • 인도문서와 포장에 표시된 품목·제품명
> • 만약 공급자가 명명한 제품과 다를 경우, 제조절차에 따른 품목·제품명 또는 코드번호
> • CAS번호(적용 가능한 경우)
> • 적절한 경우 수령일자와 수령확인번호
> • 공급자명
> • 공급자가 부여한 뱃치 정보(만약 다르다면 수령 시 주어진 뱃치 정보)
> • 기록된 양

50 검체의 채취방법 및 검사에 대한 내용으로 적절하지 않은 것은?

① 원료에 대한 검체 채취 계획을 수립하고 용기 및 기구를 확보한다.

② 검체 채취 지역이 준비되어 있는지 확인하고, 대상원료를 그 지역으로 옮긴다.

③ 승인될 절차에 따라 검체를 채취하고, 검체용기에 라벨링한다.

④ 시험용 검체는 오염되거나 변질되지 않도록 채취한다.

⑤ 검체를 채취한 후에는 재검체를 대비하여 임시포장을 한 후 검체가 채취되었음을 표시하는 것이 좋다.

정답 풀이	⑤

시험용 검체는 오염되거나 변질되지 않도록 채취하고, 검체를 채취한 후에는 원상태에 준하는 포장을 하며, 검체가 채취되었음을 표시하는 것이 좋다.

51 시험검체의 채취 시 시험용 검체의 용기에 표시하여야 하는 사항과 거리가 먼 것은?

① 명칭 또는 확인코드   ② 식별번호 또는 관리번호

③ 검체 채취일자   ④ 원료제조번호

⑤ 원료 보관조건

정답 풀이	②

시험용 검체의 용기에는 명칭 또는 확인코드, 제조번호, 검체 채취일자, 원료제조번호, 원료 보관조건 등을 기재한다.

52 검체의 보관 시 적절한 보관을 위한 고려사항으로 적절하지 않은 것은?

① 재시험에 사용할 수 있을 정도로 충분한 양의 검체를 각각의 원료에 적합한 보관조건에 따라 물질의 특성 및 특성에 맞도록 보관한다.

② 과도한 열기나 추위에 노출되는 것을 방지한다.

③ 특수보관조건을 요하는 검체의 경우 적절하게 준수하고 모니터링한다.

④ 용기는 밀폐하고 청소와 검사가 용이하게 충분한 간격으로 바닥과 떨어진 곳에 보관한다.

⑤ 원료가 재포장될 경우 기존 검체를 사용하기 보다는 새롭게 검체를 채취하여 새로운 관리 번호를 부여한다.

정답 풀이	⑤

검체를 보관하는 용기는 밀폐하고, 청소와 검사가 용이하도록 충분한 간격으로 바닥과 떨어진 곳에 보관하고, 원료가 재포장될 경우 원래의 용기와 동일하게 표시한다.

53 우수화장품 제조 및 품질관리기준(CGMP)상의 출고관리에 관한 설명으로 적절하지 않은 것은?

① 원자재는 시험결과 적합판정된 것만을 선입선출방식으로 출고해야 한다.
② 오직 승인된 자만이 원료 및 포장재의 불출절차를 수행할 수 있다.
③ 모든 물품은 원칙적으로 선입선출 방법으로 출고하며, 이는 절대적이다.
④ 뱃치에서 취한 검체가 모든 합격 기준에 부합할 때 뱃치가 불출될 수 있다.
⑤ 원료와 포장재는 불출되기 전까지 사용을 금지하는 격리를 위해 특별한 절차가 이행되어야 한다.

정답 풀이 ③

모든 물품은 원칙적으로 선입선출방법으로 출고를 한다. 다만, 나중에 입고된 물품이 사용기한이 짧은 경우 먼저 입고된 물품보다 먼저 출고할 수 있다. 또한 선입선출을 하지 못하는 특별한 사유가 있을 경우, 적절하게 문서화된 절차에 따라 나중에 입고된 물품을 먼저 출고할 수 있다.

54 우수화장품 제조 및 품질관리기준(CGMP)상의 출고관리에서 원칙적으로 선입선출방식으로 출고하여야 한다. 다음 〈보기〉 중 선입선출방식의 예외가 인정되는 경우를 모두 고르면?

• 보기 •
가. 나중에 입고된 물품의 사용기한이 짧은 경우
나. 선입선출을 하지 못하는 특별한 사유가 있을 경우
다. 경영진의 과반수 찬성으로 의사결정된 경우
라. 공급자의 요구가 있는 경우

① 가, 나　　　　　　　　　　② 가, 다
③ 가, 라　　　　　　　　　　④ 나, 라
⑤ 다, 라

정답 풀이 ①

출고는 원칙적으로 선입선출방식이지만, 나중에 입고된 물품의 사용기한이 짧은 경우 먼저 입고된 물품보다 먼저 출고할 수 있다. 또한 선입선출을 하지 못하는 특별한 사유가 있을 경우, 적절하게 문서화된 절차에 따라 나중에 입고된 물품을 먼저 출고할 수 있다.

55 우수화장품 제조 및 품질관리기준(CGMP)상 보관 및 출고에 대한 설명으로 적절하지 않은 것은?

① 완제품은 적절한 조건하의 정해진 장소에서 보관하여야 하며, 주기적으로 재고점검을 수행해야 한다.
② 완제품은 시험결과 적합으로 판정되고 품질보증부서 책임자가 출고 승인한 것만을 출고하여야 한다.

③ 출고는 선입선출방식으로 하되, 타당한 사유가 있는 경우에는 그러지 아니할 수 있다.

④ 시장 출하 전에 모든 완제품은 설정된 시험방법에 따라 관리되어야 하고, 합격판정 기준에 부합하여야 한다.

⑤ 완제품 검체채취는 생산부서에서 하며, 제품시험 및 그 결과의 판정은 품질관리부서가 실시하는 것이 일반적이다.

> **정답풀이** ⑤
>
> 완제품 검체채취는 **품질관리부서**가 하는 것이 일반적이다. 제품시험 및 그 결과판정은 품질관리부서의 업무이다.

56 완제품의 관리항목과 거리가 먼 것은?

① 제품의 보관
② 제품의 판매현황
③ 보관용 검체관리
④ 제품시험 관리
⑤ 합격 · 출하판정

> **정답풀이** ②
>
> 완제품 관리항목
>
> > • 보관, 검체채취, 보관용 검체, 제품시험, 합격 · 출하판정
> > • 출하, 재고관리, 반품

57 보관용 검체에 대한 내용으로 적절하지 않은 것은?

① 보관용 검체는 재시험이나 고객 불만사항의 해결을 위하여 사용한다.

② 제품을 그대로 보관하며, 각 뱃치를 대표하는 검체를 보관한다.

③ 일반적으로 각 뱃치별로 제품시험을 2번 실시할 수 있는 양을 보관한다.

④ 제품이 가장 안정한 조건에서 보관한다.

⑤ 사용기한 경과 후 1년간 또는 개봉 후 사용기간을 기재하는 경우에는 개봉일로부터 1년간 보관한다.

> **정답풀이** ⑤
>
> 사용기한 경과 후 1년간 또는 개봉 후 사용기간을 기재하는 경우에는 **제조일로부터 3년간** 보관한다.

58 다음 〈보기〉의 완제품 입고, 보관 및 출하절차를 순서대로 잘 나열한 것은?

• 보기 •

가. 포장공정   나. 검사 중 라벨 부착
다. 입고대기구역 보관   라. 완제품 시험 합격
마. 합격라벨 부착   바. 보관 및 출하

① 가 → 나 → 다 → 라 → 마 → 바   ② 나 → 다 → 가 → 라 → 마 → 바
③ 나 → 가 → 다 → 라 → 마 → 바   ④ 바 → 가 → 나 → 다 → 라 → 마
⑤ 바 → 가 → 다 → 나 → 라 → 마

정답
풀이   ①
완제품의 입고, 보관 및 출하절차는 포장공정 → 검사 중 라벨부착 → 입고대기구역 보관 → 완제품 시험 합격 → 합격라벨 부착 → 보관 및 출하 순으로 이루어진다.

59 완제품 보관소의 보관조건으로 거리가 먼 것은?

① 출입제한   ② 경비강화
③ 오염방지   ④ 방충 · 방서
⑤ 온도 · 습도 · 차광

정답
풀이   ②
완제품 보관소는 출입제한, 오염방지, 방충 · 방서, 온도 · 습도 · 차광 등 관리가 필요하다.

60 우수화장품 제조 및 품질관리기준(CGMP)상 공정관리에 관한 내용으로 적합하지 않은 것은?

① 제조공정 단계별로 적절한 관리기준이 규정되어야 하며, 그에 미치지 못한 모든 결과는 보고되고 조치가 이루어져야 한다.
② 벌크제품은 품질이 변하지 않도록 적당한 용기에 넣어 지정된 장소에서 보관하여야 한다.
③ 벌크제품 용기에 표시하여야 하는 사항으로는 명칭 및 식별번호, 완료된 공정명 또한 필요한 경우에는 보관조건 등이다.
④ 벌크제품의 최대보관기한은 설정하여야 하며, 최대 보관기한이 가까워진 벌크제품은 완제품을 제조하기 전에 품질이상, 변질여부 등을 확인하여야 한다.
⑤ 모든 벌크제품을 보관 시에는 적합한 용기를 사용해야 하며, 또한 용기는 내용물을 분명히 확인할 수 있도록 표시되어야 한다.

3편 우통화장품의 안전관리

정답
풀이 ③

벌크제품의 용기에는 **명칭 또는 확인코드**, 제조번호, 완료된 공정명, 필요한 경우에는 보관조건 등을 표시해야 한다.

61 벌크제품의 재보관에 대한 설명으로 적절하지 않은 것은?

① 남은 벌크를 재보관하고 재사용할 수 있다.

② 재보관 절차는 밀폐 → 원래 보관환경에서 보관 → 다음 제조시에 우선적으로 사용한다.

③ 재보관시에는 내용을 명기하고 재보관임을 표시한 라벨 부착이 필수이다.

④ 변질 및 오염의 우려가 있으므로 여러번 재보관하는 벌크는 나누지 말고 일괄적으로 보관한다.

⑤ 변질되기 쉬운 벌크는 재사용하지 않는다.

정답
풀이 ④

변질 및 오염의 우려가 있으므로 재보관은 신중하게 하여야 하는데, 여러 번 재보관하는 벌크는 **조금씩 나누어서 보관하는 것이 좋다.**

62 화장품 안전기준 등에 관한 규정상 비의도적으로 유래된 물질의 검출허용한도로 적절하지 않은 것은?

① 수은 1μg/g 이하

② 안티몬 10μg/g 이하

③ 카드뮴 10μg/g 이하

④ 디옥산 100μg/g 이하

⑤ 비소 10μg/g 이하

정답
풀이 ③

카드뮴의 검출허용한도는 5μg/g 이하이다.

63 화장품 안전기준 등에 관한 규정상 검출허용한도에 대한 것으로 적당하지 않은 것은?

① 물휴지의 메탄올 0.02% 이하

② 물휴지의 포름알데하이드 20μg/g 이하

③ 프탈레이트류 총합으로 100μg/g 이하

④ 비소 10μg/g 이하

⑤ 안티몬 10μg/g 이하

정답
풀이 ①

메탄올의 경우 0.2(v/v)%이하이다. 다만, **물휴지의 경우는 0.002% 이하이다.**

64 다음 〈보기〉는 화장품 안전기준 등에 관한 규정상 비의도적으로 유래된 물질의 검출허용 한도에 대한 내용이다. 옳은 것을 모두 고른다면?

• 보기 •

가. 비소 : 10μg/g 이하
나. 수은 : 1μg/g 이하
다. 디옥산 : 100μg/g 이하
라. 포름알데하이드 : 2,000μg/g 이하
마. 안티몬 : 5μg/g 이하

① 가, 다, 라
② 가, 나, 다, 마
③ 가, 다, 라, 마
④ 나, 다, 라, 마
⑤ 가, 나, 다, 라, 마

 ①

화장품 안전기준 등에 관한 규정상의 비의도적으로 유래된 물질의 검출허용한도

- 납 : 점토를 원료로 사용한 분말제품은 50μg/g 이하, 그 밖의 제품은 20μg/g 이하
- 니켈 : 눈 화장용 제품은 35μg/g 이하, 색조화장용 제품은 30μg/g 이하, 그 밖의 제품은 10μg/g 이하
- 비소 : 10μg/g 이하
- 안티몬 : 10μg/g 이하
- 카드뮴 : 5μg/g 이하
- 디옥산 : 100μg/g 이하
- 메탄올 : 0.2(v/v)% 이하, 물휴지는 0.002%(v/v)이하
- 포름알데하이드 : 2,000μg/g 이하, 물휴지는 20μg/g 이하
- 프탈레이트류(디부틸프탈레이트, 부틸벤질프탈레이트 및 디에칠헥실프탈레이트에 한함) : 총 합으로서 100μg/g 이하

65 화장품 안전기준 등에 관한 규정상 미생물이 검출되어서는 안 되는 것을 모두 고르면?

• 보기 •

가. 총호기성 생균
나. 세균 및 진균
다. 대장균
라. 녹농균
마. 황색포도상구균

① 가, 나, 다
② 가, 나, 라
③ 가, 다, 라
④ 나, 다, 라
⑤ 다, 라, 마

 ⑤

화장품 안전관리 기준상 대장균, 녹농균, 황색포도상구균은 검출되어서는 안 된다.

66 화장품 안전관리 기준 등에 관한 규정상 미생물한도 기준으로 적절하지 않은 것은?

① 대장균 : 불검출
② 영 · 유아용 제품류에서 총호기성생균수 : 500개/g
③ 물휴지의 경우 세균수 : 불검출
④ 눈 화장용 제품류에서 총호기성생균수 : 500개/g이하
⑤ 기타 화장품의 경우 세균수 : 1,000개/g이하

정답
풀이 ③

미생물한도의 검출허용 한도

총호기성생균수	• 영유아용제품류의 경우 : 500개/g이하 • 눈화장용제품류의 경우 : 500개/g이하
세균 및 진균수	• 물휴지의 경우 : 각각 100개/g이하 • 기타 화장품의 경우 : 1,000개 이하
대장균, 녹농균, 황색포도상구균	불검출

67 화장품 안전기준 등에 관한 규정상 내용량 기준으로 맞는 것은?

① 제품 3개를 가지고 시험할 때 그 평균 내용량이 표기량에 대하여 85% 이상이어야 한다.
② 제품 3개를 가지고 시험할 때 그 평균 내용량이 표기량에 대하여 90% 이상이어야 한다.
③ 제품 3개를 가지고 시험할 때 그 평균 내용량이 표기량에 대하여 93% 이상이어야 한다.
④ 제품 3개를 가지고 시험할 때 그 평균 내용량이 표기량에 대하여 95% 이상이어야 한다.
⑤ 제품 3개를 가지고 시험할 때 그 평균 내용량이 표기량에 대하여 97% 이상이어야 한다.

정답
풀이 ⑤

제품 3개를 가지고 시험할 때 그 평균 내용량이 표기량에 대하여 97% 이상이어야 한다. 기준치를 벗어날 경우, 즉 97% 미만
일 경우 6개를 더 취하여 시험할 때 9개의 평균 내용량이 97% 이상이어야 한다.

68 화장품 안전기준 등에 관한 규정 상 pH기준에서 적정한 기준값은?

① pH 2.0 ~ 5.0   ② pH 2.0 ~ 7.0
③ pH 2.0 ~ 9.0   ④ pH 3.0 ~ 7.0
⑤ pH 3.0 ~ 9.0

정답
풀이 ⑤

영유아용 제품류(영유아용 샴푸, 영유아용 린스, 영유아용 인체 세정용 제품, 영유아 목욕용 제품은 제외), 눈 화장용 제품류,
색조화장용 제품류, 두발용 제품류(샴푸, 린스제외), 면도용 제품류(셰이빙 크림, 셰이빙 폼 제외), 기초화장용 제품류(클렌징
워커, 클렌징 오일, 클렌징 로션, 클렌징 크림 등 메이트업 리무보제품 제외) 중 액, 로션, 크림 및 이와 유사한 제형의 액상제
품은 pH기준 3.0~9.0 이어야 한다.

69 화장품 안전기준 등에 관한 규정에서 pH기준이 3.0~9.0으로 제한받는 경우가 아닌 것은?

① 영 · 유아 목욕용 제품   ② 눈 화장용 제품류

③ 색조화장용 제품류   ④ 두발용 제품류

⑤ 셰이빙 크림과 폼을 제외한 면도용 제품류

정답
풀이 ①

pH기준에서 영 · 유아용 제품류도 해당되나, 영 · 유아용 샴푸, 영 · 유아용 린스, 영 · 유아 인체세정용 제품, 영 · 유아 목욕용
제품은 제외한다.

70 화장품 유형별 시험항목 중 공통시험항목을 모두 고른다면?

• 보기 •

가. 비의도적 유래물질 검출허용한도	나. pH기준
다. 미생물한도	라. 내용량
마. 유리알칼리	

① 가, 나, 다   ② 가, 나, 라

③ 가, 다, 라   ④ 가, 나, 마

⑤ 다, 라, 마

정답
풀이 ③

화장품 유형별 공통시험항목은 비의도적 유래물질의 검출한도, 미생물한도, 내용량 등이다. pH는 수분포함제품의 추가 시험
항목이다.

71 화장비누는 화장품 유형별 공통시험항목 외에 무엇을 추가로 시험하여야 하는가?

① 미생물한도   ② 내용량

③ 안티몬 검출한도   ④ 유리알칼리

⑤ 세균 수

72 화장품 안전기준 등에 관한 규정상 일반화장품에 대하여 비의도적 유래물질 검출허용한도 시험방법 중 원자흡광도법(AAS)을 사용하지 않는 성분은?

① 납
② 니켈
③ 비소
④ 안티몬
⑤ 디옥산

73 화장품 안전기준 등에 관한 규정상 일반화장품에 대하여 비의도적 유래물질 검출허용한도 시험방법 중 유도결합 플라즈마분광기를 이용하는 방법(ICP)이 적용되지 않는 물질은?

① 카드뮴
② 포름알데하이드
③ 안티몬
④ 니켈
⑤ 납

74 화장품 안전기준 등에 관한 규정상 일반화장품에 대하여 비의도적 유래물질 검출허용한도 시험방법과 그 검출물질의 연결이 옳지 않은 것은?

① 디부틸프탈레이트 : 기체크로마토그래프–수소염이온화검출기를 이용한 방법
② 포름알데하이드 : 액체크로마토그래프법의 절대검량선법
③ 디옥산 : 기체크로마토그래프법의 절대검량선법
④ 납 : 디티존법
⑤ 카드뮴 : 비색법

정답풀이 ⑤

화장품 안전기준 등에 관한 규정상 일반화장품에 대한 유통화장품 안전관리 시험방법

성분	시험방법
납	디티존법, 원자흡광광도법(ASS), 유도결합플라즈마분광기를 이용하는 방법(ICP), 유도결합플라즈마—질량분석기를 이용한 방법(ICP—MS)
니켈, 안티몬, 카드뮴	원자흡광광도법(ASS), 유도결합플라즈마분광기를 이용하는 방법(ICP), 유도결합플라즈마—질량분석기를 이용한 방법(ICP—MS)
비소	비색법, 원자흡광광도법(ASS), 유도결합플라즈마분광기를 이용하는 방법(ICP)
수은	수은분해장치를 이용한 방법, 수은분석기를 이용한 방법
디옥산	기체크로마토그래프법의 절대검량선법
메탄올	푹신아황산법, 기체크로마토그래프법, 기체크로마토그래프—질량분석법
포름알데하이드	액체크로마토그래프법의 절대검량선법
프탈레이트류(디부틸프탈레이트, 부틸벤질프탈레이트, 디에칠헥실프탈레이트)	기체크로마토그래프—수소염이온화검출기를 이용한 방법, 기체크로마토그래프—질량분석기를 이용한 방법

75 우수화장품 제조 및 품질관리기준(CGMP)상의 폐기처리에 관한 설명으로 적절하지 않은 것은?

① 품질에 문제가 있거나 회수 · 반품된 제품의 폐기 또는 재작업 여부는 품질보증책임자에 의해 승인되어야 한다.
② 재작업의 대상은 제조일로부터 1년이 경과되었거나 사용기한이 1년 미만 남아 있는 경우이다.
③ 재입고할 수 없는 제품의 폐기처리규정을 작성하여야 하며, 폐기대상은 따로 보관하고 규정에 따라 신속하게 폐기하여야 한다.
④ 오염된 포장재나 표시사항이 변경된 포장재는 폐기한다.
⑤ 원료와 자재, 벌크제품과 완제품이 적합판정기준을 만족시키지 못할 경우 '기준일탈제품'이 된다.

 정답풀이 ②

재작업은 그 대상이 다음 각 호를 모두 만족한 경우에 할 수 있다.

- 변질 · 변패 또는 병원미생물에 오염되지 아니한 경우
- 제조일로부터 1년이 경과하지 않았거나 사용기한이 1년 이상 남아 있는 경우

76 우수화장품 제조 및 품질관리기준(CGMP)상의 폐기처리에서 '재작업'에 대한 내용으로 옳지 않은 것은?

① 재작업이란 뱃치 전체 또는 일부에 추가처리를 하여 부적합품을 적합품으로 다시 가공하는 일이다.
② 기준일탈이 된 완제품 또는 벌크제품은 재작업을 할 수 없다.
③ 재작업 실시 시에는 발생한 모든 일들을 재작업 제조기록서에 기록한다.
④ 재작업은 해당 재작업의 절차를 상세하게 작성한 절차서를 준비해서 실시한다.
⑤ 재작업 처리의 실시는 품질보증책임자가 결정한다.

> **정답풀이** ②
> '기준일탈'이 된 완제품 또는 벌크제품은 재작업을 할 수 있다.

77 다음 중 안전용기 · 포장대상 품목의 기준으로 옳은 것은?

① 어린이용 오일 등 개별포장 당 탄화수소류를 5% 이상 함유하고 운동점도가 11센티스톡스 이하인 비에멀젼 타입의 액체상태의 제품
② 어린이용 오일 등 개별포장 당 탄화수소류를 5% 이상 함유하고 운동점도가 21센티스톡스 이하인 비에멀젼 타입의 액체상태의 제품
③ 어린이용 오일 등 개별포장 당 탄화수소류를 5% 이상 함유하고 운동점도가 31센티스톡스 이하인 비에멀젼 타입의 액체상태의 제품
④ 어린이용 오일 등 개별포장 당 탄화수소류를 10% 이상 함유하고 운동점도가 11센티스톡스 이하인 비에멀젼 타입의 액체상태의 제품
⑤ 어린이용 오일 등 개별포장 당 탄화수소류를 10% 이상 함유하고 운동점도가 21센티스톡스 이하인 비에멀젼 타입의 액체상태의 제품

> **정답풀이** ⑤
> 안전용기 · 포장대상
>
> - 아세톤을 함유하는 네일 에나멜 리무버 및 네일 폴리시 리무버
> - 어린이용 오일 등 개별포장 당 탄화수소류를 10% 이상 함유하고 운동점도가 21센티스톡스 이하인 비에멀전 타입의 액체상태의 제품
> - 개별 포장당 메틸살리실레이트를 5% 이상 함유하는 액체상태의 제품

78 안전용기 · 포장은 성인이 개봉하기는 쉽지만 만 5세 미만의 어린이가 개봉하기는 어렵게 된 것이어야 한다. 이 경우 개봉하기 어려운 정도의 구체적인 기준 및 시험방법은 누가 정하는가?

① 국무총리
② 보건복지부장관
③ 산업통상자원부장관
④ 식품의약품안전처장
⑤ 지방 식품의약품안전청장

정답
풀이

③

안전용기 · 포장은 성인이 개봉하기는 쉽지만 만 5세 미만의 어린이가 개봉하기는 어렵게 된 것이어야 한다. 이 경우 개봉하기 어려운 정도의 구체적인 기준 및 시험방법은 산업통상자원부장관이 정하여 고시(어린이보호 포장대상공산품의 안전기준, 국가기술표준원 고시)하는 바에 따른다.

79 안전용기 · 포장대상에서 제외되는 경우가 아닌 것은?

① 일회용 제품
② 용기입구 부분이 펌프로 작동되는 분무용기제품
③ 용기입구 부분이 방아쇠로 작동되는 분무용기제품
④ 압축분무기 제품
⑤ 안전검사를 필한 제품

정답
풀이

⑤

일회용 제품, 용기입구 부분이 펌프 또는 방아쇠로 작동되는 분무용기 제품, 압축분무용기 제품(에어로졸 제품 등)은 안전용기 · 포장대상에서 제외한다.

80 일상의 취급 또는 보통의 보존상태에서 기체 또는 미생물이 침입할 염려가 없는 용기는?

① 밀폐용기
② 기밀용기
③ 밀봉용기
④ 차광용기
⑤ 안전용기

정답
풀이

③

밀봉용기는 일상의 취급 또는 보통의 보존상태에서 기체 또는 미생물이 침입할 염려가 없는 용기이다.

81 용기의 종류와 관련된 설명으로 적당하지 않은 것은?

① 밀폐용기란 일상의 취급 또는 보통 보존상태에서 외부로부터 고형의 이물이 들어가는 것을 방지하고, 고형의 내용물이 손실되지 않도록 보호할 수 있는 용기를 말한다.
② 기밀용기란 일상의 취급 또는 보통 보존상태에서 액상 또는 고형의 이물 또는 수분이 침입하지 않고 내용물을 손실, 풍화, 조해 또는 증발로부터 보호할 수 있는 용기이다.
③ 밀봉용기란 일상의 취급 또는 보통의 보존상태에서 기체 또는 미생물이 침입할 염려가 없는 용기이다.
④ 밀폐용기로 규정되어 있는 경우에는 밀봉용기도 쓸 수 있다.
⑤ 기밀용기로 규정되어 있는 경우에는 밀봉용기도 쓸 수 있다.

> 정답
> 풀이   ④
> 밀폐용기로 규정되어 있는 경우에는 기밀용기도 쓸 수 있다.

82 자재검사에 대한 설명으로 틀린 것은?

① 자재의 기본사양 적합성과 청결성을 확보하기 위하여 매 입고 시에 무작위 추출한 검체에 대하여 육안검사를 실시하고 그 기록을 남긴다.
② 자재의 외관검사에는 재질의 확인, 용량, 치수 및 용기외관의 상태 검사뿐만 아니라 인쇄내용도 검사한다.
③ 인쇄내용은 소비자에게 제품에 대한 정확한 정보를 전달하는데 목적이 있으므로 입고 검수 시 반드시 검사해야 한다.
④ 위생적 측면에서 자재외부 및 내부에 먼지, 티 등의 이물질 혼입 여부도 검사해야 한다.
⑤ 식품의약품안전처는 화장품 용기(자재)시험에 대한 단체 표준 14개를 제정하였다.

> 정답
> 풀이   ⑤
> 대한화장품협회에서는 화장품 용기(자재)시험에 대한 단체 표준 14개를 제정하였다.

83 화장품 용기 시험방법의 종류와 그 내용의 연결이 옳지 않은 것은?

① 내용물 감량 시험방법 – 화장품 용기에 충진된 내용물의 건조 감량을 측정하기 위한 시험방법
② 감압누설 시험방법 – 기체의 내용물을 담는 용기의 마개, 펌프, 패킹 등의 밀폐성을 시험하는 방법
③ 내용물에 의한 용기마찰 시험방법 – 용기 표면의 인쇄문자, 핫스탬핑, 증착 및 코팅 막 등의 내용물에 의한 용기 마찰 시험방법
④ 내용물에 의한 용기의 변형 시험방법 – 내용물에 의한 용기의 변형을 측정하는 시험방법
⑤ 내용물에 의한 용기의 변형을 측정하는 방법 – 내용물이 충진된 용기 및 용기를 이루는 각종 재료들의 내한성, 내열성 시험방법

②

감압누설 시험방법은 <u>액상</u>의 내용물을 담는 용기에 마개, 펌프, 패킹 등의 밀폐성을 시험하는 방법이다.

84 화장품 용기 시험방법 중 화장품 용기의 포장재료인 유리, 금속 및 플라스틱의 유기 및 무기코팅막 및 도금의 밀착성을 시험하는 방법은?

① 라벨 접착력 시험방법
② 용기의 내열성 및 내한성 시험방법
③ 크로스컷트 시험방법
④ 낙하시험 방법
⑤ 유리병 표면 알칼리 용출량 시험방법

 ③

크로스컷트 시험방법은 화장품 용기의 포장재료인 유리, 금속 및 플라스틱의 유기 및 무기코팅막 및 도금의 밀착성을 시험하는 방법이다.

85 화장품제조 시 폐기처리에 대한 설명으로 적절하지 않은 것은?

① 제품의 폐기처리규정을 작성한다.
② 폐기대상은 따로 보관하고 규정에 따라 신속하게 폐기하여야 한다.
③ 품질에 문제가 있거나 회수 · 반품된 제품의 폐기는 품질보증 책임자에게 승인받아야 한다.
④ 변질 · 변패 또는 병원미생물에 오염되지 않고 제조일로부터 1년이 경과하지 않은 화장품은 재작업을 할 수 있다.
⑤ 변질 · 변패 또는 병원미생물에 오염되지 않고 사용기한이 6개월 이상 남은 화장품은 재작업을 할 수 있다.

 ④

제조일로부터 1년이 경과하지 않았거나 사용기한이 1년 이상 남아 있는 화장품은 재작업을 할 수 있다.

86 화장품의 제조 및 품질관리에서 정기적으로 점검해야 하는 대상과 거리가 먼 것은?

① 공정관리실
② 제조시설
③ 정제수 제조장치
④ 시험시설 및 시험기구
⑤ 제품의 품질에 영향을 줄 수 있는 검사 · 측정 · 시험장비

①

공정관리실은 제조, 포장 시에 실시하는 공정검사가 이루어지는 곳으로 점검대상과는 거리가 멀다.

87 화장품의 pH 검사기준이 필요하지 않은 것은?

① 베이비 로션   ② 베이비 크림
③ 베이비 오일   ④ 어린이용 로션
⑤ 어린이용 크림

 ③

물을 포함하지 않는 제품은 pH를 측정하지 않는다.

88 우수화장품 제조 및 품질관리기준(CGMP)상의 청정도 등급 및 관리기준에서 등급별 기준의 내용이 다른 하나는?

① 포장실   ② 성형실
③ 제조실   ④ 원료 칭량실
⑤ 미생물 실험실

 ①

청정도 2급 대상 시설은 화장품 내용물이 노출되는 작업실로 제조실, 성형실, 충전실, 내용물 보관소, 원료 칭량실, 미생물 실험실 등이다. 포장실은 청정도 3급대상시설이다.

89 우수화장품 제조 및 품질관리기준상 청정도 4등급인 일반작업실이 아닌 것은?

① 포장재 보관소   ② 완제품 보관소
③ 관리품 보관소   ④ 내용물 보관소
⑤ 원료 보관소

 ④

청정도 4등급의 일반작업실은 포장재 보관소, 완제품 보관소, 관리품 보관소, 원료 보관소, 갱의실, 일반 실험실 등이며, 내용물 보관소는 청정도 2급대상시설이다.

90 작업장별 청소방법 및 점검주기에서 수시로 청소하여야 할 대상(시설기구)이 아닌 것은?

① 원료창고   ② 칭량실
③ 제조실   ④ 충진실
⑤ 미생물실험실

정답풀이 ②
칭량실은 작업 후 청소를 하는 대상이다.

91 작업장별 청소방법에서 반드시 상수로 해야 하는 장소는?

① 원료창고   ② 제조실
③ 충진실   ④ 반제품보관실
⑤ 미생물실험실

정답풀이 ①
원료창고는 작업 종료 후 비 또는 진공청소기로 청소하고 물걸레로 닦는다. 나머지 ②, ③, ④, ⑤는 중성세제 또는 70%의 에탄올로 청소한다.

92 작업장 위생 유지를 위한 화학적 세척제 중 부식성 알칼리 세척제로 찌든 기름 등을 제거하는 것을 모두 고르면?

• 보기 •

가. 수산화나트륨	나. 수산화칼륨
다. 규산나트륨	라. 붕산액
마. 탄산나트륨	

① 가, 나, 다   ② 가, 나, 라
③ 가, 다, 라   ④ 가, 나, 마
⑤ 가, 다, 마

정답풀이 ①
부식성 알칼리 세척제로는 수산화나트륨, 수산화칼륨, 규산나트륨 등이 있으며 이는 찌든 기름 등을 제거하는데 사용된다.

93 작업장 위생유지를 위한 세제 중 중성세척제의 특징과 거리가 먼 것은?

① 용해에 의한 제거   ② 유화에 의한 제거

③ 낮은 독성   ④ 부식성 있음

⑤ 가수분해 촉진

 ⑤

알칼리는 비누화 반응과 가수분해를 촉진하므로 알칼리 세척제이다.

94 천연화장품 및 유기농화장품의 기준에 관한 규정상 세척제에 사용 가능한 원료가 아닌 것은?

① 과산화수소   ② 락트애씨드

③ 수산화나트륨   ④ 아이소프로판올 및 에탄올

⑤ 정유

 ③

천연화장품 및 유기농화장품의 기준에 관한 규정상 세척제에 사용가능한 원료

> 과산화수소, 과초산, 락트애씨드, 알코올(아이소프로판올 및 에탄올), 계면활성제, 석회장석유, 소듐카보네이트, 소듐하이드록사이드, 시트릭애씨드, 식물성 비누, 아세틱애씨드, 열수와 증기, 정유, 포타슘하이드록사이드, 무기산과 알칼리

95 작업장 소독을 위한 물리적 소독방법 중 스팀을 이용한 소독방법의 특징으로 틀린 것은?

① 제품과의 우수한 적합성   ② 체류시간이 짧다.

③ 용이한 사용성   ④ 바이오필름 파괴가능

⑤ 효과적임

정답풀이 ②

스팀을 이용한 소독방법은 제품과의 우수한 적합성, 용이한 사용성, 효과적임, 바이오필름 파괴기능 등을 장점으로 가지고, 단점으로는 보일러나 파이프에 잔류물이 남으며, 체류시간이 길고, 습기가 다량 발생하며, 고에너지 소비 소독시간이 길다는 점이다.

96 작업장 소독을 위한 물리적 소독방법 중 온수에 의한 소독의 특징이 아닌 것은?

① 제품과의 우수한 적합성과 효과가 좋다.
② 긴 파이프에 사용이 가능하다.
③ 많은 양의 물이 필요하고 부식성이 있다는 단점이 있다.
④ 출구 모니터링이 간단하다.
⑤ 고에너지 소비와 체류시간이 길다는 단점이 있다.

 ③

온수소독방법의 장단점

장점	제품과의 우수한 적합성, 용이한 사용성, 효과적임, 긴 파이프에 사용가능, 부식성이 없음, 출구 모니터링이 간단함
단점	많은 양이 필요하고 체류시간이 길다. 습기가 다량 발생하며 고에너지 소비형이다.

97 화학적 소독제의 종류와 그 특징의 연결이 잘못된 것은?

① 알코올 – 세척이 불필요하고 사용이 용이하며 빠른 건조가 장점이다.
② 페놀 – 조제하여 사용할 수 있으며 세척이 필요하지 않고 저렴하다.
③ 인산 – 스테인레스에 효과가 좋으며, 저렴한 가격이 장점이다.
④ 과산화수소 – 유기물 소독에 효과적이다.
⑤ 염소유도체 – 효과가 우수하고 사용이 용이하며, 찬물에 용해되어 단독 사용이 가능하다.

 ②

페놀은 세정작용의 효과가 우수하고 탈취작용이 있으나, 조제하여 사용해야 하는 점과 세척이 필요하고 고가라는 단점이 있다.

98 화학적 소독제 중 양이온 계면활성제의 특징으로 거리가 먼 것은?

① 세정작용의 효과가 우수하다.
② 부식성이 없다.
③ 물에 용해되어 단독 사용이 가능하다.
④ 높은 안정성이 있으며 무향이다.
⑤ 포자에 효과가 크며 음이온 세정제에 의하여 활성화된다.

정답
풀이 ⑤

소독제 중 양이온 계면활성제의 특징

장점	• 세정작용이 우수하고 부식성이 없다. • 물에 용해되어 단독사용이 가능하다. • 높은 안정성이 있으며, 무향이다.
단점	• 포자에 효과가 없다. • 중성 / 알칼리에서 가장 효과적이다. • 음이온 세정제에 의해 불활성화된다.

99 화학적 소독제 중 다음 〈보기〉와 같은 특징을 갖는 소독제는?

• 보기 •

가. 낮은 온도에서 사용이 가능하고 접촉시간이 짧다.
나. 가격이 저렴하고 스테인레스에 좋다.
다. 산성조건하에서 사용이 좋으며 피부보호가 필요하다.

① 페놀   ② 알코올
③ 인산   ④ 염소유도체
⑤ 과산화수소

정답
풀이 ③

화학적 소독제 중 인산은 스테인레스에 효과가 좋으며, 저렴한 가격, 낮은 온도에서 사용, 접촉시간이 짧다는 장점을 가지며, 피부보호가 필요하다는 단점을 가진다.

100 다음 화학적 소독제 중 탈취작용이 있고 기름때 제거에 효과적인 것은?

① 솔(Pine)   ② 인산
③ 알코올   ④ 아이오도포
⑤ 염소유도체

정답
풀이 ①

화학적 소독제 중 솔은 비누나 계면활성제와 혼합한 솔유를 사용하며, 세정작용이 우수하고 탈취작용이 있으며 기름때 제거에 효과적이다.

101 세정제별 작용기능에 대한 연결이 옳지 못한 것은?

① 알코올 – 단백질 응고 또는 변경에 의한 세포 기능 장해

② 옥시사이안화수소 – 원형질 중의 단백질과 결합하여 세포 기능 장해

③ 계면활성제 – 세포벽과 세포막 파괴에 의한 세포 기능 장해

④ 양성비누 – 효소계 저해에 의한 세포 기능 장해

⑤ 붕산 – 산화에 의한 세포 기능 장해

정답 풀이 **⑤**

산화에 의한 세포 기능 장해의 세정제는 할로겐화합물, 과산화수소, 과망간산칼륨, 아이오딘, 오존 등이다.

102 단백질 응고 또는 변경에 의한 세포 기능 장해 세정제에 속하지 않는 것은?

① 알코올

② 붕산

③ 페놀

④ 알데하이드

⑤ 포르말린

정답 풀이 **②**

단백질 응고 또는 변경에 의한 세포 기능 장해 세정제로는 알코올, 페놀, 알데하이드, 아시소프로판올, 포르말린 등이다. 붕산은 효소계 저하에 의한 세포 기능 장해 세정제이다.

103 세정제 중 산화에 의한 세포 기능 장해를 일으키는 것이 아닌 것은?

① 옥시사이안화수소

② 할로겐화합물

③ 과산화수소

④ 과망간산칼륨

⑤ 아이오딘

정답 풀이 **①**

산화에 의한 세포 기능 장해 세정제로는 할로겐화합물, 과산화수소, 과망간산칼륨, 아이오딘, 오존 등이다.

104 세정제 중 원형질 중의 단백질과 결합하여 세포 기능 장해를 발생하는 것은?

① 옥시사이안화수소

② 할로겐화합물

③ 과산화수소

④ 과망간산칼륨

⑤ 아이오딘

105 다음 〈보기〉의 화학적 세정제 중 세포벽과 세포막 파괴에 의한 세포 기능 장해를 발생 시키는 세정제를 모두 고르면?

• 보기 •

가. 계면활성제	나. 알데하이드
다. 클로르헥사이딘	라. 옥시사이안화수소

① 가, 나　　　　　　　　　　　② 가, 다
③ 가, 라　　　　　　　　　　　④ 나, 다
⑤ 나, 라

정답풀이 ②
화학적 소독제 중 세포벽과 세포막 파괴에 의한 세포기능 장해를 일으키는 소독제는 계면활성제, 클로로헥사이딘 등이다.

106 화학적 소독제 중 효소계 저해에 의한 세포 기능 장해를 발생하는 소독제로 구성된 것은?

① 알코올, 페놀, 알데하이드, 아이소프로판올, 포르말린
② 할로겐화합물, 과산화수소, 과망간산칼륨, 아이오딘, 오존
③ 옥시사이안화수소
④ 계면활성제, 클로르헥사이딘
⑤ 양성비누, 붕산, 머큐로크로뮴

정답풀이 ⑤

세정제별 작용기능

- 단백질 응고 또는 변경에 의한 세포기능 장해 : 알코올, 페놀, 알데하이드, 아이소프로판올, 포르말린
- 산화에 의한 세포기능 장해 : 할로겐화합물, 과산화수소, 과망간산칼륨, 아이오딘, 오존
- 원형질 중의 단백질과 결합한 세포기능 장해 : 옥시사이안화수소
- 세포벽과 세포막 파괴에 의한 세포기능 장해 : 계면활성제, 클로르헥사이딘
- 효소계 저해에 의한 세포기능 장해 : 양성비누, 붕산, 머큐로크로뮴

107 소독제의 조건으로 적합하지 않은 것은?

① 광범위한 항균 스펙트럼을 가져야 한다.
② 5분 이내의 짧은 처리에도 효과를 보여야 한다.
③ 쉽게 이용할 수 있어야 한다.
④ 소독 전에 존재하던 미생물을 최소한 70% 이상 사멸시켜야 한다.
⑤ 제품이나 설비와 반응하지 않아야 한다.

정답
풀이   ④
소독 전에 존재하던 미생물을 최소한 99.9% 이상 사멸시켜야 한다.

108 화학적 소독제와 그 농도가 옳지 않은 것은?

① 알코올 – 70%의 에탄올
② 과산화수소 – 7%의 수용액
③ 승홍수 – 0.1%의 수용액
④ 석탄산 – 3%의 수용액
⑤ 크레졸 – 3%의 수용액

정답
풀이   ②
화학적 소독제 중 과산화수소는 3%의 수용액을 사용한다.

109 화학적 소독제 중 피부상처소독에 사용하는 것으로 옳은 것은?

① 과산화수소
② 승홍수
③ 폼알데하이드
④ 역성비누
⑤ 석탄산

정답
풀이   ①
과산화수소는 3%의 수용액을 사용하며 주로 피부상처소독에 이용된다.

110 화학적 소독제 중 화장실 · 쓰레기통 · 도자기류 등의 소독에 사용되는 것은?

① 과산화수소 3% 수용액
② 석탄산 3% 수용액
③ 승홍수 0.1% 수용액
④ 크레졸 3% 수용액
⑤ 70%의 에탄올 수용액

정답
풀이 ③

승홍수 0.1% 수용액은 화장실 · 쓰레기통 · 도자기류 등을 소독한다.

111 화학적 소독제의 종류와 그 용도의 연결이 옳지 않은 것은?

① 역성비누 : 살균작용을 나타내는 양이온 계면활성제로 기구, 식기, 손 등에 적당하다.
② 염소 : 살균력이 강하고 경제적이며 잔류효과가 크나 냄새가 강하다.
③ 폼알데하이드 : 미용도구나 손 소독에 사용된다.
④ 생석회 : 화장실 · 하수도 소독 시 사용하며 가격이 저렴하다.
⑤ 승홍수 : 화장실 · 쓰레기통 · 도자기류 등을 소독하는데 사용된다.

정답
풀이 ③

폼알데하이드는 금속소독 시 사용된다.

112 화학적 소독제의 종류와 그 용도의 연결로 옳지 않은 것은?

① 알코올 : 70%의 에탄올 수용액을 사용하며 미용도구, 손 소독에 이용된다.
② 과산화수소 : 3%의 수용액을 사용하며 주로 피부상처소독에 이용된다.
③ 석탄산 : 3%의 수용액을 사용하며, 저온일수록 효과가 높고 살균력과 냄새가 강하고 독성이 있다.
④ 염소 : 살균력이 강하고 경제적이며 잔류효과가 크나 냄새가 강하다.
⑤ 승홍수 : 0.1%의 수용액을 사용하며, 화장실 · 쓰레기통 · 도자기류 등의 소독에 이용된다.

정답
풀이 ③

석탄산은 3%의 수용액을 사용하며 **고온일수록** 효과가 높고, 살균력과 냄새가 강하고 독성이 있으며, 금속을 부식시킨다.

113 청소, 소독 시 오염물질 제거 및 소독방법 등에 대한 설명으로 적당하지 않은 것은?

① 청소 · 소독 시에는 눈에 보이지 않은 곳, 하기 힘든 곳 등에 특히 유의하여 세밀하게 한다.
② 멸균된 수건과 대걸레, 소독제, 세척액 등 그레이드에 맞게 청소도구를 준비한다.
③ 천장의 청소방법은 멸균된 대걸레로 청소한 후 더러운 경우 소독된 대걸레로 재차 청소한다.
④ 바닥의 경우는 멸균된 대걸레나 수건으로 바닥을 일차적으로 닦은 후 소독한 대걸레로 재차 닦아준다.
⑤ 청소는 아래쪽에서 위쪽 방향으로, 바깥에서 안쪽 방향으로 진행하여야 한다.

정답 풀이 ⑤

청소는 위쪽에서 아래쪽 방향으로, 안에서 바깥방향으로 진행하여야 하며, 깨끗한 지역에서 더러운 지역으로 진행한다.

114 청소도구의 사용 후 관리에 대한 설명으로 적당하지 않은 것은?

① 청소도구는 항상 지정된 장소에 보관한다.

② 모든 청소도구는 사용 후 세척 또는 살균한 후 물기를 제거하여 보관한다.

③ 젖은 수건은 세척 후 바로 말려 젖은 상태로 보관하지 않고, 멸균수건은 UV램프가 있는 보관함에 보관한다.

④ 대걸레는 건조한 상태로 보관하고, 건조한 상태로 보관하기 어려울 때는 물에 담가 놓고 사용 시마다 짜서 사용한다.

⑤ 진공청소기의 필터는 정해진 주기에 교체해서 사용한다.

정답 풀이 ④

대걸레는 건조한 상태로 보관하고, 건조한 상태로 보관이 어려울 때는 소독제로 세척 후 보관한다.

115 설비·기구 중 탱크의 구성재질에 대한 설명으로 틀린 것은?

① 온도·압력 범위가 모든 공정단계의 제품에 적합할 것

② 제품에 해로운 영향을 미쳐서는 안 될 것

③ 제품과의 반응으로 부식되거나 분해를 초래하는 반응이 있어서는 안 될 것

④ 다른 물질이 스며들어서는 안 될 것

⑤ 설비 부품들 사이에 전기화학반응을 최대화시킬 것

정답 풀이 ⑤

탱크재질에서 설비 부품들 사이에 전기화학반응을 최소화시켜야 한다.

116 설비·기구 중 혼합과 교반장치의 구성재질에 대한 설명으로 틀린 것은?

① 젖은 부분 및 탱크와의 공존이 가능한지를 확인할 것

② 믹서는 봉인과 개스킷에 의해 제품과의 접촉으로부터 분리된 내부 패킹과 윤활제를 사용할 것

③ 온도, pH 및 압력과 같은 작동조건의 영향에 대해서도 확인할 것

④ 사용 전에 계획된 유지관리를 통하여 정기적 점검이 필요없도록 할 것

⑤ 윤활제가 새서 제품을 오염시키지 않는지를 확인할 것

정답
풀이
④

정기적으로 계획된 유지관리와 점검은 봉함, 개스킷 및 패킹이 유지되는지 확인하여야 한다.

117 원료코드 기재방법인 'CO-1234'에서 CO는 회사명, 맨 앞자리숫자는 화장품원료의 종류, 나머지 숫자는 원료가 들어온 순으로 순번을 매긴다. 화장품원료의 종류를 나타내는 숫자로 '5'가 의미하는 원료는?

① 미용성분

② 색소분체 파우더

③ 방부제

④ 향

⑤ 점증제

정답
풀이
③

맨 앞자리의 화장품 원료의 종류를 나타내는데, 1은 미용성분, 2는 색소분체 파우더, 3은 액체/오일성분, 4는 향, 5는 방부제, 6은 점증제(폴리머), 7은 기능성화장품 원료, 8은 계면활성제 등이다.

118 작업장별 위생상태에 대한 설명으로 적당하지 않은 것은?

① 작업실 내에서 음식을 휴대 또는 섭취하거나 흡연하여서는 안 된다.

② 소독 시에는 기계, 기구류, 내용물 등에 오염이 되지 않도록 하여야 한다.

③ 바닥의 경우 멸균된 대걸레나 수건으로 1차적으로 닦은 후 소독한 대걸레로 재차 청소한다.

④ 반제품 작업실은 품질 저하를 방지하기 위하여 적절한 실내온도를 유지한다.

⑤ 천장의 청소방법은 안전을 위하여 가능한 소독제를 뿌려 처리한다.

정답
풀이
⑤

천장의 청소방법은 멸균된 대걸레로 청소한 후 더러운 경우 소독된 대걸레로 재차 청소한다.

119 작업장 위생유지를 위한 세제의 설명으로 적당하지 않은 것은?

① 무기산과 약산성 세척제로는 pH 0.2~5.5 정도이다.

② 중성세척제의 pH는 5.5~8.5 정도이다.

③ 알칼리성 세척제로는 수산화암모늄, 탄산나트륨, 염산 또는 인산 등이 있다.

④ 부식성 알칼리 세척제로는 찌든 기름 등의 오염물질을 제거한다.

⑤ 알칼리는 비누화, 가수분해를 촉진한다.

정답
풀이 ③

알칼리성 세척제로는 수산화암모늄, 탄산나트륨, 인산나트륨, 붕산액 등이 있다. 염산이나 인산은 무기산과 약산성 세척제이다.

120 화학적 소독제 중 염소유도체가 아닌 것은?

① 치아염소산나트륨   ② 치아염소산칼륨

③ 치아염소산리튬   ④ 염소가스

⑤ 아이소프로필알코올

정답
풀이 ⑤

화학적 소독제인 염소유도체에는 치아염소산나트륨, 치아염소산칼륨, 치아염소산리튬, 염소가스 등이 있다.

121 혼합 · 소분 시 위생관리 규정으로 적당한 것은?

① 혼합 · 소분 전에 손은 물로 소독을 실시한다.

② 혼합 · 소분 전 장갑은 순면장갑으로 재활용하여 착용이 가능하다.

③ 혼합 · 소분된 제품을 담을 용기의 소독은 과산화수소 30% 수용액으로 실시한다.

④ 장비 또는 기기 등은 정기적으로 세척하므로 너무 잦은 소독은 좋지 않다.

⑤ 혼합 · 소분 전 손 소독을 하는 경우 에탄올 70%의 수용액으로 실시한다.

정답
풀이 ⑤

손 소독은 에탄올 70% 수용액 또는 손 세정제로 소독을 실시한다.

122 작업장별 위생상태에 대한 설명으로 적당하지 않은 것은?

① 물청소 후에는 물기를 자연 건조시키는 것이 오염원 방지를 위해 우수한 방법이다.

② 각 작업장별로 육안으로 청소상태를 확인하고, 이상이 있는 경우 즉시 개선 조치한다.

③ 칭량실은 월 1회 바닥, 벽, 문, 원료통, 저울, 작업대 등을 진공청소기, 걸레 등으로 청소한다.

④ 세균오염 또는 세균수 관리의 필요성이 있는 작업실을 정기적인 낙하균 시험을 수행하여 확인한다.

⑤ 작업장 및 보관소별 관리담당자는 오염발생 시 원인분석 후 이에 적절한 시설 또는 설비의 보수, 교체나 작업방법의 개선조치를 취하고 재발을 방지한다.

> **정답풀이** ①
> 물청소 후에는 물기를 완전히 제거하여 오염원을 제거하여야 한다. 즉 자연 건조시키기 위해 물기가 있는 상태로 오래두면 오염될 소지가 많다.

123 작업장 위생유지를 위한 세제의 종류와 그 내용에 대한 설명으로 적합하지 않은 것은?

① 무기산과 약산성 세척제로는 염산, 황산, 인산, 초산, 구연산 등이 있다.

② 중성세척제로는 약한 계면활성제 용액과 같은 것이 있으며, 용해나 유화에 의한 제거를 한다.

③ 약알칼리 및 알칼리 세척제는 기름, 지방, 입자 등의 오염물질을 제거한다.

④ 부식성 알칼리 세척제로는 찌든 기름 제거에 효과적이다.

⑤ 알칼리성 세척제는 독성이 있어 환경 및 취급문제가 있을 수 있다.

> **정답풀이** ⑤
> 독성이 있고 환경 및 취급문제가 있을 수 있는 세척제는 무기산과 약산성 세척제로 이는 금속 산화물 제거에 효과적이다.

124 화학적 소독제의 종류별 장단점으로 틀린 것은?

① 알코올은 세균 포자를 효과적으로 제거한다.

② 페놀은 조제하여 사용하며 세척이 필요하다.

③ 솔은 기름때 제거에 효과적이다.

④ 과산화수소는 피부보호가 필요하다.

⑤ 염소유도체는 금속표면과의 반응성으로 부식되고 빛과 온도에 예민하다.

> **정답풀이** ①
> 알코올은 세균 포자 제거에 효과가 없다.

125 혼합 · 소분 시 위생관리 규정으로 옳지 않은 것은?

① 혼합 · 소분 전에는 손 소독 후 일회용 장갑을 착용한다.

② 혼합 · 소분 시에는 오염방지를 위하여 안전관리기준을 준수한다.

③ 사용되는 장비 또는 기기 등은 사용 전 · 후에 세척한다.

④ 제품을 담을 용기의 오염여부는 사전에 확인한다.

⑤ 혼합 · 소분 시는 포장 시처럼 위생관리 규정이 엄격하지 않다.

⑤

혼합 · 소분 시에는 화장품과 직접 접촉할 수 있으므로 포장시보다 엄격한 위생관리를 하여야 한다.

126 우수화장품 제조 및 품질관리기준(CGMP)상의 제품표준서에 기재하여야 할 사항과 거리가 먼 것은?

① 제품명

② 효능 · 효과(기능성화장품의 경우) 및 사용상의 주의사항

③ 제조번호 및 식별번호

④ 원자재 · 반제품 · 완제품의 기준 및 시험방법

⑤ 사용기한 또는 개봉 후 사용기간

정답
풀이

③

제품표준서에 기재할 사항

> 제품명, 작성연월일, 효능 · 효과(기능성화장품의 경우) 및 사용상의 주의사항, 원료명 · 분량 및 제조단위당 기준량, 공정별 상세 작업내용 및 제조공정흐름도, 공정별 이론 생산량 및 수율관리기준, 작업 중 주의사항, 원자재 · 반제품 · 완제품의 기준 및 시험방법, 제조 및 품질관리에 필요한 시설 및 기기, 보관조건, 사용기한 또는 개봉 후 사용기간, 변경이력

127 화장품 안전기준 등에 관한 규정상 액, 로션, 크림 및 이와 유사한 제형의 액상제품은 pH기준이 3.0~9.0이어야 하는데 이에 해당되지 않는 제품은?

① 두발용 제품류(샴푸, 린스 제외)

② 기초화장용 제품류(클렌징워터, 클렌징오일, 클렌징로션, 클렌징크림 등 메이크업 리무버 제품 제외)

③ 색조화장품 제품류의 리퀴드 파운데이션

④ 눈 화장용 제품류의 아이섀도

⑤ 유아용 제품류(유아용 샴푸, 유아용 린스, 유아인체 세정용 제품, 유아목욕용 제품 제외)

④

유아용 제품류(유아용 샴푸, 유아용 린스, 유아인체 세정용 제품, 유아 목욕용 제품 제외), 눈 화장용 제품류, 색조화장품 제품류, 두발용 제품류(샴푸, 린스 제외), 면도용 제품류(세이빙 크림, 세이빙 폼 제외), 기초화장용 제품류(클렌징 워터, 클렌징 오일, 클렌징 로션, 클렌징 크림 등 메이크업 리무버 제품 제외) 중 액, 로션, 크림 및 이와 유사한 제형의 액상제품은 pH기준이 3.0~9.0이어야 한다. 다만, 물을 포함하지 않는 제품과 사용 후 곧바로 물로 씻어내는 제품은 제외한다.

128 다음 기구 중 혼합과 교반장치의 구성재질에 대한 설명으로 적절하지 않은 것은?

① 젖은 부분 및 탱크와의 공존이 가능한지를 확인한다.
② 기구들과 제품과 원료가 직접 접하지 않도록 분리장치를 제공한다.
③ 믹서는 봉인과 개스킷에 의해서 제품과의 접촉으로부터 분리되어 있는 내부패킹과 윤활제를 사용한다.
④ 온도, pH 및 압력과 같은 작동조건의 영향에 대해서도 확인한다.
⑤ 정기적으로 계획된 유지관리와 점검은 봉함, 개스킷 및 패킹이 유지되는지 확인한다.

 정답풀이 ②

혼합과 교반장치의 구성 재질

- 젖은 부분 및 탱크와의 공존이 가능한지를 확인한다.
- 믹서는 봉인과 개스킷에 의해서 제품과의 접촉으로부터 분리되어 있는 내부패킹과 윤활제를 사용한다.
- 온도, pH 및 압력과 같은 작동조건의 영향에 대해서도 확인한다.
- 정기적으로 계획된 유지관리와 점검은 봉함, 개스킷 및 패킹이 유지되는지 확인한다.
- 윤활제가 새서 제품을 오염시키지 않는지를 확인한다.

129 작업장의 청소도구의 사용 후 관리방법으로 적절하지 않은 것은?

① 대걸레는 건조한 상태로 보관한다.
② 젖은 수건은 세척 후 바로 말린다.
③ 진공청소기의 필터는 정해진 주기에 교체한다.
④ 청소도구는 항상 지정된 장소에 보관한다.
⑤ 멸균수건은 깨끗한 도구함에 넣어서 보관한다.

 정답풀이 ⑤

멸균수건은 UV램프가 있는 보관함에 넣어 보관한다.

130 원료의 사용기한 확인 후 재평가방법으로 거리가 먼 것은?

① 보관기한을 결정하기 위한 문서화된 시스템을 확립한다.
② 원칙적으로 원료공급처의 사용기한을 준수하고 보관기한을 설정한다.
③ 보관기한이 규정되어 있지 않은 원료는 품질관리부서에서 적절한 보관기간을 정한다.
④ 원료의 사용기한은 사용 시 확인이 가능하도록 라벨에 표시한다.
⑤ 보관기한이 지난 원료는 폐기 처리하여야 한다.

정답
풀이 ⑤

보관기한이 지나면 해당 물질을 재평가하여 사용 적합성을 결정하는 단계들을 포함해야 한다.

131 제조된 벌크제품의 재보관 시 유의점으로 적당하지 아니한 것은?

① 원래 보관되었던 환경에서 보관한다.
② 다음 제조 시에 우선적으로 사용한다.
③ 변질되기 쉬운 벌크도 우선적으로 사용한다.
④ 여러 번 재보관하는 벌크는 조금씩 나누어 보관한다.
⑤ 기존처럼 완전히 밀폐하여 보관한다.

정답
풀이 ③

변질되기 쉬운 벌크는 재사용하지 않는다.

132 원자재 용기에 제조번호가 없는 경우 무엇으로 대체할 수 있는가?

① 식별번호
② 상품번호
③ 원료성분코드
④ 관리번호
⑤ 사용기한

정답
풀이 ④

원자재 용기에 제조번호가 없는 경우에는 관리번호로 보관 가능하다.

133 'CO-21345'라는 원료코드명은 어떤 원료인가?

① 색소분체 파우더
② 액제, 오일성분
③ 향
④ 계면활성제
⑤ 점증제

정답
풀이 ①

회사명(CO) 다음의 첫 숫자가 1인 경우는 미용성분, 2는 색소분체 파우더, 3은 액제 · 오일성분, 4는 향, 5는 방부제, 6은 점증제, 7은 기능성화장품 원료, 8은 계면활성제를 의미한다.

134 'CO—61326'이라는 원료코드명은 어떤 원료인가?

① 색소분체 파우더

② 액제, 오일성분

③ 향

④ 계면활성제

⑤ 점증제

정답
풀이

⑤

회사명(CO) 다음의 첫 숫자가 1인 경우는 미용성분, 2는 색소분체 파우더, 3은 액제·오일성분, 4는 향, 5는 방부제, 6은 점증제, 7은 기능성화장품 원료, 8은 계면활성제를 의미한다.

135 작업장 위생을 유지하기 위한 관리방법으로 적절하지 않은 것은?

① 물청소 후 남은 물기는 천천히 자연건조시켜야 한다.

② 작업실 내에서 흡연을 하거나 음식물을 섭취해서는 안 된다.

③ 외부로부터 오염이 되지 않도록 방충망을 설치한다.

④ 반제품작업실은 적절한 실내온도를 유지한다.

⑤ 작업장은 적절한 소독제로 수시로 소독한다.

정답
풀이

①

물청소 후 물기는 바로 제거하여 오염원이 되지 않도록 한다.

136 작업장 내 직원의 복장 위생기준으로 적절하지 않은 것은?

① 청정도에 맞는 적절한 작업복을 착용한다.

② 작업복장은 주 1회 이상 세탁을 원칙으로 한다.

③ 작업장 내 모든 직원은 음식물 반입을 금지시킨다.

④ 작업 전 복장점검 후 적절하지 않는 경우 퇴실 조치한다.

⑤ 각 부서에서는 소속직원의 작업복을 일괄 회수하여 세탁한다.

정답
풀이

④

작업 전 복장점검 후 적절하지 않은 경우 시정한다.

137 입고된 포장재의 관리기준에 대한 내용으로 적절하지 않은 것은?

① 원자재, 시험 중인 제품 및 부적합품은 통합하여 보관하되 반출이 쉽도록 라벨링한다.
② 원자재, 반제품 및 벌크제품은 품질에 나쁜 영향을 미치지 않는 조건에서 보관하여야 하며 보관기한을 설정하여야 한다.
③ 원자재, 반제품 및 벌크제품은 바닥과 벽에 붙여서 안정감 있게 보관한다.
④ 설정된 보관기한이 지나면 사용 적절성을 결정하기 위해 재평가시스템을 확립하여야 한다.
⑤ 포장재의 출고는 선입선출방식으로 하여야 한다.

> **정답풀이** ①
> 원자재, 시험 중인 제품 및 부적합품은 각각 구획된 장소에서 보관하여야 한다.

138 다음 〈보기〉는 특정 화학적 세척의 특징이다. 이에 해당하는 세척제 유형은?

• 보기 •

가. 독성과 부식성에 주의할 것
나. 오염물의 가수분해 시 효과가 좋음
다. 찌든 기름제거에 효과적임

① 무기산 세척제   ② 약산성 세척제
③ 중성 세척제   ④ 알칼리 세척제
⑤ 부식성 알칼리 세척제

> **정답풀이** ⑤
> 부식성 알칼리 세척제는 pH 12.5~14로 찌든 기름제거에 효과적이며 수산화나트륨, 수산화칼륨, 규산나트륨 등이 있다.

139 다음 〈보기〉는 특정 화학적 세척제의 특징을 설명한 것이다. 어느 유형의 세척제에 대한 내용인가?

• 보기 •

가. 용해나 유화에 의한 오염물질 제거
나. 독성은 낮으나 부식성이 있음
다. 약한 계면활성제 용액 등이 대표적임

① 무기산 세척제　　　　　　② 약산성 세척제
③ 중성 세척제　　　　　　　④ 알칼리 세척제
⑤ 부식성 알칼리 세척제

정답
풀이　③
　　　중성 세척제는 pH가 5.5∼8.5로 기름때 등 작은 입자의 오염물질 제거에 사용되며 용해나 유화에 의한 제거가 특징이다.

140 다음 〈보기〉에서 설명하는 물리적 소독방법은?

• 보기 •

가. 제품과의 적합성이 우수하고 사용성이 용이함
나. 긴 파이프에 사용이 가능하고 부식성이 없음
다. 출구 모니터링이 간단하고 효과적임

① 스팀소독　　　　　　　　② 온수소독
③ 냉수소독　　　　　　　　④ 직열소독
⑤ 자연건조소독

정답
풀이　②
　　　온수소독은 80∼100℃의 온수를 사용하여 소독하는 것으로 위와 같은 장점이 있는 반면에 체류시간이 길고 습기가 다량 발생하며 에너지가 많이 소모되는 단점을 가진다.

141 다음 화학적 소독제의 특징은 어느 유형의 소독제인가?

• 보기 •

가. 우수한 소독효과
나. 잔류효과가 있음
다. 사용농도에서는 독성이 없음
라. 단점으로 포자에 효과가 없고 얼룩이 남아 사용 후 세척이 필요함

① 양이온 계면활성제　　　　② 과산화수소
③ 아이오도포　　　　　　　④ 페놀
⑤ 염소유도체

정답
풀이 ③

아이오도포는 H₃PO₄를 함유한 비이온 계면활성제에 아이오딘을 첨가한 것으로 위의 〈보기〉와 같은 장단점을 가진다.

142 다음 〈보기〉와 같은 장 · 단점을 가지는 화학적 소독제는?

• 보기 •

장점	단점
• 효과가 좋으며 스테인레스에 좋음 • 가격이 저렴하고 접촉시간이 짧음 • 낮은 온도에서도 사용이 가능함	• 산성 조건하에서 사용이 좋음 • 피부보호가 필요함

① 인산
② 솔
③ 알칼리
④ 아이오도포
⑤ 과산화수소

정답
풀이 ①

인산은 스테인리스에 좋고 낮은 온도에서 사용이 가능하고 가격이 저렴하며 접촉시간이 짧다.

143 다음 〈보기〉의 장단점을 가지는 화학적 소독제는?

• 보기 •

장점	단점
• 세정작용의 효과가 우수함 • 부식성이 없고 물에 용해되어 단독사용 • 향이 없고 높은 안정성	• 포자에 효과가 없음 • 음이온 세정제에 의해 불활성화됨 • 중성 및 약알칼리에서 가장 효과적임

① 아이오도포
② 과산화수소
③ 양이온 계면활성제
④ 페놀
⑤ 염소유도체

정답
풀이 ③

양이온 계면활성제는 4급 암모늄화합물로서 세정작용이 우수하고 부식성이 없으며, 물에 용해되어 단독 사용이 가능하고, 향이 없으며 높은 안정성이 장점이다.

144 다음 〈보기〉는 어떤 작용으로 세포기능 장해기능을 유발시키는가?

• 보기 •

가. 할로겐화합물　　　　　　　　　　　　나. 과산화수소
다. 과망간산칼륨　　　　　　　　　　　　라. 아이오딘
마. 오존

① 단백질 응고 또는 변경에 의한 세포기능 장해
② 산화에 의한 세포기능 장해
③ 원형질 중의 단백질과 결합하여 세포기능 장해
④ 세포벽과 세포막 파괴에 의한 세포기능 장해
⑤ 효소계 저하에 의한 세포기능 장해

정답
풀이　②
산화에 의한 세포기능 장해를 가져오는 세정제로는 할로겐화합물, 과산화수소, 과망간산칼륨, 아이오딘, 오존 등이 있다.

145 다음 〈보기〉는 단백질 응고 또는 변경에 의한 세포기능 장해 세정제의 종류이다. 이에 해당하는 것을 모두 고른다면?

• 보기 •

가. 알코올　　　　　　　　　　　　　　나. 알데하이드
다. 페놀　　　　　　　　　　　　　　　라. 클로르헥사이딘
마. 옥시사이안화수소

① 가, 나, 다　　　　　　　　　　② 가, 나, 라
③ 가, 다, 라　　　　　　　　　　④ 가, 나, 마
⑤ 가, 다, 마

정답
풀이　①
단백질 응고 또는 변경에 의한 세포기능 장해를 발생시키는 세정제는 알코올, 페놀, 알데하이드, 아이소프로판올, 포르말린 등이 있다.

146 다음 〈보기〉는 이상적인 소독제의 조건이다. 옳은 것을 모두 고른다면?

• 보기 •

가. 경제적이고 쉽게 이용할 수 있을 것
나. 사용농도에서 독성이 없을 것
다. 소독 전에 존재하던 미생물을 최소한 99.9% 이상 사멸시킬 것
라. 광범위한 항균 스펙트럼을 가질 것
마. 사용기간 동안 불활성을 유지할 것

① 가, 나, 마   ② 가, 다, 마
③ 가, 라, 마   ④ 가, 나, 다, 라
⑤ 가, 나, 다, 라, 마

정답
풀이   ④
소독제는 사용기간 동안 활성을 유지해야 한다.

147 다음 〈보기〉에서 소독제 선택 시 고려해야 할 사항으로 적당한 것을 모두 고른다면?

• 보기 •

가. 대상 미생물의 종류와 수
나. 항균 스펙트럼의 범위
다. 미생물 사멸에 필요한 작용시간 및 작용의 지속성
라. 물에 대한 용해성 및 사용방법의 간편성
마. 적용방법

① 가, 나, 마   ② 가, 다, 마
③ 가, 라, 마   ④ 가, 나, 다, 라
⑤ 가, 나, 다, 라, 마

정답
풀이   ⑤
소독제 선택 시 고려해야 할 사항으로 위 〈보기〉 외에도 부식성 및 소독제의 향취, 적용 장치의 종류, 설치장소 및 사용하는 표면의 상태, 내성균의 출현빈도, pH, 온도, 사용하는 물리적 환경 요인의 약제에 미치는 영향, 잔류성 및 잔류하여 제품에 혼입될 가능성, 종업원의 안전성 고려, 법 규제 및 소요비용 등이다.

148 다음 〈보기〉 중 화학적 소독제에 대한 내용으로 적절하지 않은 것을 모두 고르면?

• 보기 •

가. 알코올 : 70%의 에탄올 사용 　　　　나. 과산화수소 : 5%의 수용액 사용

다. 석탄산 : 3%의 수용액 사용 　　　　라. 승홍수 : 3%의 수용액 사용

① 가, 나　　　　　　　　　　　　　② 가, 다
③ 가, 라　　　　　　　　　　　　　④ 나, 다
⑤ 나, 라

정답
풀이　⑤
화학적 소독제로 과산화수소는 3%의 수용액, 승홍수는 0.1%의 수용액을 사용한다.

149 다음 〈보기〉 중 화학적 소독제와 그 용도의 연결이 적당하지 않은 것을 모두 고르면?

• 보기 •

가. 알코올 : 미용도구, 손 소독
나. 승홍수 : 피부상처소독
다. 폼알데하이드 : 화장실 · 쓰레기통 · 도자기류 등 소독
라. 생석회 : 화장실 · 하수도 소독

① 가, 나　　　　　　　　　　　　　② 가, 다
③ 가, 라　　　　　　　　　　　　　④ 나, 다
⑤ 나, 라

정답
풀이　④
승홍수는 화장실 · 쓰레기통, 도자기류 등을 소독하며, 폼알데하이드는 금속소독 시 사용한다.

150 다음 〈보기〉 중 작업자 위생관리를 위한 복장 청결상태로 적절하지 않은 것을 모두 고르면?

• 보기 •

가. 생산, 관리 및 보관구역에 들어가는 모든 직원은 화장품의 오염을 방지하기 위한 규정된 작업복을 착용하고, 일상복이 작업복 밖으로 노출되지 않도록 한다.
나. 작업 전 지정된 장소에서 손 소독을 실시하고 작업에 임하며 손 소독은 70%의 과산화수소로 소독한다.
다. 반지, 목걸이, 귀걸이 등 생산 중 과오 등에 의해 제품 품질에 영향을 줄 수 있는 것은 착용하지 않는다.
라. 화장실을 이용한 작업자는 손세척이나 손소독보다는 제품의 안전을 위해 장갑을 착용하여야 한다.

① 가, 나   ② 가, 다
③ 가, 라   ④ 나, 다
⑤ 나, 라

정답
풀이   ⑤
'나'의 경우 작업 전 지정된 장소에서 손 소독을 실시하고 작업에 임하며, 손 소독은 70%의 에탄올을 사용하며, '라'의 경우
화장실을 이용한 작업자는 손 세척 또는 손 소독을 실시하고 작업실에 입실한다.

151 다음 〈보기〉 중 작업시설의 기준으로 적당하지 않은 것을 모두 고르면?

• 보기 •

가. 환기가 잘 되고 청결할 것
나. 바닥, 벽, 천장은 가능한 미끄러지지 않도록 요철표면으로 마감할 것
다. 외부와의 연결된 창문은 가능한 환기가 잘되도록 개방될 것
라. 제품의 오염을 방지하고 적절한 온도 및 습도를 유지할 수 있는 공기조화시설 등 적절한 환기시설을 갖출 것

① 가, 나   ② 가, 다
③ 가, 라   ④ 나, 다
⑤ 나, 라

정답
풀이   ④
'나'의 경우 바닥, 벽, 천장은 가능한 한 청소하기 쉽게 매끄러운 표면을 지녀야 하고, '다'의 경우 외부와 연결된 창문은 가능
한 한 열리지 않도록 하여야 한다.

152 다음 〈보기〉 중 작업소 유지관리에 관한 내용으로 틀린 것을 모두 고르면?

• 보기 •

가. 결함발생 및 정비 중인 설비는 즉시 교체하여야 한다.
나. 세척한 설비는 다음 사용시까지 오염되지 않도록 관리하여야 한다.
다. 부득이한 경우 유지관리작업을 위해 제품에 영향을 줄 수 있다.
라. 모든 제조관련 설비는 승인된 자만이 접근 사용하여야 한다.

① 가, 나   ② 가, 다
③ 가, 라   ④ 나, 다
⑤ 나, 라

219

②

'가'의 경우 결함발생 및 정비 중인 설비는 적절한 방법으로 표시하고, 고장 등으로 인해 사용이 불가할 경우 표시하여야 하며, '다'의 경우 유지관리 작업이 제품의 품질에 영향을 주어서는 안 된다.

153 다음 〈보기〉 중 설비세척의 원칙으로 적당하지 않은 것을 모두 고르면?

• 보기 •

가. 가능하면 세제를 사용하여 청결하게 할 것 나. 온수세척이 증기세척보다 좋다.
다. 분해할 수 있는 설비는 분해해서 세척한다. 라. 세척 후에는 반드시 판정한다.

① 가, 나 ② 가, 다
③ 가, 라 ④ 나, 다
⑤ 나, 라

①

'가'의 경우 가능하면 세제를 사용하지 않는 것이 좋으며, '나'의 경우 증기세척이 좋은 방법이다.

154 다음 〈보기〉 중 설비 · 기구의 구성재질과 관련된 내용으로 탱크에 관련된 사항을 모두 고르면?

• 보기 •

가. 다른 물질이 스며들어서는 안됨 나. 세제 및 소독제와 반응해서는 안됨
다. 젖은 부분 및 탱크와의 공존이 가능한지를 확인 라. 윤활제가 새서 제품을 오염시키지 않는지 확인

① 가, 나 ② 가, 다
③ 가, 라 ④ 나, 다
⑤ 나, 라

①

'다'와 '라'는 혼합과 교반장치에 대한 설명이다.

155 다음 〈보기〉 중 설비의 유지관리와 관련된 점검항목으로 맞는 것을 모두 고르면?

• 보기 •

가. 외관검사 – 더러움, 녹, 이상소음, 이취 등 나. 작동점검 – 스위치, 연동성 등
다. 기능측정 – 회전수, 전압, 투과율, 감도 등 라. 청소 및 부품교환

① 가, 나 ② 가, 다
③ 가, 라 ④ 가, 나, 다
⑤ 가, 나, 다, 라

**정답
풀이** ⑤
설비의 점검항목으로는 외관검사, 작동점검, 기능측정, 청소, 부품교환, 개선 등이 있다.

156 화장품 제조설비 중 이송파이프의 구성 재질로 적합하지 않은 것은?

① 유리 ② 스테인레스 스틸 #304
③ 구리 ④ 알루미늄
⑤ 플라스틱

**정답
풀이** ⑤
이송파이프의 구성재질은 유리, 스테인레스 #304 또는 #316, 구리, 알루미늄 등으로 구성한다.

157 설비의 유지관리 시 주요사항으로 틀린 것은?

① 사후적 실시가 원칙이다. ② 설비마다 절차서를 작성한다.
③ 계획을 가지고 실행한다. ④ 책임내용을 명확히 한다.
⑤ 유지하는 기준을 절차서에 포함한다.

**정답
풀이** ①
설비의 유지관리는 예방적 실시가 원칙이다.

158 다음 〈보기〉 중 내용물 및 원료의 입고기준에 대한 설명으로 틀린 것을 모두 고르면?

• 보기 •

가. 제조업자는 원자재 공급자에 대한 관리감독을 적절히 수행하여 입고관리가 철저히 이루어지도록 하여야 한다.
나. 입고된 원자재는 '적합', '부적합', '시험 중' 등으로 상태를 표시하여야 한다.
다. 내용물 및 원료의 식별번호를 확인한다.
라. 내용물 및 원료의 입고 시 품질관리 여부를 확인한다.

① 가, 나   ② 가, 다
③ 가, 라   ④ 나, 다
⑤ 나, 라

정답
풀이   ④
'나'의 경우 입고된 원자재는 '적합', '부적합', '검사 중' 등으로 상태표시를 하여야 하며, '다'의 경우 내용물 및 원료의 **제조번호**를 확인하여야 한다.

159 다음 〈보기〉 중 화장품 용기 시험방법과 그 내용의 연결이 옳지 않은 것을 모두 고르면?

• 보기 •

가. 내용물 감량시험방법 – 화장품 용기에 충진된 내용물의 건조 감량을 측정하기 위한 시험방법
나. 내용물에 의한 용기마찰 시험방법 – 내용물에 의한 용기의 변형을 측정하는 시험방법
다. 유리병의 내부 압력 시험방법 – 화장품 용기 유리병의 급격한 온도변화에 대한 내구력을 측정하는 방법
라. 낙하시험방법 – 플라스틱 성형품, 조립 캡, 조립용기, 거울, 명판 등의 조립 및 접착에 의해 만들어진 화장품 용기의 낙하시험 방법

① 가, 나   ② 가, 다
③ 가, 라   ④ 나, 다
⑤ 나, 라

정답
풀이   ④
'나'의 내용물에 의한 용기마찰 시험방법은 용기표면의 인쇄문자, 핫스탬핑, 증착 및 코팅 막 등의 내용물에 의한 용기 마찰 시험방법이며, '다'의 유리병의 내부압력 시험방법은 화장품 용기의 유리병 내부 압력 시험방법이다.

160 다음 〈보기〉에서 설명하는 용기는 어떤 종류에 대한 내용인가?

• 보기 •

일상의 취급 또는 보통 보존상태에서 액상 또는 고형의 이물 또는 수분이 침입하지 않고 내용물을 손실, 풍화, 조해 또는 증발로부터 보호할 수 있는 용기를 말한다.

① 밀폐용기
② 기밀용기
③ 밀봉용기
④ 차광용기
⑤ 일반용기

 ②

용기의 종류

밀폐용기	일상의 취급 또는 보통 보존상태에서 외부로부터 고형의 이물이 들어가는 것을 방지하고 고형의 내용물이 손실되지 않도록 보호할 수 있는 용기를 말하며, 밀폐용기로 규정되어 있는 경우에는 기밀용기도 쓸 수 있다.
기밀용기	일상의 취급 또는 보통 보존상태에서 액상 또는 고형의 이물 또는 수분이 침입하지 않고 내용물을 손실, 풍화, 조해 또는 증발로부터 보호할 수 있는 용기를 말하며, 기밀용기로 규정되어 있는 경우에는 밀봉용기도 쓸 수 있다.
밀봉용기	일상의 취급 또는 보통의 보존상태에서 기체 또는 미생물이 침입할 염려가 없는 용기를 말한다.
차광용기	광선투과를 방지하는 용기 또는 투과를 방지하는 포장을 한 용기를 말한다.

161 다음 〈보기〉 중 안전용기 · 포장대상의 예외적인 경우를 모두 고르면?

• 보기 •
가. 일회용 제품
나. 용기 입구 부분이 펌프 또는 방아쇠로 작동되는 분무용기
다. 압축분무용기 제품
라. 에어로졸 제품 등

① 가
② 가, 나
③ 가, 나, 다
④ 가, 나, 다, 라
⑤ 정답 없음

 ④

안전용기 · 포장은 성인이 개봉하기는 어렵지 않으나 만 5세 미만의 어린이가 개봉하기는 어렵게 된 것이어야 하며, 이 경우 개봉하기 어려운 정도의 구체적인 기준 및 시험방법은 산업통상자원부장관이 정하여 고시하는 바에 따른다. 다만, 일회용 제품, 용기 입구 부분이 펌프 또는 방아쇠로 작동되는 분무용기 제품, 압축분무 용기제품(에어로졸 제품 등)은 안전용기 · 포장대상에서 제외한다.

162 다음 〈보기〉 중 부적합품인 원료, 자재, 벌크제품 및 완제품에 대한 폐기관련 사항에 대한 설명으로 틀린 것을 모두 고르면?

• 보기 •

가. 품질에 문제가 있거나 회수·반품된 제품의 폐기 또는 재작업 여부는 품질보증책임자에게 신고하여야 한다.

나. 재작업은 그 대상이 변질·변패 또는 병원미생물에 오염된 경우이다.

다. 오염된 포장재나 표시사항이 변경된 포장재는 수정 후 재사용한다.

라. 제조일로부터 1년이 경과하거나 사용기한이 6개월 이상 남아 있는 경우 재작업 대상이다.

① 가

② 가, 나

③ 가, 나, 다

④ 가, 나, 다, 라

⑤ 정답 없음

정답풀이 ④

- '가'의 경우 품질에 문제가 있거나 회수·반품된 제품의 폐기 또는 재작업 여부는 품질보증책임자에 의해 **승인**되어야 한다.
- '나'와 '라'의 경우 재작업은 그 대상이 변질·변패 또는 병원미생물에 오염되지 아니하고, 제조일로부터 1년이 경과하지 않았거나 사용기한이 1년 이상 남아 있는 경우의 경우 **모두를 만족한 경우에 할 수 있다.**
- '다'의 경우 오염된 포장재나 표시사항이 변경된 포장재는 **폐기한다.**

163 다음 〈보기〉 중 유형별 추가시험항목에 속하는 것을 고르면?

• 보기 •

가. 화장비누에서의 유리알칼리

나. 비의도적 유래물질의 검출허용한도

다. 미생물 한도

라. 내용량 시험

① 가

② 가, 나

③ 가, 나, 다

④ 가, 나, 다, 라

⑤ 정답 없음

정답풀이 ①

화장품 유형별 시험항목

공통시험항목	• 비의도적 유래물질 검출허용한도 : 납, 비소, 수은, 안티몬, 카드뮴, 디옥산, 메탄올, 포름알데하이드 • 미생물한도 • 내용량
유형별 추가시험항목	• 수분포함제품의 pH시험 • 기능성화장품 : 심사받거나 보고한 기준 및 시험방법에 있는 시험항목(주성분 함량) • 퍼머넌트 웨이브용 및 헤어스트레트너 : 화장품 안전기준 등에 관한 규정에서 정한 시험항목 • 화장비누 : 유리알칼리

제조사 설정 자가시험항목	• 포장상태
	• 표시사항

164 다음 〈보기〉의 유통화장품 안전관리상 성분별 시험방법 중 유도결합 플라즈마 분광기를 이용하는 방법(ICP)으로 시험이 가능한 성분을 모두 고르면?

> • 보기 •
>
> 가. 납   나. 니켈
> 다. 수은   라. 비소
> 마. 안티몬

① 가, 나, 다   ② 가, 나, 라
③ 가, 나, 마   ④ 가, 나, 다, 라
⑤ 가, 나, 라, 마

정답풀이 ⑤

수은은 수은 분해 장치를 이용한 방법이나 수은분석기를 이용한 방법을 시험한다.

165 다음 중 퍼머넌트 웨이브용 및 헤어스트레이트너 제품 중 치오글라이콜릭애씨드 또는 그 염류가 중성분인 제품의 제1제 시험항목으로 틀린 것은?

① pH   ② 알칼리
③ 시스테인   ④ 중금속
⑤ 비소

정답풀이 ③

퍼머넌트 웨이브용 및 헤어스트레이트너 제품 중 치오글라이콜릭애씨드 또는 그 염류가 중성분인 제품의 제1제 시험항목

> • pH
> • 알칼리
> • 산성에서 끓인 후의 환원성 물질(치오글라이콜릭애씨드)
> • 산성에서 끓인 후의 환원성 물질 이외의 환원성 물질(아황산염, 황화물 등)
> • 중금속(시험기준 : 20μg/g 이하)
> • 비소(시험기준 : 5μg/g 이하)
> • 철(시험기준 : 2μg/g 이하)

166 퍼머넌트 웨이브용 및 헤어스트레이트너 제품 중 시스테인류가 주성분인 제품의 제1제 시험항목으로 옳지 않은 것은?

① pH

② 산성

③ 시스테인

④ 환원 후의 환원성물질(시스틴)

⑤ 중금속(시험기준 : 20㎍/g 이하)

정답
풀이 ②

퍼머넌트 웨이브용 및 헤어스트레이트너 제품 중 시스테인류가 주성분인 제품의 제1제 시험항목

- pH
- 알칼리
- 시스테인
- 환원후의 환원성물질(시스틴)
- 중금속(시험기준 : 20㎍/g 이하)
- 비소(시험기준 : 5㎍/g 이하)
- 철(시험기준 : 2㎍/g 이하)

167 퍼머넌트 웨이브용 및 헤어스트레이트너 제품의 제2제 시험항목으로 틀린 것은?

① 용해상태

② pH

③ 알칼리

④ 중금속

⑤ 산화력

정답
풀이 ③

퍼머넌트 웨이브용 및 헤어스트레이트너 제품의 제2제 시험항목

- 용해상태
- pH
- 중금속(시험기준 : 20㎍/g 이하)
- 산화력

168 화장품안전기준 등에 관한 규정상 화장비누의 유리알칼리 성분한도로 옳은 것은?

① 유리알칼리 0.1% 이하　　　　　　② 유리알칼리 0.3% 이하

③ 유리알칼리 0.5% 이하　　　　　　④ 유리알칼리 1.0% 이하

⑤ 유리알칼리 3.0% 이하

정답
풀이 ①

화장품안전기준 등에 관한 규정에서 정하고 있는 유통화장품 안전관리기준에 의하면 화장비누의 경우 유리알칼리 성분이
0.1% 이하이어야 한다.

4편

맞춤형화장품의 이해

제4편 맞춤형화장품의 이해

핵심요약

✱ 맞춤형화장품의 정의 및 판매업

맞춤형화장품의 정의	(1) 제조 또는 수입된 화장품의 내용물에 다른 화장품의 내용물이나 식품의약품안전처장이 정하는 원료를 추가하여 혼합한 화장품 (2) 제조 또는 수입된 화장품의 내용물을 소분(小分)한 화장품
맞춤형화장품 판매업	(1) 제조 또는 수입된 화장품의 내용물에 다른 화장품의 내용물이나 식품의약품안전처장이 정하여 고시하는 원료를 추가하여 혼합한 화장품을 판매하는 영업 (2) 제조 또는 수입된 화장품의 내용물을 소분한 화장품을 판매하는 영업

✱ 맞춤형화장품의 안전성

(1) 화장품 안전성관리는 화장품의 취급·사용 시 인지되는 안전성 관련 정보를 체계적이고 효율적으로 수집, 검토, 평가하여 적절한 안전대책을 강구함으로써 국민보건상의 위해를 방지하는데 그 의의를 둔다.

(2) 화장품 제조판매업자는 다음 각 호의 화장품 안전성 정보를 알게 된 때에는 그 정보를 알게 된 날로부터 15일 이내에 식품의약품안전처장에게 신속히 보고하여야 한다.

　① 중대한 유해사례 또는 이와 관련하여 식품의약품안전처장이 보고를 지시한 경우

　② 판매중지나 회수에 준하는 외국정부의 조치 또는 이와 관련하여 식품의약품안전처장이 보고를 지시한 경우

(3) 안전성 정보의 신속보고는 식품의약품안전처 홈페이지를 통해 보고하거나 우편, 팩스, 정보통신망 등의 방법으로 할 수 있다.

(4) 화장품 제조판매업자는 신속보고 되지 아니한 화장품의 안전성 정보를 작성한 후 매 반기종료 후 1개월 이내에 식품의약품안전처장에게 보고하여야 한다.

✻ 맞춤형화장품의 유효성

(1) **피부의 주름 개선에 도움을 주는 제품의 유효성 또는 기능을 입증하는 자료** : 콜라겐의 생성 · 분해정도를 실험하여 피부주름 개선물질의 효력을 뒷받침할 수 있다.

세포내 콜라겐 생성시험	이 시험방법은 섬유아세포 배양 시 시료의 세포내 콜라겐 생성증가 정도를 공시험액과 비교하는 방법이다.
세포내 콜라게나제 활성억제시험	이 시험방법은 섬유아세포 배양 시 시료가 세포내 콜라게나제 생성억제 정도를 공시료액과 비교하는 방법이다.
엘라스타제 활성억제시험	이 시험방법은 시험물질과 대조물질의 섬유아세포 엘라스타제 활성 억제정도를 비교하는 시험방법이다.

(2) **미백에 도움을 주는 제품의 유효성 또는 기능을 입증하는 자료** : 멜라닌의 생성기전에 있어 주요한 역할을 하는 타이로시나제의 활성저해 및 DOPA 산화 활성저해 또는 세포의 멜라닌 생성 저해정도를 시험함으로써 미백성분의 효과발현에 대한 작용기전을 설명할 수 있는 방법이다.

In vitro tyrosinase 활성저해 시험	이 시험방법은 시험관 내에서 시험시료, 정제된 타이로시나제 및 기질인 타이로신을 반응시켜 타이로시나제 활성 저해에 대한 시험시료의 효과를 평가하는 방법이다.
In vitro DOPA 산화반응제 저해시험	이 시험방법은 멜라닌 합성과정의 속도결정단계에 관여하는 타이로시나제의 DOPA산화반응에 대한 활성 저해를 측정하여 미백성분의 효과를 평가하는 방법이다.
멜라닌 생성 저해시험	이 시험방법은 미백성분에 대한 세포의 멜라닌 생성 저해효과를 평가하는 방법으로, 세포를 배양하여 세포 내 멜라닌의 양 또는 세포 내의 총 멜라닌 양을 정량화하여 공시료액과 비교한다.

✻ 맞춤형화장품의 안정성

(1) 화장품의 안정성 시험은 적절한 보관, 운반, 사용조건에서 화장품의 물리적, 화학적, 미생물학적 안정성 및 내용물과 용기 사이의 적합성을 보증할 수 있는 조건에서 시험을 실시하며, 시험기준 및 방법은 승인된 규격이 있는 경우 그 규격을, 그 이외에는 각 제조업체의 경험에 근거하여 제제별로 시험방법과 관련기준을 추가로 선정하고 한 가지 이상의 온도조건에서 안정성시험을 수행한다.

(2) 안정성시험의 종류

장기보존시험	화장품의 저장조건에서 사용기한을 설정하기 위하여 장기간에 걸쳐 물리 · 화학적, 미생물학적 안정성 및 용기 적합성을 확인하는 시험이다.

가속시험	장기보존시험의 저장조건을 벗어난 단기간의 가속조건이 물리 · 화학적, 미생물학적 안정성 및 용기 적합성에 미치는 영향을 평가하기 위한 시험이다.
가혹시험	가혹조건에서 화장품의 분해과정 및 분해산물 등을 확인하기 위한 시험으로, 일반적으로 개별화장품의 취약성, 예상되는 운반, 보관, 진열 및 사용과정에서 뜻하지 않게 일어나는 가능성 있는 가혹한 조건에서 품질변화를 검토하기 위해 하는 시험이다.
개봉 후 안정성시험	화장품 사용 시에 일어날 수 있는 오염 등을 고려한 사용기한을 설정하기 위하여 장기간에 걸쳐 물리 · 화학적, 미생물학적 안정성 및 용기 적합성 등을 확인하는 시험이다.

✳ 피부의 구성요소

진피	진피는 아교섬유와 탄력섬유로 구성되어 있어 질기면서도 탄력성이 있으며 혈관 · 림프관 · 신경 등이 풍부하고 표피에서 시작되는 피부의 털과 땀샘도 진피 속에 묻혀 있다. 따라서 표피세포의 생장에 필요한 영양물질은 진피로부터 확산된다.
혈관	피부의 동맥은 얇은 근육을 뚫고 올라온 동맥이 피부의 가장 아래층인 진피와 피부밑 조직 사이에서 얽히를 이루면서 시작된다. 여기서 두 종류의 가는 혈관이 갈라지는데 하나는 아래로 내려가 털망울이나 땀샘에 분포하는 혈관을 이루고, 나머지 하나는 위로 올라가 진피의 유두층에 분포하는 혈관을 형성한다.
림프관	림프관은 대개 근육성이 아니기 때문에 순환이 활발하지 못하고 골격근의 작용과 압력 · 마사지 · 열 등의 외부적인 힘에 크게 좌우된다. 따라서 외부에서 가해지는 어떠한 압력이라도 림프 순환을 방해할 수 있다. 인체의 면역 메커니즘에 있어서 피부가 중요한 역할을 하기 때문에 혈관 순환 못지않게 림프 순환도 중요하다.
피부의 표면	피부의 겉은 매끈해 보여도 자세히 관찰하면 능선처럼 올라온 부분도 있고 고랑처럼 팬 곳도 있는데 개인에 따라 독특한 모양을 이룬다.

✳ 피부의 구조

표피	(1) 각질층 ① 죽은 세포와 지질로 구성되며, 두께는 약 10~15μm 정도임 ② 지질은 세라마이드 40%, 콜레스테롤 25%, 유리지방산 25%, 콜레스테롤 설페이트 10% 등으로 구성됨 ③ 천연보습인자(NMF)가 존재함

표피	④ 수분이 10~15%가 보통인데 10% 이하로 수분량이 떨어지면 건조함과 가려움을 느끼게 됨 (2) 투명층 　① 손바닥, 발바닥과 같은 특정부위에만 존재하며, 수분을 흡수하고 죽은 세포로 구성됨 　② 엘라이딘 때문에 투명하게 보임 (3) 과립층 : 각화가 시작되는 층으로 두께는 약 20~60μm 정도임 (4) 유극층 　① 표피의 대부분을 차지하며 수분을 많이 함유하고 표피에 영양을 공급함 　② 항원전달세포인 랑거한스세포가 존재하며 두께는 약 20~60μm 정도임 (5) 기저층 　① 진피의 유두층으로부터 영양을 공급받으며, 세포분열을 통해 표피세포를 생성함 　② 멜라닌형성세포(멜라노사이트)와 각질형성세포(케라티노사이트)가 존재함 　③ 메르켈세포인 촉각상피세포가 존재하여 감각을 인지함
진피	(1) 유두층 　① 모세혈관이 분포하여 표피에 영양을 공급함 　② 기저층의 세포분열을 도움 　③ 가는 결합섬유와 탄성섬유로 이루어져 있고 수분이 많음 (2) 망상층 　① 엉성한 결합섬유와 탄성섬유로 이루어져 있고 피지선이나 한선과 혈관이 있음 　② 교원섬유와 탄력섬유가 존재함 　③ 손, 발바닥, 입술, 눈두덩이에는 피지선이 없음 　④ 수분을 끌어당기는 초질(하이알루로닉애씨드)이 존재함 　⑤ 모낭, 모구, 신경이 존재하며 소한선과 대한선이 존재함 　⑥ 교원섬유, 탄력섬유를 생산하는 섬유아세포가 존재함
피하조직	(1) 결합섬유와 탄성섬유가 만드는 망 사이를 지방세포가 채우고 있음 (2) 열격리, 충격흡수, 영양저장소의 기능을 하며, 지방세포가 존재함

✻ 피부의 기능

보호기능	(1) 몸의 표면을 덮어 내부를 보호하고 있다. 피부 속에 있는 멜라닌 색소는 태양 광선 속의 자외선을 흡수하여 태양 광선으로부터 내부를 보호하고 있다. (2) 또 피지선에서 분비되는 피지는 표피의 물을 스며들지 못하게 하며, 피부가 건조되는 것을 막아 피부를 탄력 있게 해 준다. (3) 물리적 자극, 화학적 자극, 미생물, 자외선으로부터의 보호기능이 있다.
체온조절기능	(1) 기온이 낮을 때에는 입모근이 오므라들고 소름이 솟아 표면적을 줄이고, 피부의 두께를 늘려 열이 밖으로 나가는 것을 적게 한다.

4편 맞춤형화장품의 이해

체온조절기능	(2) 기온이 높을 때에는 피부의 혈관이 퍼지고, 땀샘에서는 땀을 내어 열이 밖으로 나가는 것을 왕성하게 하여 체온을 조절한다. (3) 모세혈관의 확장과 수축작용을 통해 체온조절기능을 수행한다.
비타민D 합성 기능	자외선에 노출 시 피부 내에서 비타민D를 합성한다.
호흡기능	(1) 폐호흡량의 약 1%에 해당하는 호흡작용을 한다. (2) 산소를 흡수하고 체내에서 발생한 탄산가스를 배출한다. (3) 피부를 통하여 산소를 섭취하고, 이산화탄소를 배출하는 작용도 한다.
흡수기능	(1) 이물질의 침투를 막고 선택적으로 투과한다. (2) 경피흡수 : 모낭, 피지선, 한선을 통해 유효성분이 진피층까지 침투한다. (3) 강제흡수 : 피부의 수분량과 온도가 높을 때, 혈액순환이 빠를 때, 유효성분의 입자가 작고 지용성일 때 흡수율이 높다.
분비작용	(1) 피부는 땀이나 피지를 분비하여 배설기의 역할도 한다. (2) 한선을 통해 땀을 분비하고, 피지선을 통해 피지를 분비한다.
감각작용	(1) 진피에 분포하고 있는 신경의 끝에는 냉온과 압박 · 통증 등을 느끼는 장치가 있다. 이 장치가 있는 곳에서 온도 · 아픔 · 촉각 등을 느낀다. (2) 통각은 진피 유두층에 위치하는 바 피부에 가장 많이 분포한다. (3) 촉각은 진피 유두층에 위치하는 바, 손가락, 입술, 혀 끝 등이 예민하고 발바닥이 가장 둔하다. (4) 온각, 냉각, 압각 등은 진피의 망상층에 위치한다.
저장기능	수분, 에너지와 영양분, 혈액의 저장고 역할을 한다.

✳ 피부부속기관

천연보습인자	(1) 천연보습인자는 피부에 존재하는 보습성분으로 각질층의 수분량을 일정하게 유지되도록 돕는 역할을 한다. (2) 천연보습인자는 유리아미노산(40%), 피롤리돈카복실릭애씨드(12%), 젖산염(12%) 및 당류, 유기산 기타물질 요소, 염산염, 나트륨, 칼륨, 칼슘, 요산, 클루코사민, 암모니아, 마그네슘, 인산염, 구연산, 포름산 등으로 이루어진다.

한선	(1) 대한선(아포크린선)
	  ① 소한선보다 크고 피하지방 가까이 위치하며 모공과 연결되어 있다.
	  ② pH 5.5~6.5로 단백질 함유가 많고 특유의 체취를 발생(암내, 액취증)한다.
	  ③ 사춘기 이후에 주로 발달하며 젊은 여성이 많이 발생한다.
	  ④ 성, 인종을 결정짓는 물질을 함유한다.
	  ⑤ 정신적 스트레스에 반응한다.

한선	⑥ 겨드랑이, 유두 주위, 배꼽 주위, 성기 주위, 귀 주위 등 특정 부위에 존재한다.
	⑦ 수분이 99%이며, 1%는 NaCL, K, Ca, 젖산, 암모니아, 요산, 크레아티닌 등이다.
	(2) 소한선(에크린선)
	① 실뭉치 모양으로 진피 깊숙이 위치하며, 피부에 직접 연결되어 있다.
	② pH 3.8~5.6의 약산성인 무색, 무취이며 체온을 조절한다.
	③ 온열성 발한, 정신성 발한, 미각성 발한이 발생한다.
	④ 입술, 음부, 손톱을 제외한 전신에 분포하며 손바닥, 발바닥, 이마, 뺨, 몸통, 팔, 다리의 순서로 분포되어 있다.
	⑤ 지질(중성지방, 지방산, 콜레스테롤), 수분, 단백질, 당질, 암모니아, 철분, 형광물질 등으로 구성된다.
피지선	(1) 큰 피지선 : 얼굴의 T-zone 부위, 목, 등, 가슴 부위에 분포한다.
	(2) 작은 피지선 : 손바닥과 발바닥을 제외한 전신에 분포한다.
	(3) 독립 피지선 : 털과 연결되어 있지 않은 피지선으로 입술, 성기, 유두, 귀두 등에 분포한다.
	(4) 피지선이 없는 곳 : 손바닥과 발바닥

✻ 모발의 구조

모간부	(1) 모표피 (Cuticle)
	① 모발의 가장 바깥층을 둘러싸고 있는 비늘 모양의 얇은 층으로, 모피질을 보호한다.
	② 멜라닌을 함유하지 않고, 무색투명한 케라틴으로 되어 있다. 물리적 자극에 쉽게 손상되며, 한 번 손상되면 스스로 재생되지 못하는 특징을 지니고 있다.
	(2) 모피질 (Cortex) : 모발의 85~90%를 차지하는 두꺼운 부분으로, 모발의 색을 결정하는 과립상의 멜라닌을 함유한다.
	(3) 모수질 (Medulla) : 모발의 중심 부위에 있는 공간으로 이루어진 벌집 모양의 다각형 세포로서, 멜라닌 색소를 함유하고 있다.
모근부	(1) 모낭(모포, Hair Follicle)
	(2) 모구(Hair Bulb) : 모낭의 밑부분으로 둥글게 부풀어 있는 곳. 내부는 모모세포와 멜라닌 세포로 구성되어 있으며, 하단에는 모유두가 위치해 있다.
	(3) 모유두(Hair Papilla Dermal Papilla) : 모세혈관과 자율신경이 연결되어 모구에 산소와 영양을 공급하고 모발의 발생과 성장을 돕는다.
	(4) 모기질(모모, Hair Matrix) : 모발형성의 주세포로 모유두를 덮고 있으며, 모유두에서 영양을 받아 세포분열 및 증식한다.
	(5) 모모세포(기저세포, Hair Matrix Cell) : 모유두에 접한 부분으로 실질적으로 모발이 만들어진다.
	(6) 색소 형성 세포(Melanocyte) : 모모세포에 위치하고 있으며, 모발의 색을 결정하는 멜라닌 색소를 생성한다.

4과목 맞춤형화장품의 이해

✻ 모발의 성장주기

생장기 (성장기)	(1) 모발이 계속 자라는 시기로 모낭의 기저부위 즉, 모구에서는 세포 분열이 활발하다. (2) 약 85~90% 정도가 생장기 모발이다.
퇴행기	(1) 모낭의 생장활동이 정지되고 급속도로 위축되는 시기이며 이때의 털의 모양은 곤봉과 유사하게 된다. (2) 퇴행기 모발은 숫자가 적어 발견하기가 힘드나 보통 기간은 2~3주로 본다.
휴지기	(1) 전체 모량의 10~15% 정도가 휴지기이며 약 3~4개월로 본다. (2) 이 시기의 모낭은 활동을 완전히 멈추고 머지않아 다가올 탈모를 기다리게 된다.

✻ 피부타입(기본적 분류)

건성피부	(1) 피지와 땀의 분지가 적어서 피부표면이 건조하고 윤기가 없으며 피부노화에 따라 피지와 땀의 분비량이 감소하여 더 건조해지는 피부이며, 잔주름이 생기기 쉬운 피부로 피부의 수분량이 부족하다. (2) 피부결은 섬세하고 피부조직이 얇으며, 건조 시 갈라지거나 트는 상태를 보인다. (3) 모공이 작아서 거의 보이지 않고 피부에 윤기가 없어 메말라 보이며, 세안 후 당김을 느낀다. (4) 피부의 탄력이 없고 잔주름이 많으며, 피부저항력이 약하다. (5) 메이크업이 잘 지워지지 않고 오래 지속되기는 하지만 화장이 잘 받지 않고 들뜨기 쉬운 타입이다.
지성피부	(1) 피지의 분비량이 많아 얼굴이 번들거리고 모공이 넓으며 피지 분비량이 많은 T-zone(이마, 코 주위)에 검은 여드름이 생기며, 일반적으로 천연피지막이 잘 형성되어 피부가 촉촉하다. (2) 피부 결이 거칠고 울퉁불퉁하며 피부 두께가 두껍고 투명감이 없으며, 모공이 불규칙하고 피부조직이 두껍다. (3) 피부가 칙칙하며 여드름 같은 피부트러블이 많이 발견된다. (4) 계절적 영향과 사춘기 청소년에게 많이 볼 수 있고 저항력이 강하여 노화의 진행은 느린 편이다.
중성피부	(1) 피지와 땀의 분비활동이 정상적인 피부로 피부생리기능이 정상적이며 피부가 깨끗하고 표면이 매끄럽다. (2) 피부에 탄력이 있어 혈색이 있고 모공도 눈에 띄지 않는다.
복합성 피부	(1) 지성과 건성이 함께 존재하는 피부타입으로 피지 분비량이 많은 T-zone과 피지 분비량이 적은 U-zone이 존재한다. (2) T-zone은 번들거리고 여드름이 있으며, U-zone은 수분이 부족하여 건조하다.

☀ 피부의 기타 분류

정상피부	(1) 피부 결은 섬세하고 부드러우며 표면이 매끄럽고 촉촉하다. (2) 볼 주위로 핑크빛 혈색을 보이고, 유·수분이 적절한 상태로 세안 후 당기거나 각질이 일어나지 않으며, 번들거리고 끈적임 등의 문제가 없어서 피부탄력이 좋고, 잔주름도 없다.
민감성 피부	(1) 피부조직이 얇고 모공이 거의 보이지 않으며 외부자극에 쉽게 거칠어진다. (2) 피부저항력이 약해 붉고 예민하며, 홍반, 수포, 붉은 염증성 현상, 알레르기 등이 나타난다.
모세혈관 확장피부	(1) 피부 결은 얇고 아주 섬세한 편이고 피부두께도 얇으며, 모공이 거의 보이지 않으나, 부분적으로 모공이 큰 경우도 있다. (2) 탄력성과 긴장감이 저하되고, 양 볼이나 코 주위에 실핏줄이 보인다. (3) 외부의 온도에 민감하여 더울 때는 잘 붉어지고, 피부에 열감이 올랐다 내렸다를 반복하여 겨울철에 울혈현상이 나타나기도 한다.
여드름 피부	(1) 피부 결은 대체로 거칠고 염증과 흉터로 인하여 울퉁불퉁한 편이다. (2) 피지분비가 많고 피부가 지저분한 편이며, 표시상태가 건조하여 각질이 일어나는 부위도 있고 여드름으로 인한 자국과 흉터가 많다.
노화피부	(1) 피부의 수분과 유분의 부족으로 피부조직의 탄력성이 저하되어 윤기가 전혀 없으며 얼굴전체에 잔주름과 굵은 주름이 분포한다. (2) 피부표면이 건조하고 까칠해보이며, 과색소침착이나 저색소침착이 나타나기도 한다.
아토피 피부	(1) 항상 트러블이 있는 상태는 아니며 작은 자극에도 민감한 반응을 보인다. (2) 홍반과 함께 가려움을 느끼고, 발열, 비염, 천식, 건선, 수포, 진물이 나타나며 피부건조증과 가려움증이 주된 증상이다.

☀ 피부분석기준과 피부유형 관계

기준	피부유형(구분)
피지분비상태에 따라	정상피부, 건성피부, 지성피부, 지루성 피부, 여드름 피부
피부조직에 따라	정상피부, 얇은 피부, 두꺼운 피부
수분량에 따라	표피수분부족 건성피부, 진피수분부족 건성피부
색소침착에 따라	과색소 침착피부, 저색소 침착피부
혈액순환에 따라	모세혈관 확장증, 홍반, 주사
두피상태에 따라	지성, 건성, 중성, 비듬, 지루성, 예민, 두부백선, 두부건선, 탈모
모발상태에 따라	연주모, 결정성열모증, 함입성열모증, 황결핍성, 모발이양증, 염전모, 백륜모

✳ 피부유형 분석방법

문진법	(1) 고객에게 질문하여 피부유형을 판독한다. (2) 사용화장품, 생활습관, 식생활, 질병, 사용약제 등을 확인하여 고객의 현재 피부상태와의 관련성을 파악한다.
견진법	모공, 예민도, 혈액순환 등을 육안 또는 피부분석기를 이용하여 판독한다. 즉 견진을 통하여 피부상태, 모공상태, 투명도, 유분과 수분의 함유정도, 피부질환의 유무 등을 파악한다.
촉진법	(1) 직접 피부를 만지거나 스패튤러로 피부에 자극을 주어 판독한다. (2) 피부의 탄력성, 예민도, 피부결, 각질상태 등을 알 수 있다.
기기판독법	(1) 우드램프 : 자외선을 이용한 피부분석기 (2) 확대경 (3) 피부분석기 (4) 유 · 수분 pH측정기

✳ 피부측정항목과 측정방법

피부수분 측정	전기전도도를 통해 피부의 수분량을 측정한다.
비부탄력도 측정	피부에 음압을 가했다가 원래 상태로 회복되는 정도를 측정한다.
피부유분 측정	카트리지 필름을 피부에 일정시간 밀착시킨 후, 카트리지 필름의 투명도를 통해 피부의 유분량을 측정한다.
피부표면 측정	잔주름, 굵은주름, 거칠기, 각질, 모공크기, 다크서클, 색소침착 등을 현미경과 비젼프로그램을 통해 관찰하여 측정한다.
피부색 측정	피부의 색상을 측정하여 L*(밝기), a*(빨강─녹색), b*(노랑─청색)로 나타낸다.
멜라닌 측정	피부의 멜라닌량을 측정하여 수치로 나타낸다.
홍반 측정	피부의 붉은 기(헤모글로빈)를 측정하여 수치로 나타낸다.
피부 pH측정	피부의 산성도를 측정하여 pH로 나타낸다.
피부건조 측정	피부로부터 증발하는 수분량인 경파수분손실량을 측정하며, 피부장벽기능을 평가하는 수치로 이용될 수 있다.
두피상태 측정	두피의 비듬, 피지를 현미경과 비젼프로그램을 통해 확인한다.
모발상태 측정	모발의 강도, 모발의 굵기, 모발의 탄력도, 모발의 손상정도, 모발의 수분함량 등을 측정한다.

✳ 관능시험

자가평가	(1) 소비자에 의한 사용시험 : 사용시험은 소비자들이 관찰하거나 느낄 수 있는 변수들에 기초하여 제품효능과 화장품 특성에 대한 소비자의 인식을 평가하는 것이다. 이 시험은 충분한 수의 사람들을 대상으로 실시되어야 한다.
	(2) 의사의 감독 하에서 실시하는 시험 : 이 시험은 의사의 관리 하에서 화장품의 효능에 대하여 실시한다. 변수들은 임상 관찰 결과 또는 평점에 의해 평가된다. 초기값이나 미처리 대조군, 위약 또는 표준품과 비교하여 정량화될 수 있다.
	(3) 그 외 전문가의 관리 하에서 실시되는 시험 : 이 시험은 적절한 자격을 갖춘 관련 전문가에 의해 수행될 수 있다. 이들은 이미 확립된 기준과 비교하여 촉각, 시각 등에 의한 감각에 의해 제품의 효능을 평가한다.
기기를 이용한 시험	이 시험은 기기 사용에 대해 교육을 받은 숙련된 기술자가 시행한다. 측정은 통제된 실험실 환경에서 피험자를 대상으로 실시한다.

✳ 생체 외 시험(Ex Vivo/ In Vitro)

Ex Vivo(생체 외)	생체 고유의 특성에 대한 변형은 없이 생물에서 채취된 시료를 가지고 실험실에서 평가하는 시험이다. 또한 피부 상재균 및 피부 테이프 스트립 검사도 이에 포함된다. 이 시험은 일반적으로 특정 성분, 표준품 등의 유무에 관계없이 정량화될 수 있고 비교가 가능하다.
In Vitro (유리 기구 내에서)	실험실의 배양접시 등 인위적인 환경에서 시험물질과 대조물질을 처리한 다음 그 결과를 측정하는 시험이다. 이 시험은 일반적으로 이런 방식으로 가장 잘 입증될 수 있는 성분이나 완제품에 의해 나타날 수 있는 효능을 강조하기 위해 실시된다. 이 시험은 비교가 가능하며, 그 결과는 정량화할 수 있다. 이는 제품 개발 중의 스크리닝 방법 또는 성분의 작용기전을 설명하는데 사용될 수 있다.

✳ 관능검사에 사용되는 표준품의 종류

(1) **제품 표준견본** : 완성제품의 개별표장에 관한 표준
(2) **제품색조 표준견본** : 제품내용물 색조에 관한 표준
(3) **제품내용물 표준견본** : 외관, 성상, 냄새, 사용감에 관한 표준
(4) **벌크제품 표준견본** : 성상, 냄새, 사용감에 관한 표준
(5) **레벨 부착 위치견본** : 완성제품의 레벨 부착위치에 관한 표준
(6) **충진위치 견본** : 내용물을 제품용기에 충진할 때의 액면위치에 관한 표준

(7) **색소원료 표준견본** : 색소의 색조에 관한 표준

(8) **원료 표준견본** : 원료의 색상, 성상, 냄새 등에 관한 표준

(9) **향료 표준견본** : 향취, 색상, 성상 등에 관한 표준

(10) **용기 · 포장재 표준견본** : 용기 · 포장재의 검사에 관한 표준

(11) **용기 · 포장재 한도견본** : 용기 · 포장재 외관검사에 사용하는 합격품 안도를 나타내는 표준

✳ 관능평가 절차

(1) **유화제품 평가** : 유화제품은 표준견본과 대조하여 내용물 표면의 매끄러움과 내용물의 흐름성, 내용물의 색이 유백색인지를 육안으로 확인한다.

(2) **색조제품 평가** : 색조제품에 각각 소량씩 묻힌 후 슬라이드 글라스로 눌러서 대조되는 색상을 육안으로 확인하거나, 손등 혹은 실제 사용부위에 발라서 색상을 확인할 수 있다.

(3) **향취 평가** : 비이커에 일정량의 내용물을 담고 코를 비이커에 가까이 대고 향취를 맡거나 피부(손등)에 내용물을 바르고 향취를 맡는다.

(4) **사용감 평가** : 사용감이란 제품을 사용할 때 매끄러움, 가벼움, 무거움, 밀착감, 청량감 등을 말하는 것으로, 내용물을 손등에 물질러서 느껴지는 사용감을 촉각을 통해 확인한다.

✳ 관능평가항목 및 시험방법

(1) **탁도(침전)** : 탁도 측정용 10ml바이알에 액상제품을 담은 후 Turbidity Meter를 이용하여 현탁도를 측정한다.

(2) **변취** : 적당량을 손등에 펴서 바른 후에 냄새를 맡으며, 원료의 베이스 냄새를 중점으로 하고 표준품과 비교하여 변취 여부를 확인한다.

(3) **분리(성상)** : 육안과 현미경을 사용하여 유화상태를 관찰한다.

(4) **점도변화** : 시료를 실온이 되도록 방치한 후 점도측정 용기에 시료를 넣고 점도범위에 적합한 Spindle을 사용하여 점도를 측정한다. 점도가 높을 경우 경도를 측정해본다.

(5) **증발 · 표면굳음** : 건조감량법은 시험품 표면을 일정량 취하여 장원기 일반시험법에 따라 시험하며, 무게측정 방법은 시료를 실온으로 식힌 후 시료 보관 전후의 무게 차이를 측정하여 확인하는 방법이다.

✳ 제품별 품질요소 확인항목

기초제품	(1) 스킨 : 탁도, 변취
	(2) 로션, 에센스 : 변취, 분리(성상), 점(경)도 변화
	(3) 크림 : 변취, 분리(성상), 증발. 표면굳음, 점(경)도 변화

메이크업 제품	(1) 메이크업 베이스, 파운데이션 : 변취, 증발·표면굳음, 점(경)도 변화
	(2) 립스틱 : 변취, 분리(성상), 점(경)도 변화

✳ 화장품 관련 부작용

(1) **홍반** : 피부에 생기는 붉은 반점을 말한다.
(2) **부종** : 피부가 부어오르는 부작용을 말한다.
(3) **인설생성** : 건선과 같은 심한 피부건조에 의해 각질이 은백색의 비늘처럼 피부표면에 발생하는 것을 말한다.
(4) **가려움** : 소양감
(5) **자통** : 찌르는 듯한 느낌을 말한다.
(6) **작열감** : 타는 듯한 느낌 또는 화끈거림을 말한다.
(7) **뻣뻣함** : 굳는 듯한 느낌을 말한다.
(8) **따끔거림** : 쏘는 듯한 느낌을 말한다.
(9) **접촉성 피부염** : 피부자극에 의한 일시적인 피부염을 말한다.
(10) 기타 발진, 여드름 및 두드러기, 색소침착 등이 있다.

✳ 화장품의 기재사항

1·2차 포장	(1) 화장품의 명칭
	(2) 영업자의 상호 및 주소
	(3) 해당 화장품 제조에 사용된 모든 성분(인체에 무해한 소량 함유 성분 등 총리령으로 정하는 성분은 제외한다.)
	(4) 내용물의 용량 또는 중량
	(5) 제조번호
	(6) 사용기한 또는 개봉 후 사용기간
	(7) 가격
	(8) 기능성화장품의 경우 "기능성화장품"이라는 글자 또는 기능성화장품을 나타내는 도안으로서 식품의약품안전처장이 정하는 도안
	(9) 사용할 때의 주의사항
1차 포장에 반드시 기재할 사항	(1) 화장품의 명칭
	(2) 영업자의 상호
	(3) 제조번호
	(4) 사용기한 또는 개봉 후 사용기간

❋ 기재·표시를 생략할 수 있는 성분

(1) 제조과정 중에 제거되어 최종 제품에는 남아 있지 않은 성분
(2) 안정화제, 보존제 등 원료 자체에 들어 있는 부수 성분으로서 그 효과가 나타나게 하는 양보다 적은 양이 들어 있는 성분
(3) 내용량이 10밀리리터 초과 50밀리리터 이하 또는 중량이 10그램 초과 50그램 이하 화장품의 포장인 경우에는 다음 각 목의 성분을 제외한 성분
　① 타르색소
　② 금박
　③ 샴푸와 린스에 들어 있는 인산염의 종류
　④ 과일산(AHA)
　⑤ 기능성화장품의 경우 그 효능 · 효과가 나타나게 하는 원료
　⑥ 식품의약품안전처장이 배합 한도를 고시한 화장품의 원료

❋ 화장품의 포장에 기재·표시하여야 할 사항

(1) 식품의약품안전처장이 정하는 바코드
(2) 기능성화장품의 경우 심사받거나 보고한 효능 · 효과, 용법 · 용량
(3) 성분명을 제품 명칭의 일부로 사용한 경우 그 성분명과 함량(방향용 제품은 제외한다)
(4) 인체 세포 · 조직 배양액이 들어있는 경우 그 함량
(5) 화장품에 천연 또는 유기농으로 표시 · 광고하려는 경우에는 원료의 함량
(6) 수입화장품인 경우에는 제조국의 명칭(「대외무역법」에 따른 원산지를 표시한 경우에는 제조국의 명칭을 생략할 수 있다), 제조회사명 및 그 소재지
(7) 제2조제8호부터 제11호까지에 해당하는 기능성화장품의 경우에는 "질병의 예방 및 치료를 위한 의약품이 아님"이라는 문구
(8) 다음 각 목의 어느 하나에 해당하는 경우 법 제8조제2항에 따라 사용기준이 지정 · 고시된 원료 중 보존제의 함량
　① 별표3 제1호가목에 따른 만 3세 이하의 영 · 유아용 제품류인 경우
　② 만 4세 이상부터 만 13세 이하까지의 어린이가 사용할 수 있는 제품임을 특정하여 표시 · 광고하려는 경우

❋ 맞춤형화장품의 표시사항

(1) 명칭
(2) 가격(소비자가 잘 확인할 수 있는 위치에 표시)

(3) **식별번호** : 맞춤형화장품의 혼합 또는 소분에 사용되는 내용물 및 원료의 제조번호와 혼합 · 소분기록을 포함
하여 맞춤형화장품 판매업자가 부여한 번호

(4) 사용기한 또는 개봉 후 사용기간

(5) 책임판매업자 상호

(6) 맞춤형화장품 판매업자 상호

✳ 맞춤형화장품 안전기준 : 소비자에게 설명하여야 하는 사항

(1) 혼합 또는 소분에 사용되는 내용물 및 원료

(2) 맞춤형화장품에 대한 사용 시 주의사항

(3) 맞춤형화장품의 사용기한 혹은 개봉 후 사용기간

(4) 맞춤형화장품의 특징과 사용법(용법 · 용량)

✳ 제형의 유형별 정의

(1) 로션제란 유화제 등을 넣어 유성성분과 수성성분을 균질화하여 점액상으로 만든 것을 말한다.

(2) 액제란 화장품에 사용되는 성분을 용제 등에 녹여서 액상으로 만든 것을 말한다.

(3) 크림제란 유화제 등을 넣어 유성성분과 수성성분을 균질화하여 반고형상으로 만든 것을 말한다.

(4) 침적마스크제란 액제, 로션제, 크림제, 겔제 등을 부직포 등의 지지체에 침적하여 만든 것을 말한다.

(5) 겔제란 액체를 침투시킨 분자량이 큰 유기분자로 이루어진 반고형상을 말한다.

(6) 에어로졸제란 원액을 같은 용기 또는 다른 용기에 충전한 분사제(액화기체, 압축기체 등)의 압력을 이용하여
안개모양, 포말상 등으로 분출하도록 만든 것을 말한다.

(7) 분말제란 균질하게 분말상 또는 미립상으로 만든 것을 말하며, 부형제 등을 사용할 수 있다.

✳ 제형의 물리적 특성

(1) **유화제형** : 서로 섞이지 않는 두 액체 중에서 한 액체가 미세한 입자형태로 유화제(계면활성제)를 사용하여 다
른 액체에 분산되는 것을 이용한 제형으로 크림, 로션, 영양액 등이 있다. 이의 주요 제조설비는 호모믹서이다.

(2) **가용화 제형** : 물에 대한 용해도가 아주 작은 물질을 가용화제(계면활성제)를 이용하여 용해도 이상으로 녹게
하는 것을 이용한 제형으로 화장수, 미스트, 향수 등의 제품이 그 예이며, 이의 제조설비로는 아지믹서, 디스
퍼 등이 있다.

(3) **유화분산제형** : 분산매가 유화된 분산질에 분산되는 것을 이용한 제형으로 비비크림, 파운데이션, 메이크업베이스, 마스카라, 아이라이너 등이 있으며, 주요제조설비로는 호모믹서, 아지믹서 등이 사용된다.

(4) **고형화 제형** : 오일과 왁스에 안료를 분산시켜 고형화시킨 제형으로 립스틱, 립밤, 컨실러, 스킨커버 등의 제품이 해당되며, 주요제조설비로는 3단롤러, 아지믹서 등이다.

(5) **파우더혼합 제형** : 안료, 펄, 바인더, 향을 혼합한 제형으로 페이스파우더, 팩트, 투웨이케익, 치크브러쉬, 아이섀도우 등의 제품이 해당되며, 주료제조설비는 헨셀믹서, 아토마이저 등이다.

(6) **계면활성제혼합 제형** : 음이온, 양이온, 양쪽성 이온, 비이온성 계면활성제 등을 혼합하여 제조하는 제형으로 샴푸, 컨디셔너, 린스, 바디워시, 손세척제 등이 있으며, 주요제조설비로는 호모믹서, 아지믹서 등이다.

✳ 충진기의 유형

(1) **피스톤충진기** : 용량이 큰 액상타입의 제품인 샴푸, 린스, 컨디셔너의 충진에 사용

(2) **파우치충진기** : 시공품, 견본품 등 1회용 파우치 포장인 제품을 충진할 때 사용

(3) **카톤충진기** : 박스에 테이프를 붙이는 테이핑기

(4) **파우더충진기** : 페이스파우더와 같은 파우더류의 충진시 사용

(5) **액체충진기** : 스킨로션, 토너, 앰플 등 액상타입의 제품 충진

(6) **튜브충진기** : 선크림, 폼클렌징 등 튜브용기에 충진 시 사용

✳ 용기의 형태와 특성

(1) **세구병** : 병의 입구 외경이 몸체에 비하여 작은 용기로 화장수, 샴푸 등의 액상 내용물 제품에 사용되며 재질은 유리나 PE 등이 사용된다.

(2) **광구병** : 용기 입구 외경이 비교적 커서 몸체 외경에 가까운 용기로 크림상, 젤상제품 용기로 사용된다.

(3) **튜브용기** : 속이 빈 관 모양으로 몸체를 눌러 내용물을 적량 뽑아내는 기능을 가진 용기로 헤어 젤, 선크림 등 크림상에서 유액상 내용물 제품에 널리 사용된다.

(4) **원통상용기** : 마스카라 용기에 이용되는 가늘고 긴 용기로 마스카라, 아이라이너, 립글로스 제품 등에 사용된다.

(5) **파우더용기** : 캡에 브러시나 팁이 달리 가늘고 긴 자루가 있는 것으로 파우더, 향료분, 베이비파우더 등에 사용된다.

(6) **팩트용기** : 본체와 뚜껑이 경첩으로 연결된 용기로 팩트류, 스킨커버 등 고형분, 크림상 내용물 제품에 주로 사용된다.

(7) **스틱용기** : 막대 모양의 화장품 용기로 립스틱, 립크림 등에 사용된다.

(8) **펜슬용기** : 연필처럼 깎아서 쓰는 나무자루 타입과 샤프펜슬처럼 밀어내어 쓰는 타입의 용기로 아이라이너, 아이브로우, 립펜슬 등에 사용된다.

✻ 용기의 소재종류와 특성

고분자 소재	(1) 저밀도 폴리에틸렌 : 반투명 광택성, 유연성 우수 (2) 고밀도 폴리에틸렌 : 광택이 없음, 수분투과 적음, 화장수, 샴푸 등 (3) 폴리프로필렌(PP) : 반투명, 광택, 내약품성과 내충격성 우수 (4) 폴리스티렌(PS) : 딱딱하고 투명성, 광택성, 성형 가공성 우수 (5) AS 수지 : 투명, 광택성, 내충격성 우수 (6) ABS 수지 : AS 수지에 내충격성 향상, 향료나 알코올에 약함 (7) 폴리염화비닐(PVC) : 투명, 성형, 가공성 우수, 저렴함 (8) 폴리에틸렌테레프탈레이트(PET) : 딱딱하고 유리에 가까운 투명성, 광택성, 내약품성 우수 (9) 산(SAN) : 투명성 열변형성, 내화학성, 광택성 우수, 열에 대하여 안정
유리 소재	(1) 소다석회 유리 : 투명유리, 화장수 등에 사용 (2) 칼리 납 유리 : 고급 향수병에 유리 (3) 유백 유리 : 유백색 색상 용기로 주로 사용
금속 소재	(1) 알루미늄 : 가볍고 가공성이 좋음 (2) 황동 : 금과 비슷한 색상으로 팩트, 립스틱 용기로 활용 (3) 스테인레스 스틸 : 부식이 잘 되지 않고 금속성 광택이 우수함 (4) 철 : 녹슬기는 쉬우나 가격이 저렴

✻ 포장재, 원료 및 내용물의 구체적 내용

(1) **포장재** : 생산계획 또는 포장계획에 따라 적절한 시기에 포장재가 제조되어 공급되어야 하며, 포장재 수급담당자는 생산계획과 포장계획에 따라 포장에 필요한 포장재의 소요량 및 재고량을 파악한 다음, 부족분 또는 소요량에 대한 포장재 생산에 소요되는 기간 등을 파악하여 적절한 시기에 포장재가 입출고될 수 있도록 발주하여야 한다.

(2) **원료** : 화장품 원료 사용량을 예측하고, 원료의 수급기간을 고려하여 최소발주량을 산정하여 발주하며, 발주되어 입고된 원료는 시험 후, 적합 판정된 것만을 선입선출방식으로 출고한다.

(3) **내용물** : 생산계획 또는 포장계획에 따라 적절한 시기에 반제품, 벌크제품이 제조되어 공급되어야 하며, 재고 조사를 통해 기록상의 재고와 실제 보유하고 있는 재고를 대조하여 정확한 완제품 재고량을 파악한다.

✻ 제조물책임법에 따른 배상액 결정 시의 고려사항

(1) 고의성 정도
(2) 해당 제조물의 결함으로 인하여 발생한 손해의 정도

(3) 해당 제조물의 공급으로 인하여 제조업자가 취득한 경제적 이익

(4) 해당 제조물의 결함으로 인하여 제조업자가 형사처벌 또는 행정처분을 받은 경우 그 형사처벌 또는 행정처분의 정도

(5) 해당 제조물의 공급이 지속된 기간 및 공급규모

(6) 제조업자의 재산상태

(7) 제조업자가 피해구제를 위하여 노력한 정도

✳ 화장품 바코드 표시 및 관리요령

(1) 화장품 바코드 표시대상품목은 국내에서 제조되거나 수입되어 국내에 유통되는 모든 화장품(기능성화장품 포함)을 대상으로 한다.

(2) 내용량이 15㎖ 이하 또는 15g 이하인 제품의 용기 또는 포장이나 견본품, 시공품 등 비매품에 대하여 화장품 바코드 표시를 생략할 수 있다.

(3) 화장품 바코드 표시는 국내에서 화장품을 유통·판매하고자 하는 화장품 제조판매업자가 한다.

✳ 기능성화장품 심사에 관한 규정

(1) **자외선차단지수(SPF)** : 자외선차단지수는 측정결과에 근거하여 평균값으로부터 −20% 이하의 범위 내 정수로 표시하되 SPF 50 이상은 'SPF50+'로 표시한다.

(2) **내수성 자외선 차단지수** : 침수 후 자외선차단지수가 침수 전의 자외선차단지수의 최소 50% 이상을 유지하면 내수성 자외선차단지수를 표시할 수 있다.

(3) **자외선 A 차단등급** : 자외선 A 차단지수는 자외선 A 차단지수 계산방법에 따라 얻어진 자외선 A 차단지수 값의 소수점 이하는 버리고 정수로 표시한다. 그 값이 2 이상이면 등급을 표시하게 된다.

✳ 입고관리 / 출고관리 / 보관관리

| 입고관리 | (1) 제조업자는 원자재 공급자에 대한 관리감독을 적절히 수행하여 입고관리가 철저히 이루어지도록 하여야 한다.
(2) 원자재의 입고 시 구매요구서, 원자재 공급업체 성적서 및 현품이 서로 일치하여야 한다. 필요한 경우 운송 관련 자료를 추가적으로 확인할 수 있다.
(3) 원자재 용기에 제조번호가 없는 경우에는 관리번호를 부여하여 보관하여야 한다. |

입고관리	(4) 원자재 입고절차 중 육안확인 시 물품에 결함이 있을 경우 입고를 보류하고 격리보관 및 폐기하거나 원자재 공급업자에게 반송하여야 한다.
	(5) 입고된 원자재는 '적합', '부적합', '검사 중' 등으로 상태를 표시하여야 한다. 다만, 동일 수준의 보증이 가능한 다른 시스템이 있다면 대체할 수 있다.
	(6) 원자재 용기 및 시험기록서의 필수적 기재사항은 원자재 공급자가 정한 제품명, 원자재 공급자명, 수령일자, 공급자가 부여한 제조번호 또는 관리번호 등이다.
출고관리	원자재는 시험결과 적합판정된 것만을 선입선출방식으로 출고해야 하며 이를 확인할 수 있는 체계가 확립되어 있어야 한다. 또한 선한선출방식도 함께 적용하는 것이 권장된다.
보관관리	(1) 원자재, 반제품 및 벌크제품은 품질에 나쁜 영향을 미치지 아니하는 조건에서 보관하여야 하며, 보관기한을 설정하여야 한다.
	(2) 원자재, 반제품 및 벌크제품은 바닥과 벽에 닿지 아니하도록 보관하고, 선입선출에 의하여 출고할 수 있도록 보관하여야 한다.
	(3) 원자재, 시험 중인 제품 및 부적합품은 각각 구획된 장소에서 보관하여야 한다. 다만, 서로 혼동을 일으킬 우려가 없는 시스템에 의하여 보관되는 경우에는 그러하지 아니한다.
	(4) 설정된 보관기한이 지나면 사용의 적절성을 결정하기 위해 재평가시스템을 확립하여야 하며, 동 시스템을 통해 보관기한이 경과한 경우 사용하지 않도록 규정하여야 한다.

❋ 천연화장품 및 유기농화장품의 기준에 관한 규정

포장 및 보관	(1) 천연화장품 및 유기농화장품의 용기와 포장에 폴리염화비닐(PVC), 폴리스티렌폼을 사용할 수 없다.
	(2) 유기농화장품을 제조하기 위한 유기농 원료는 다른 원료와 명확히 표시 및 구분하여 보관하여야 한다.
	(3) 표시 및 포장 전 상태의 유기농화장품은 다른 화장품과 구분하여 보관하여야 한다.
원료조성	(1) 천연화장품은 중량기준으로 천연함량이 전체 제품에서 95% 이상으로 구성되어야 한다.
	(2) 유기농화장품은 중량기준으로 유기농 함량이 전체 제품에서 10% 이상이어야 하며, 유기농 함량을 포함한 천연함량이 전체 제품에서 95% 이상으로 구성되어야 한다.
자료의 보존	(1) 화장품의 책임판매업자는 천연화장품 또는 유기농화장품으로 표시·광고하여 제조, 수입 및 판매할 경우, 천연화장품 및 유기농화장품의 기준에 관한 규정에 적합함을 입증하는 자료를 구비하고, 제조일(수입일 경우 통관일)로부터 3년 또는 사용기한 경과 후 1년 중 긴 기간동안 보존하여야 한다.
	(2) 천연화장품 또는 유기농화장품 인증은 식품의약품안전처가 지정한 인증기관으로부터 받을 수 있으며, 인증을 획득할 경우 인증표시를 사용할 수 있다.

적중문제

선 다 형

01 다음 맞춤형화장품의 정의로 옳지 않은 것은?

① 고객 개인별 피부특성 및 취향에 따라 맞춤형화장품 판매장에서 맞춤형화장품 조제관리사가 혼합 · 소분한 화장품을 말한다.

② 제조 또는 수입된 화장품의 내용물(완제품, 벌크제품, 반제품)에 다른 화장품의 내용물을 혼합한 화장품을 말한다.

③ 제조 또는 수입된 화장품의 내용물에 식품의약품안전처장이 정하는 원료를 추가하여 혼합한 화장품을 말한다.

④ 제조 또는 수입된 화장품의 내용물을 소분한 화장품을 말한다.

⑤ 맞춤형화장품에는 화장비누(고체형태의 세안용 비누)를 단순 소분하는 경우를 포함한다.

> **정답풀이** ⑤
>
> **맞춤형화장품의 정의**
>
> - 고객 개인별 피부특성 및 취향에 따라 맞춤형화장품 판매장에서 맞춤형화장품 조제관리사가 혼합 · 소분한 화장품을 말한다.
> - 제조 또는 수입된 화장품의 내용물(완제품, 벌크제품, 반제품)에 다른 화장품의 내용물을 혼합한 화장품을 말한다.
> - 제조 또는 수입된 화장품의 내용물에 식품의약품안전처장이 정하는 원료를 추가하여 혼합한 화장품을 말한다.
> - 제조 또는 수입된 화장품의 내용물을 소분한 화장품을 말한다. 다만, 화장비누(고체형태의 세안용 비누)를 단순 소분하는 경우는 제외한다.

02 다음 맞춤형화장품 판매업자의 준수사항으로 옳지 않은 것은?

① 맞춤형화장품 판매업소마다 맞춤형화장품 조제관리사를 둘 것

② 둘 이상의 책임판매업자와 계약할 경우 사전에 각각의 책임판매업자에게 고지한 후 체결할 것

③ 맞춤형화장품 혼합 · 소분 시 책임판매업자와 계약한 사항을 준수할 것

④ 맞춤형화장품의 내용물 및 원료의 입고 시 품질관리 여부를 확인하고 책임판매업자가 제공하는 품질 성적서를 구비할 것(책임판매업자와 맞춤형화장품 판매업자가 동일한 경우에도 구비하여야 함)

⑤ 맞춤형화장품 판매 시 해당 맞춤형화장품의 혼합 또는 소분에 사용되는 내용물 및 원료, 사용 시의 주의사항에 대하여 소비자에게 설명할 것

 ④

맞춤형화장품의 내용물 및 원료의 입고 시 품질관리 여부를 확인하고 책임판매업자가 제공하는 품질성적서를 구비하여야 한다. 다만, 책임판매업자와 맞춤형화장품 판매업자가 동일한 경우에는 제외한다.

03 맞춤형화장품 판매업자가 화장품 판매내역을 작성·보관할 때 그 내용이 아닌 것은?

① 맞춤형화장품 식별번호   ② 판매일자
③ 판매량   ④ 판매가격
⑤ 사용기한 또는 개봉 후 사용기간

 ④

맞춤형화장품 판매업자의 판매내역 작성·보관 시의 내용

> • 맞춤형화장품 식별번호(식별번호는 맞춤형화장품의 혼합 또는 소분에 사용되는 내용물 및 원료의 제조번호와 혼합·소분기록을 포함하여 맞춤형화장품 판매업자가 부여한 번호를 말한다.)
> • 판매일자, 판매량
> • 사용기한 또는 개봉 후 사용기간(맞춤형화장품의 사용기한 또는 개봉 후 사용기간은 맞춤형화장품의 혼합 또는 소분에 사용되는 내용물의 사용기한 또는 개봉 후 사용기간을 초과할 수 없다.)

04 다음 〈보기〉 중 혼합·소분 시 오염방지를 위한 안전관리기준의 내용으로 적당한 것을 모두 고르면?

• 보기 •

가. 혼합·소분 전에는 손을 소독 또는 세정하거나 일회용 장갑을 착용할 것
나. 혼합·소분에 사용되는 장비 또는 기기 등을 사용 전·후 세척할 것
다. 혼합·소분된 제품을 담을 용기의 오염여부를 사전에 확인할 것

① 가   ② 가, 나
③ 가, 다   ④ 나, 다
⑤ 가, 나, 다

정답
풀이 ⑤

혼합·소분 시 오염방지를 위하여 준수하여야 할 안전관리기준

- 혼합·소분 전에는 손을 소독 또는 세정하거나 일회용 장갑을 착용할 것
- 혼합·소분에 사용되는 장비 또는 기기 등을 사용 전·후 세척할 것
- 혼합·소분된 제품을 담을 용기의 오염여부를 사전에 확인할 것

05 맞춤형화장품 판매업자가 변경신고를 해야 하는 경우가 아닌 것은?

① 맞춤형화장품 판매업자의 변경(법인인 경우에는 대표자의 변경)
② 맞춤형화장품 판매업자의 상호변경(법인인 경우에는 법인의 명칭 변경)
③ 맞춤형화장품 판매업소의 면적변경
④ 맞춤형화장품 조제관리사의 변경
⑤ 맞춤형화장품 사용·계약을 체결한 책임판매업자의 변경

정답
풀이 ③

맞춤형화장품 판매업자가 변경신고를 해야 하는 경우

- 맞춤형화장품 판매업자의 변경(법인인 경우에는 대표자의 변경)
- 맞춤형화장품 판매업자의 상호변경(법인인 경우에는 법인의 명칭 변경)
- 맞춤형화장품 판매업소의 소재지변경
- 맞춤형화장품 조제관리사의 변경
- 맞춤형화장품 사용계약을 체결한 책임판매업자의 변경

06 맞춤형화장품 판매업자의 변경사유 신고에 대한 설명으로 틀린 것은?

① 맞춤형화장품 판매업자는 변경사유가 발생한 날부터 30일 이내에 신고하여야 한다.
② 행정구역 개편에 따른 소재지 변경의 경우에는 60일 이내에 신고할 수 있다.
③ 맞춤형화장품 판매업자의 변경사유 발생 시 변경신고 시 맞춤형화장품 판매업 신고필증과 해당 서류를 첨부하여 지방 식품의약품안전청장에게 제출하여야 한다.
④ 변경사유 신고관청을 달리하는 맞춤형화장품 판매업소의 소재지 변경의 경우에는 새로운 소재지를 관할하는 지방 식품의약품안전청장에게 제출하여야 한다.
⑤ 맞춤형화장품 판매업 변경신고의 처리기간은 10일이고, 맞춤형화장품 조제관리사의 변경신고 처리기간은 7일이다.

정답
풀이 ②

맞춤형화장품 판매업자는 변경사유가 발생한 날부터 30일 이내에 신고하여야 한다. 다만, 행정구역 개편에 따른 소재지 변경의 경우에는 90일 이내에 신고하면 된다.

07 맞춤형화장품 판매업자의 변경신고 시 제출서류에 대한 설명으로 틀린 것은?

① 맞춤형화장품 판매업자 변경의 경우 양도 · 양수의 경우에는 이를 증명하는 서류를 제출하여야 하며, 상속의 경우에는 가족관계증명서를 제출하여야 한다.

② 맞춤형화장품 조제관리사 변경의 경우 변경할 맞춤형화장품 조제관리사의 자격증을 제출하여야 한다.

③ 법인대표자 변경의 경우 법인 등기사항증명서를 제출하지 않으며 담당 공무원이 행정정보의 공동이용을 통하여 확인한다.

④ 맞춤형화장품 사용계약을 체결한 책임판매업자 변경의 경우 책임판매업자와 체결한 계약서 사본 및 소비자 피해보상을 위한 보험계약서 사본을 제출하여야 한다.

⑤ 맞춤형화장품 사용계약을 체결한 책임판매업자 변경의 경우 책임판매업자와 맞춤형화장품 판매업자가 동일하고 책임판매업자가 소비자 피해보상을 위한 보험계약을 체결한 경우에는 제출하지 아니할 수 있다.

> **정답풀이** ⑤
>
> 맞춤형화장품 사용계약을 체결한 책임판매업자 변경의 경우 책임판매업자와 맞춤형화장품 판매업자가 동일하고 책임판매업자가 소비자 피해보상을 위한 보험계약을 체결한 경우 책임판매업자의 보험계약서 사본을 제출하여야 한다.

08 다음 〈보기〉 중 맞춤형화장품에 사용할 수 없는 원료를 모두 고르면?

> • 보기 •
>
> 가. 화장품에 사용할 수 없는 원료(화장품 안전기준 등에 관한 규정상 별표1)
> 나. 화장품에 사용상의 제한이 필요한 원료(화장품 안전기준 등에 관한 규정상 별표2)
> 다. 식품의약품안전처장이 고시한 기능성 화장품의 효능 · 효과를 나타내는 원료
> 라. '다'의 화장품 책임판매업자가 원료를 포함하여 기능성 화장품에 대한 심사를 받거나 보고서를 제출한 경우

① 가, 나, 다   ② 가, 나, 라
③ 가, 다, 라   ④ 나, 다, 라
⑤ 정답 없음

> **정답풀이** ①
>
> 맞춤형화장품에 사용할 수 없는 원료
>
> > • 별표1의 화장품에 사용할 수 없는 원료
> > • 별표2의 화장품에 사용상의 제한이 필요한 원료
> > • 식품의약품안전처장이 고시한 기능성 화장품의 효능 · 효과를 나타내는 원료(다만, 맞춤형화장품 판매업자에게 원료를 공급하는 화장품 책임판매업자가 화장품법 제4조에 따라 해당 원료를 포함해 기능성 화장품에 대한 심사를 받거나 보고서를 제출한 경우 제외한다.)

09 "맞춤형화장품 판매업을 하려는 자는 (Ⓐ)이 정하는 바에 따라 식품의약품안전처장에게 (Ⓑ)하여야 한다."에서 (   ) 안에 들어갈 말로 적당한 것은?

① Ⓐ – 대통령령, Ⓑ – 허가　　　　　　② Ⓐ – 대통령령, Ⓑ – 등록

③ Ⓐ – 대통령령, Ⓑ – 신고　　　　　　④ Ⓐ – 총리령, Ⓑ – 등록

⑤ Ⓐ – 총리령, Ⓑ – 신고

10 맞춤형화장품 조제관리사 자격시험 등에 관한 설명으로 틀린 것은?

① 맞춤형화장품 판매업을 신고한 자는 총리령으로 정하는 바에 따라 맞춤형화장품의 혼합·소분업무에 종사하는 자를 두어야 한다.

② 맞춤형화장품 조제관리사가 되려는 사람은 화장품과 원료 등에 대하여 식품의약품 안전저창이 실시하는 자격시험에 합격하여야 한다.

③ 식품의약품안전처장은 맞춤형화장품 조제관리사가 거짓이나 그 밖의 부정한 방법으로 시험에 합격한 경우에는 자격을 취소하여야 하며, 자격이 취소된 사람은 취소된 날부터 5년간 자격시험에 응시할 수 없다.

④ 식품의약품안전처장은 자격시험 업무를 효과적으로 수행하기 위하여 필요한 전문 인력과 시설을 갖춘 기관 또는 단체를 시험운영기관으로 지정하여 시험업무를 위탁할 수 있다.

⑤ 자격시험의 시기, 절차, 방법, 시험항목, 자격증의 발급, 시험운영기관의 지정 등 자격시험에 필요한 사항은 총리령으로 정한다.

11 화장품 책임판매업을 등록하려는 자는 누구에게 등록서류를 제출하여야 하는가?

① 식품의약품안전처장　　　　　　　② 지방 식품의약품안전청장

③ 시·도지사　　　　　　　　　　　④ 보건복지부장관

⑤ 행정안전부장관

정답 풀이 ②

화장품 책임판매업을 등록하려는 자는 화장품 책임판매업 등록신청서에 필요서류를 첨부하여 화장품 책임판매업소의 소재지를 관할하는 지방 식품의약품안전청장에게 제출하여야 한다.

12 지방 식품의약품안전청장이 책임판매업 등록대장에 등록필증을 발급할 경우 기록해야 할 사항으로 거리가 먼 것은?

① 등록번호 및 등록연월일   ② 화장품 책임판매업자의 성명 및 생년월일
③ 화장품 책임판매업자의 상호   ④ 화장품 조제관리사의 성명 및 생년월일
⑤ 화장품 책임판매업소의 소재지

 정답 풀이 ④

지방 식품의약품안전청장은 등록신청이 등록요건을 갖춘 경우 화장품 책임판매업 등록대장에 다음 각 호의 사항을 적고, 화장품 책임판매업 등록필증을 발급하여야 한다.

- 등록번호 및 등록연월일
- 화장품 책임판매업자(화장품 책임판매업을 등록한 자를 말한다.)의 성명 및 생년월일(법인인 경우에는 대표자의 성명 및 생년월일)
- 화장품 책임판매업자의 상호(법인인 경우에는 법인의 명칭)
- 화장품 책임판매업소의 소재지
- 책임판매관리자의 성명 및 생년월일
- 책임판매 유형

13 다음 〈보기〉 중 화장품 제조업자가 준수하여야 할 사항으로 틀린 것을 모두 고르면?

• 보기 •
가. 식품의약품안전처장의 지침에 따른 화장품 책임판매업자의 지도 · 감독 및 요청에 따를 것
나. 제조관리기준서 · 제품표준서 · 제조관리기록서 및 품질관리기록서를 작성 · 보관할 것
다. 보건위생상 위해가 없도록 제조소, 시설 및 기구를 위생적으로 관리하고 오염되지 아니하도록 할 것
라. 화장품의 제조에 필요한 시설 및 기구에 대하여 수시로 점검하여 작업에 지장이 없도록 관리 · 유지할 것

① 가, 나   ② 가, 다
③ 가, 라   ④ 나, 다
⑤ 나, 라

 정답 풀이 ③

'가'는 품질관리기준에 따른 화장품 책임판매업자의 지도 · 감독 및 요청에 따를 것이며, '라'의 경우는 화장품의 제조에 필요한 시설 및 기구에 대하여 정기적으로 점검하여 작업에 지장이 없도록 관리 · 유지할 것 등이다.

4편 맞춤형화장품의 이해

14 다음 〈보기〉 중 식품의약품안전처장이 우수화장품 제조관리기준을 준수하는 제조업자에게 지원할 수 있는 사항을 모두 고르면?

• 보기 •

가. 우수화장품 제조관리기준 적용에 관한 전문적 기술과 교육
나. 우수화장품 제조관리기준 적용을 위한 자문
다. 우수화장품 제조관리기준 적용을 위한 시설·설비 등 개수·보수
라. 우수화장품 제조관리기준 적용을 위한 운영비용
마. 우수화장품 제조관리기준 적용을 위한 감독 및 보고

① 가, 나, 다 ② 가, 나, 라
③ 가, 나, 마 ④ 가, 다, 라
⑤ 가, 다, 마

정답풀이 ①

식품의약품안전처장은 우수화장품 제조관리기준을 준수하는 제조업자에게 다음 각 호의 사항을 지원할 수 있다.

• 우수화장품 제조관리기준 적용에 관한 전문적 기술과 교육
• 우수화장품 제조관리기준 적용을 위한 자문
• 우수화장품 제조관리기준 적용을 위한 시설·설비 등 개수·보수

15 다음 〈보기〉 중 중대한 유해사례를 모두 고르면?

• 보기 •

가. 사망을 초래하거나 생명을 위협하는 경우
나. 입원 또는 입원기간이 10일 이상인 경우
다. 지속적 또는 중대한 불구나 기능저하를 초래하는 경우
라. 후천적 기형 또는 이상을 초래하는 경우
마. 기타 의학적으로 중요한 상황

① 가, 나, 다 ② 가, 나, 라
③ 가, 나, 마 ④ 가, 다, 마
⑤ 나, 다, 마

정답풀이 ④

'나'의 경우 입원 또는 입원기간의 연장이 필요한 경우이며, '라'의 경우 선천적 기형 또는 이상을 초래하는 경우이다.

16 화장품 안전성 정보관리규정상 설명으로 틀린 것은?

① 화장품 안전성 정보관리규정은 화장품의 취급·사용 시 인지되는 안전성 관련 정보를 체계적이고 효율적으로 수집·검토·평가하여 적절한 안전대책을 강구함으로써 국민 보건상의 위해를 방지한다.

② 유해사례란 화장품의 사용 중 발생한 바람직하지 않고 의도되지 않은 징후, 증상 또는 질병을 말하며, 해당 화장품과 반드시 인과관계를 가져야 하는 것은 아니다.

③ 실마리 정보란 유해사례와 화장품 간의 인과관계 가능성이 있다고 보고된 정보로서 그 인과관계가 알려지거나 입증자료가 충분한 것을 말한다.

④ 안전성정보란 화장품과 관련하여 국민보건에 직접 영향을 미칠 수 있는 안전성·유효성에 관한 새로운 자료, 유해사례 정보 등을 말한다.

⑤ 화장품 안전성 정보의 신속보고는 식품의약품안전처 홈페이지를 통해 보고하거나 우편·팩스·정보통신망 등의 방법으로 할 수 있다.

> **정답 풀이** ③
> 실마리 정보란 유해사례와 화장품 간의 인과관계 가능성이 있다고 보고된 정보로서 그 인과관계가 알려지지 않았거나 입증자료가 불충분한 것을 말한다.

17 다음 〈보기〉 중 중대한 유해사례에 해당하는 모두 고른 것은?

> • 보기 •
>
> 가. 사망을 초래하거나 생명을 위협하는 경우
> 나. 입원 또는 입원기간의 연장이 필요한 경우
> 다. 지속적 또는 중대한 불구나 기능저하를 초래하는 경우
> 라. 선천적 기형 또는 이상을 초래하는 경우

① 가, 나, 다, 라   ② 가, 나, 다
③ 나, 다, 라   ④ 가, 라
⑤ 나

> **정답 풀이** ①
> 중대한 유해사례는 사망을 초래하거나 생명을 위협하는 경우, 입원 또는 입원기간의 연장이 필요한 경우, 지속적 또는 중대한 불구나 기능저하를 초래하는 경우, 선천적 기형 또는 이상을 초래하는 경우, 기타 의학적으로 중요한 사항에 해당하는 경우를 말한다.

18 다음 〈보기〉 중 피부의 주름개선에 도움을 주는 제품의 유효성 또는 기능 시험방법을 모두 고르면?

> • 보기 •
>
> 가. 세포내 콜라겐 생성시험   나. 세포내 콜라게나제활성 억제시험
> 다. 엘라스타제 활성억제 시험   라. 멜라닌 생성 저해시험

① 가, 나, 다   ② 가, 나, 라
③ 가, 다, 라   ④ 나, 다, 라
⑤ 가, 나, 다, 라

정답풀이 **①**

주름개선 효력시험

> • **세포내 콜라겐 생성시험** : 이 시험방법은 섬유아세포 배양 시 시료의 세포내 콜라겐 생성증가 정도를 공시험액과 비교하는 것이다.
> • **세포내 콜라게나제활성 억제시험** : 이 시험방법은 섬유아세포 배양 시 시료가 세포내 콜라게나제 생성억제 정도를 공시료액과 비교하는 것이다.
> • **엘라스타제 활성억제 시험** : 이 시험방법은 시험물질과 대조물질의 섬유아세포 엘라스타제 활성 억제정도를 비교하는 것이다.

19 기능성화장품의 유효성평가를 위한 가이드라인 II에 의한 미백효력시험의 내용으로 옳은 것을 모두 고르면?

> • 보기 •
>
> 가. 타이로시나제의 활성저해 시험   나. DOPA 산화 활성저해 시험
> 다. 세포의 멜라닌 생성저해 정도 시험   라. 세포내 콜라겐 생성증가 정도 시험

① 가, 나, 다   ② 가, 나, 라
③ 가, 다, 라   ④ 나, 다, 라
⑤ 가, 나, 다, 라

정답풀이 **①**

'라'는 피부의 주름개선에 도움을 주는 제품의 유효성 또는 기능을 입증하는 시험이다.

20 다음 〈보기〉 중 기능성화장품의 유효성평가를 위한 가이드라인 Ⅰ에 의한 미백효력시험 유형인 것을 모두 고르면?

• 보기 •

가. In vitro tyrosinase 활성저해 시험

나. In vitro DOPA 산화반응 저해시험

다. 멜라닌 생성 저해시험

라. 엘라스타제 활성억제 시험

① 가, 나, 다

② 가, 나, 라

③ 가, 다, 라

④ 나, 다, 라

⑤ 가, 나, 다, 라

정답
풀이 ①

미백효력시험

- **In vitro tyrosinase 활성저해 시험** : 시험관내에서 시험시료, 정제된 타이로시나제 및 기질인 타이로신을 반응시켜 타이로시나제 활성 저해에 대한 시험시료의 효과를 평가하는 방법이다.
- **In vitro DOPA 산화반응 저해시험** : 멜라닌 합성과정의 속도결정단계에 관여하는 타이로시나제의 DOPA 산화반응에 대한 활성 저해를 측정하여 미백성분의 효과를 평가하는 방법이다.
- **멜라닌 생성 저해시험** : 세포를 배양하여 세포 내 멜라닌의 양 또는 세포 내외의 총멜라닌 양을 정량화하여 공시료액과 비교한다.

21 자외선 차단제에 관련된 것으로 UVA를 사람의 피부에 조사한 후 2~24시간의 범위 내에 조사영역의 전 영역에 희미한 흑화가 인식되는 최소자외선조사량은?

① 자외선차단지수(SPF)

② 최소홍반량(MED)

③ 최소지속형 즉시흑화량(MPPD)

④ 자외선 A 차단지수(PFA)

⑤ 자외선 A 차단등급

정답
풀이 ③

최소지속형 즉시흑화량이란 UVA를 사람의 피부에 조사한 후 2~24시간의 범위 내에 조사영역의 전 영역에 희미한 흑화가 인식되는 최소자외선조사량을 말한다.

22 화장품 안정성시험의 내용과 거리가 먼 것은?

① 물리적 안정성

② 화학적 안정성

③ 미생물학적 안정성

④ 유해사례여부

⑤ 내용물과 용기 사이의 적합성

23 다음 〈보기〉에서 설명하는 화장품 안정성시험은?

> • 보기 •
>
> 장기보존시험의 저장조건을 벗어난 단기간의 가속조건이 물리·화학적, 미생물학적 안정성 및 용기적합성에 미치는 영향을 평가하기 위한 시험

① 장기보존시험　　　　　　　　　② 가속시험
③ 가혹시험　　　　　　　　　　　④ 성분적합성 시험
⑤ 적절한 효능·효과시험

정답
풀이 ②

화장품 안정성시험 중 가속시험은 장기보존시험의 저장조건을 벗어난 단기간의 가속조건이 물리·화학적, 미생물학적 안정성 및 용기적합성에 미치는 영향을 평가하기 위한 시험이다.

24 다음 〈보기〉 중 화장품 안정성시험의 종류만을 모두 고르면?

> • 보기 •
>
> 가. 장기보존시험　　　　　　　　나. 가속시험
> 다. 효과·효능시험　　　　　　　　라. 위해성시험
> 마. 가혹시험

① 가, 나, 다　　　　　　　　　　② 가, 다, 라
③ 가, 라, 마　　　　　　　　　　④ 가, 나, 라
⑤ 가, 나, 마

정답
풀이 ⑤

화장품 안정성시험의 종류 및 내용

장기보존시험	화장품의 저장조건에서 사용기한을 설정하기 위하여 장기간에 걸쳐 물리·화학적, 미생물학적 안정성 및 용기적합성을 확인하는 시험을 말한다.
가속시험	장기보존시험의 저장조건을 벗어난 단기간의 가속조건이 물리·화학적, 미생물학적 안정성 및 용기 적합성에 미치는 영향을 평가하기 위한 시험을 말한다.

가혹시험	가혹조건에서 화장품의 분해과정 및 분해산물 등을 확인하기 위한 시험을 말한다. 일반적으로 개별화장품의 취약성, 예상되는 운반, 보관, 진열 및 사용과정에서 뜻하지 않게 일어나는 가능성 있는 가혹조건에서 품질변화를 검토하기 위해 이와 같은 시험을 수행한다.

25 다음 〈보기〉에서 설명하는 화장품 안정성시험은?

• 보기 •

화장품 사용 시 일어날 수 있는 오염 등을 고려한 사용기한을 설정하기 위하여 장기간에 걸쳐 물리 · 화학적, 미생물학적 안정성 및 용기적합성을 확인하는 시험을 말한다.

① 장기보존시험
② 가속시험
③ 가혹시험
④ 개봉 후 안정성시험
⑤ 효능 · 효과시험

정답 풀이 ④

개봉 후 안정성시험은 화장품 사용 시에 일어날 수 있는 오염 등을 고려한 사용기한을 설정하기 위하여 장기간에 걸쳐 물리 · 화학적, 미생물학적 안정성 및 용기적합성을 확인하는 시험을 말한다.

26 다음 〈보기〉의 안정성시험 중 장기보존시험 조건으로 틀린 것을 모두 고르면?

• 보기 •

가. 로트선정 : 6로트 이상으로 할 것
나. 보존조건 : 적절한 온도, 습도, 시험기간 및 측정시기를 설정할 것
다. 시험기간 : 3개월 이상 시험하는 것을 원칙으로 함
라. 측정시기 : 시험개시 때와 첫 1년간은 3개월마다 실시

① 가, 나
② 가, 다
③ 가, 라
④ 나, 다
⑤ 나, 라

정답 풀이 ②

장기보존시험의 조건

로트의 선정	시중에 유통할 제품과 동일한 처방, 제형 및 포장용기를 사용하며, 3로트 이상에 대하여 시험하는 것을 원칙으로 한다.
보존조건	제품의 유통조건을 고려하여 적절한 온도, 습도, 시험기간 및 측정시기를 설정하여 시험한다.

시험기간	6개월 이상을 시험하는 것을 원칙으로 하나, 화장품 특성에 따라 따로 정할 수 있다.
측정시기	시험개시 때와 첫 1년간은 3개월마다, 그 후 2년까지는 6개월마다, 2년 이후부터는 1년에 1회 시험한다.

27 다음 〈보기〉 중 가속시험조건으로 틀린 것을 모두 고르면?

• 보기 •

가. **로트의 선정** : 장기보존시험기준과 동일(3로트 이상)
나. **보존조건** : 유통경로나 제형특성에 따라 적절한 시험조건을 설정함
다. **시험기간** : 3개월 이상 시험하는 것을 원칙으로 함
라. **측정시기** : 시험개시 때를 포함하여 최소 5번을 측정함

① 가, 나   ② 가, 다
③ 가, 라   ④ 나, 다
⑤ 다, 라

정답
풀이 ⑤

가속시험조건

로트의 선정	장기보존시험 기준에 따름(3로트 이상에 대하여 시험하는 것을 원칙으로 함)
보존조건	유통경로나 제형특성에 따라 적절한 시험조건을 설정함
시험기간	6개월 이상 시험하는 것을 원칙으로 함
측정시기	시험개시 때를 포함하여 최소 3번을 측정함

28 다음 〈보기〉 중 개봉 후 안정성시험의 조건으로 틀린 것을 모두 고르면?

• 보기 •

가. **로트의 선정** : 1로트 이상에 대하여 시험하는 것을 원칙으로 함
나. **보존조건** : 제품의 사용조건을 고려하여 적절한 온도, 시험기간 및 측정시기를 설정하여 시험함
다. **시험기간** : 6개월 이상 시험하는 것을 원칙으로 함
라. **측정시기** : 시험개시 때와 첫 1년간은 6개월마다, 그 후 2년까지는 1년에 1회 시험한다.

① 가, 나   ② 가, 다
③ 가, 라   ④ 나, 다
⑤ 다, 라

③
개봉 후 안정성시험

로트의 선정	장기보존시험조건에 따름(3로트 이상에 대하여 시험하는 것을 원칙으로 함)
보존조건	제품의 사용조건을 고려하여 적절한 온도, 시험기간 및 측정시기를 설정하여 시험한다.
시험기간	6개월 이상 시험하는 것을 원칙으로 하나, 특성에 따라 조정할 수 있다.
측정시기	시험개시 때와 첫 1년간은 3개월마다, 그 후 2년까지는 6개월마다, 2년 이후부터는 1년에 1회 시험한다.

29 안정성시험 중 장기보존시험 및 가속시험의 일반시험 항목이 아닌 것은?

① 균등성
② 경도 및 pH
③ 향취 및 색상
④ 사용감
⑤ 유화성

 ②
장기보존시험 및 가속시험의 일반시험항목으로는 균등성, 향취 및 색상, 사용감, 액상, 유화형, 내온성 시험을 수행한다.

30 안정성시험 중 장기보존시험 및 가속시험의 물리적 시험항목과 거리가 먼 것은?

① 시험물가용성 성분
② 비중 및 융점
③ 경도
④ pH
⑤ 유화상태

정답
풀이 ①
장기보존시험 및 가속시험의 물리적 시험항목과 화학적 시험항목

물리적 시험항목	비중, 융점, 경도, pH, 유화상태, 점도 등
화학적 시험항목	시험물가용성 성분, 에터불용 및 에탄올 가용성 성분, 에터 및 에탄올 가용성 불검화물, 에터 및 에탄올 가용성 검화물, 에터 가용 및 에탄올 불용성 불검화물, 에터 가용 및 에탄올 불용성 검화물, 증발잔류물, 에탄올 등

31 다음 가혹시험의 시험항목은?

① 분해산물의 생성유무
② 시험물가용성 성분확인
③ 비중 및 융점 확인
④ 증발잔류물 확인
⑤ 유화상태 및 점도 확인

> **정답 풀이** ①
>
> 가혹시험의 시험항목은 보존기간 중 제품의 안전성이나 기능성에 영향을 확인할 수 있는 **품질관리상 중요한 항목** 및 **분해산물의 생성유무**를 확인한다.

32 다음 〈보기〉 중 개봉 후 안정성시험을 수행할 필요가 없는 경우를 모두 고르면?

> • 보기 •
>
> 가. 내용물이 10㎖ 이하로 작은 경우　　나. 일회용제품
> 다. 개봉할 수 없는 용기로 되어 있는 제품　　라. 개봉 전 시험에 합격한 제품

① 가, 나
② 가, 다
③ 가, 라
④ 나, 다
⑤ 다, 라

> **정답 풀이** ④
>
> 개봉 후 안정성시험의 경우 개봉 전 시험항목과 미생물한도시험, 살균보존제, 유효성성분시험을 수행한다. 다만, **개봉할 수 없는 용기로 되어 있는 제품**이나 **일회용제품** 등은 개봉 후 안정성 시험을 수행할 필요가 없다.

33 피부의 구성과 관련한 내용으로 적절하지 않은 것은?

① 신체기관 중에서 가장 큰 기관에 속한다.
② 피부의 총면적은 성인기준으로 1.5~2.0㎡ 이다.
③ 피부의 무게는 성인기준으로 약 4kg 정도이다.
④ 피부의 평균온도는 약 33℃이다.
⑤ 피부의 구성성분은 물이 70%, 탄수화물이 25% 정도이다.

> **정답 풀이** ⑤
>
> 피부는 물 70%, 단백질 25~27%, 지질 2%, 탄수화물 1%, 소량의 비타민, 효소, 호르몬, 미네랄 등으로 구성되어 있다.

34 피부의 pH는 어느 정도인가?

① 2.0 이하　　　　　　　　　　② 2~4 정도
③ 4~6 정도　　　　　　　　　　④ 5.5~8.5 정도
⑤ 8.5 이상

정답 풀이 ③
　　피부의 pH는 4~6 정도이며, 수용성 산인 젖산, 피롤리돈산, 요산이 원인으로 추측되고 있다. 또한 피부 속으로 들어갈수록 pH는 7.0까지 증가한다.

35 피부의 구성 등에 대한 설명으로 적절하지 않은 것은?

① 피부는 표피, 진피 및 피하지방으로 구성되어 있다.
② 표피는 두께가 70~1,400μm(평균 100μm)이다.
③ 표피에는 멜라닌형성세포, 각질형성세포, 랑거한스셀, 메르켈세포, T 림프구 등이 존재한다.
④ 진피는 탄력섬유, 교원섬유, 하이알루로닉애씨드, 혈관, 피지선, 섬유아세포, 모낭, 땀샘, 신경 등이 존재한다.
⑤ 진피의 두께는 평균 15,000μm이고, 피하지방의 두께는 평균 1,800μm이다.

정답 풀이 ⑤
　　피부 중 진피의 두께는 600~3,000(평균 1,800)μm이고 피하지방의 두께는 0~30,000(평균 15,000)μm이다.

36 다음 중 피부의 기능과 거리가 먼 것은?

① 보호기능　　　　　　　　　　② 각화기능
③ 해독기능　　　　　　　　　　④ 면역기능
⑤ 비타민 C합성기능

정답 풀이 ⑤
　　피부의 기능으로는 보호기능, 각화기능, 해독기능, 면역기능, 감각전달기능, 비타민 D합성기능, 체온조절기능, 호흡기능 등이 있다.

37 피부의 기능에 대한 내용과 그 설명으로 옳지 않게 연결된 것은?

① 보호기능 – 물리적, 화학적 자극과 미생물과 자외선으로부터 신체기관을 보호 및 수분손실을 방지한다.
② 분비기능 – 땀 분비를 통해 신체의 온도조절 및 노폐물을 배출한다.
③ 해독기능 – 지속적인 박리를 통해 독소물질의 배출기능을 한다.
④ 감각전달기능 – 신경말단 조직과 메르켈세포가 감각을 전달한다.
⑤ 비타민D 합성 – 자외선을 통해 피지성분인 콜라겐으로 합성된다.

정답
풀이 ⑤
피부가 비타민D를 합성하는 것은 자외선을 통해 피지성분인 스쿠알렌을 통해 합성된다.

38 표피의 구성요소가 아닌 것은?

① 각질층   ② 투명층
③ 과립층   ④ 유두층
⑤ 기저층

정답
풀이 ④
표피는 각질층, 투명층, 과립층, 유극층, 기저층으로 구성된다.

39 표피의 구성체 중 각질층에 대한 설명으로 틀린 것은?

① 각질층의 구성은 죽은 세포와 지질로 구성된다.
② 지질은 세라마이드 40%, 콜레스테롤 25%, 유리지방산 25%, 콜레스테롤 설페이트 10% 등으로 구성된다.
③ 각질층 형성세포 케아티노사이트가 존재한다.
④ 두께는 약 10~15μm 정도이다.
⑤ 천연보습인자가 존재한다.

정답
풀이 ③
각질층 형성세포 케아티노사이트는 기저층에 존재한다.

40 다음 〈보기〉 중 표피의 투명층에 대한 설명으로 옳은 것을 모두 고르면?

• 보기 •

가. 손바닥, 발바닥과 같은 특정부위에만 존재한다.
나. 수분을 흡수하고 죽은 세포로 구성된다.
다. 엘라이딘 때문에 투명하게 보인다.
라. 각화가 시작되는 층이다.

① 가, 나, 다   ② 가, 나, 라
③ 가, 다, 라   ④ 나, 다, 라
⑤ 가, 나, 다, 라

정답
풀이 ①

투명층의 특징

• 손바닥, 발바닥과 같은 특정부위에만 존재한다.
• 수분을 흡수하고 죽은 세포로 구성된다.
• 엘라이딘 때문에 투명하게 보인다.

'라'의 경우 각화가 시작되는 층은 과립층이다.

41 표피의 구성층 중 과립층에 대한 설명으로 옳은 것은?

① 각화가 시작되는 층으로 두께는 약 20~60μm 정도이다.
② 천연보습인자가 존재하는 층이다.
③ 항원전달세포인 랑거한스세포가 존재하는 층이다.
④ 진피의 유두층으로부터 영양을 공급받는 층이다.
⑤ 세포분열을 통해 표피세포를 생성하는 층이다.

정답
풀이 ①
②는 각질층, ③은 유극층, ④와 ⑤는 기저층의 특징이다.

42 표피 중 유극층에 대한 설명과 거리가 먼 것은?

① 표피의 대부분을 차지한다.
② 유극층의 두께는 약 20~60μm 정도이다.

③ 수분을 많이 함유하고 있어 표피에 영양을 공급한다.
④ 항원전달세포인 랑커한스세포가 존재한다.
⑤ 진피의 유두층으로부터 영양을 공급받는다.

정답
풀이   ⑤

유극층의 특징

- 표피의 대부분을 차지한다.
- 유극층의 두께는 약 20~60μm 정도이다.
- 수분을 많이 함유하고 있어 표피에 영양을 공급한다.
- 항원전달세포인 랑커한스세포가 존재한다.

⑤는 기저층의 특징에 속한다.

43 표피 중 기저층의 특징과 거리가 먼 것은?

① 진피의 유두층으로부터 영양을 공급받는다.
② 멜라닌형성세포인 멜라노사이트가 존재한다.
③ 각질형성세포인 케라티노사이트가 존재한다.
④ 표피 영양공급을 위한 엘라이딘 세포가 존재한다.
⑤ 메르켈세포인 촉각상피세포가 존재하여 감각을 인지한다.

정답
풀이   ④

엘라이딘 세포는 투명층에 존재하여 투명하게 보이게 한다.

44 표피의 구성층 중에 세포분열을 통해 표피세포를 생성하는 층은?

① 각질층   ② 투명층
③ 과립층   ④ 유극층
⑤ 기저층

정답
풀이   ⑤

기저층은 세포분열을 통해 표피세포를 생성한다.

45 다음 표피의 구성층별 내용으로 옳지 않은 것은?

① 각질층 : 천연보습인자가 존재한다.
② 투명층 : 엘라이딘이 존재하여 투명하게 보인다.
③ 과립층 : 멜라닌형성세포 케라티노사이트가 존재한다.
④ 유극층 : 항원전달세포인 랑커한스세포가 존재한다.
⑤ 기저층 : 메르켈세포인 촉각상피세포가 존재하여 감각을 인지한다.

 ③

과립층은 각화가 시작되는 층이며, 멜라닌형성세포인 케라티노사이트가 존재하는 층은 기저층이다.

46 천연보습인자는 각질층의 수분량을 일정하게 유지되도록 돕는 역할을 하는데 다음 중 천연보습인자와 거리가 먼 것은?

① 유리아미노산   ② 피롤리돈카복실릭애씨드
③ 요소(우레아)   ④ 엘라이딘
⑤ 젖산(락틱애씨드)

 ④

천연보습인자(NMF)는 피부에 존재하는 보습성분으로 유리아미노산, 피롤리돈카복실릭애씨드, 요소(우레아), 알칼리 금속, 젖산(락틱애씨드), 인산염, 염산염, 젖산염, 구연산, 당류, 기타 유기산이 있으며, 각질층의 수분량이 일정하게 유지되도록 돕는 역할을 한다. 엘라이딘은 투명층에 있으며 이로 인해 투명하게 보인다.

47 표피 중 각질층은 수분을 약 몇% 정도 유지하고 있는가?

① 10% 이하   ② 10~15%
③ 15~20%   ④ 20~25%
⑤ 25% 이상

 ③

각질층은 수분이 15~20% 정도인데, 10% 이하로 수분량이 떨어질 경우 건조함과 소양감(가려움)을 느끼게 된다.

48 다음 중 진피층에 속하는 것은?

① 투명층   ② 유두층
③ 과립층   ④ 유극층
⑤ 기저층

정답
풀이 ②
진피에는 유두층과 망상층이 있다.

49 다음 표피층 중 진피와 가장 가까이 존재하여 진피의 유두층으로부터 영양을 공급받는 표피층은?

① 각질층   ② 기저층
③ 과립층   ④ 유극층
⑤ 투명층

정답
풀이 ②
기저층은 표피층의 맨 아래에 존재하는 층으로 진피층과 경계를 이루며, 진피층의 유두층으로부터 영양을 공급받는 표피층이다.

50 표피층 중 세포분열을 통해서 표피세포 형성을 하는 표피층은?

① 각질층   ② 투명층
③ 과립층   ④ 유극층
⑤ 기저층

정답
풀이 ⑤
기저층은 세포분열을 통해 표피세포를 생성하며 멜라닌형성세포, 각질형성세포, 메르켈세포 등이 존재한다.

51 다음 진피 유두층에 대한 내용으로 옳은 것은?

① 모세혈관이 분포하여 표피에 영양을 공급한다.   ② 교원섬유와 탄력섬유가 존재한다.
③ 피지선이 존재한다.   ④ 수분을 끌어당기는 초질이 존재한다.
⑤ 혈관이 존재한다.

정답
풀이
① 진피 유두층은 모세혈관이 분포하여 표피에 영양을 공급하며, 표피층인 기저층의 세포분열을 돕는다.

52 다음 진피 망상층에 대한 내용이 아닌 것은?

① 교원섬유와 탄력섬유가 존재한다.　　　② 모세혈관이 존재한다.
③ 피지선과 혈관이 존재한다.　　　　　　④ 모낭, 모구, 신경이 존재한다.
⑤ 소한선과 대한선이 존재한다.

정답
풀이
② 모세혈관이 존재하는 진피는 유두층이다.

53 다음 중 진피 망상층에 존재하지 않는 것은?

① 교원섬유와 탄력섬유　　　　　　　　　② 피지선과 혈관
③ 모낭, 모구, 신경　　　　　　　　　　　④ 천연보습인자
⑤ 대한선과 소한선

정답
풀이
④ 천연보습인자는 표피층인 각질층에 존재한다.

54 다음 중 피하지방의 내용으로 옳은 것은?

① 열격리, 충격흡수, 영양저장소의 기능을 하며 지방세포가 존재한다.
② 교원섬유, 탄력섬유를 생산하는 섬유아세포가 존재한다.
③ 모낭, 모구, 신경 등이 존재한다.
④ 세포분열을 통해 표피세포를 생성한다.
⑤ 대한선과 소한선이 있다.

정답
풀이
① 피하지방은 피부의 맨 아래에 존재하며, 열격리, 충격흡수, 영양저장소의 기능을 하며 지방세포가 존재한다.

55 천연보습인자의 구성성분 중 가장 많이 포함되어 있는 성분은?

① 젖산염　　　　　　　　　　　② 피롤리돈카볼실릭애씨드
③ 유리 아미노산　　　　　　　　④ 구연산
⑤ 포름산

정답
풀이　③

천연보습인자(NMF)의 구성성분으로는 유리 아미노산(40%)>피롤리돈카복실릭애씨드, 젖산염(각 12%)>당류 및 유기산 기타
물질(8.5%)>요소(7%)>염산염(6%)>나트륨(5%)>칼륨(4%)>칼슘, 요산, 글루코사민, 암모니아, 마그네슘(각 1.5%)>인산염,
구연산, 포름산(각 0.5%) 순이다.

56 피하지방에 존재하는 세포는?

① 섬유아세포　　　　　　　　　② 지방세포
③ 랑거한스세포　　　　　　　　④ 메르켈세포
⑤ 멜라닌형성세포

정답
풀이　②

피하지방에는 지방세포가 존재하며, 열 격리 · 충격흡수 · 영양저장소의 기능을 한다.

57 다음은 진피 망상층에 존재하는 것으로 수분을 끌어당기는 역할을 하고 특히 갓 태어난 아기의 피부에 많이 존재하며 연령이 증가함에 따라 점차 그 양이 감소하는 것은?

① 멜라노사이트　　　　　　　　② 케라티노사이트
③ 메르켈 세포　　　　　　　　　④ 하이알루로닉애씨드
⑤ 섬유아세포

정답
풀이　④

수분을 끌어당기는 역할을 하는 초질인 하이알루로닉애씨드는 망상층에 존재하는 성분으로 특히 갓 태어난 아기의 피부에
많이 존재하며 연령이 증가함에 따라 점차 그 양이 감소한다.

58 다음 대한선에 대한 설명으로 틀린 것은?

① 대한선은 모낭에 연결하여 분비된다.
② 대한선은 공포 · 고통과 같은 감정에 의해 분비된다.

③ 대한선에서 분비되는 땀에 의해 땀 냄새를 일으키는 물질은 2-메틸페놀, 4-메틸페놀 등으로 알려져 있다.

④ 대한선은 겨드랑이, 유두, 항문주위, 생식기부위, 배꼽주위에 분포되어 있다.

⑤ 대한선은 에크린선이라고도 하며, 직접 땀을 분비한다.

 ⑤

에크린선은 소한선을 말하며, 표피에 직접 땀을 분비하고 주로 열에 의해 분비된다.

59 다음 중 땀의 구성성분이 아닌 것은?

① 물 　　　　　　　　　　　② 소금
③ 요소 　　　　　　　　　　④ 스쿠알렌
⑤ 단백질

 ④

땀의 구성성분은 물, 소금, 요소, 암모니아, 아미노산, 단백질, 젖산, 크레아틴 등이다.

60 다음 중 피지성분에서 가장 많은 비율을 차지하는 성분은?

① 트리글리세라이드 　　　　　② 왁스에스테르
③ 지방산 　　　　　　　　　　④ 스쿠알렌
⑤ 디글리세라이드

정답풀이 ①

피지성분은 트리글리세라이드(41%)>왁스에스테르(25%)>지방산(16%)>스쿠알렌(12%)>디글리세라이드(2.2%)>콜레스테롤에스테르(2.1%)>콜레스테롤(1.4%) 순이다.

61 피지에 대한 설명으로 적절하지 않은 것은?

① 피지선을 통해 분비되는 피지는 비중이 0.91~0.93 정도이다.

② 피지가 적게 분비되는 곳의 피지막의 두께는 0.05μm 정도이다.

③ 피지가 많이 분비되는 곳의 피지막 두께는 4μm정도이다.

④ 피지막의 조성은 트리글리세라이드, 지방산, 스쿠알렌, 왁스에스테르, 콜레스테롤 등이다.

⑤ 지방산 성분은 그램 음성균의 활성화에 도움이 된다.

정답
풀이 ⑤

피지막의 구성성분인 지방산은 그램 음성균에 대한 항균효과를 가지는 것으로 알려져 있다.

62 여드름에 대한 설명으로 적절하지 않은 것은?

① 여드름은 심상성 좌창으로 사춘기에 발생하는 모낭피지선의 만성 염증성 질환이다.
② 여드름은 면호, 구진, 농포 형성을 특징으로 하는 질환이다.
③ 여드름의 발생부위는 코의 양쪽, 이마, 등, 가슴, 볼 등이다.
④ 염증의 유무에 따라 비염증성과 염증성 여드름으로 분류할 수 있다.
⑤ 염증성 여드름은 면포이다.

 ⑤

염증성 여드름은 구진, 뾰루지, 농포, 결정 등이 있으며, 비염증성 여드름은 면포이다.

63 여드름 발생의 유전적 요인으로 무엇이 혈류 속에 들어가 피부모낭의 피지선을 자극해서 과다한 피지가 분비되어 여드름이 발생하는가?

① 테스토스테론
② 미네랄 오일
③ 페트롤라툼
④ 라놀린
⑤ 올레익애씨드

 ①

여드름의 유전적 요인은 남성호르몬인 테스토스테론이 혈류 속에 들어가 피부모낭의 피지선을 자극해서 과다한 피지가 분비되어 여드름이 발생한다.

64 여드름의 원인에 대한 설명으로 적절하지 않은 것은?

① 여드름균은 피부상재균의 90%를 차지하는 모낭에 상주하는 호기성 박테리아이다.
② 안드로겐에 의해 피지선이 비대해지고 피지분비가 왕성해지며 피부에 이상각화가 일어나 모낭구가 막혀 피지가 배출되지 못하고 정체되고 여기에 여드름균이 번식하여 효소를 분비하는데 이 효소가 피지를 분해하여 유리지방산을 형성한다.
③ 유리지방산은 모낭벽을 직접 자극하고 진피내로도 들어가 염증을 일으킨다.

④ 유전적으로 남성호르몬인 테스토스테론이 혈류 속에 들어가 피부모낭의 피지선을 자극해서 과다한 피지가 분비되어 여드름이 발생한다.

⑤ 여드름 환자의 모낭에는 정상인에 비하여 여드름균의 균주수가 많고 테스토스테론을 보다 강력한 디하이드로테스토스테론으로 전환시키는 5-리덕타제의 활성도가 높다.

> **정답풀이** ①
> 여드름균은 피부상재균의 90%를 차지하는 모낭에 상주하는 **혐기성 박테리아**이다.

65 여드름 유발성 물질과 거리가 먼 것은?

① 미네랄 오일
② 레조르시놀
③ 페트롤라툼
④ 라놀린
⑤ 라우릴알코올

> **정답풀이** ②
> 여드름을 유발하는 화장품 원료는 폐색막을 형성하여 피부의 호흡과 분비기능을 방해하는 미네랄 오일, 페트롤라툼과 라놀린, 올레익애씨드, 라우릴알코올, 코코아 버터 등이 있다.

66 다음 중 여드름 치료성분과 거리가 먼 것은?

① 벤조일퍼옥사이드
② 황
③ 레조르시놀
④ 올레익애씨드
⑤ 피지억제작용 추출물

> **정답풀이** ④
> 여드름의 치료에 사용되는 성분으로 벤조일퍼옥사이드, 황(3~10%), 레조르시놀(1,3-디옥시벤젠 2%), 살리실릭애씨드, 피지억제작용 추출물, 비타민 B_6(피지분비 정상화) 등이 있다.

67 모발의 구성성분에 대한 설명으로 틀린 것은?

① 모발 안쪽에는 모발 무게에 85~90%를 차지하는 모피질과 모수질이 있다.
② 모피질에는 피질세포, 케라틴, 멜라닌이 존재한다.
③ 멜라닌은 티로신으로부터 만들어진다.
④ 검정색과 갈색을 나타내는 멜라닌은 페오멜라닌이다.
⑤ 모발의 색은 유멜라닌과 페오멜라닌의 구성비에 의해 결정된다.

68 모발의 구성과 관련된 설명으로 적절하지 않은 것은?

① 모발형태와 웨이브의 결정은 케라틴을 구성하는 아미노산인 시스틴에 있는 디설파이드 결합에 의한다.
② 환원제를 사용하여 결합을 절단한 후 산화제를 이용하여 디설파이드결합을 재구성하고 모발의 모양이나 웨이브 정도를 결정한다.
③ 모발의 바깥쪽은 모소피(큐티클)가 5도 경사로 모발의 뿌리까지 덮어서 모피질을 보호한다.
④ 모소피의 주요성분은 케라틴(경단백질)이다.
⑤ 모소피의 두께는 0.5~1.0μm으로 6~10겹이고 원추형이다.

69 다음 모발에 대한 내용으로 적절하지 않은 것은?

① 모발은 모근과 모간으로 분리된다.
② 모근에는 모유두, 모모세포, 색소세포, 모세혈관이 있는 모구가 위치하고 있다.
③ 모유두는 모구 아래쪽에 위치하며 작은 말발굽 모양으로 모발성장을 위해 영양분을 공급해 주는 혈관과 신경이 몰려있다.
④ 모모세포는 모유두를 덮고 있으며, 모유두로부터 영양을 공급받아 세포분열하여 모발을 만든다.
⑤ 모간은 모모세포와 모구를 포함한 부분을 말한다.

70 모발에 대한 설명으로 적절하지 않은 것은?

① 모발의 등전점은 pH 3.0~5.0이다.
② 모발의 pH가 등전점보다 낮으면 (−) 전하를 띤다.
③ 모발의 두께(지름)는 40~120μm이다.

④ 모발의 성장속도는 0.35~0.50mm/day이다.
⑤ 모낭은 15~20회 모발을 생산한 후 사멸된다.

 정답풀이 ②

모발의 pH가 등전점보다 낮으면 (+) 전하를 띠고 pH가 등전점보다 높으면 (−)전하를 띄는데 약 pH3인 반영구염모제는 이 등전점을 이용하여 산성염료를 전기적으로 모발에 부착시켜 염색을 시킨다.

71 모발의 성분으로 가장 비율이 높은 성분은?

① 케라틴   ② 수분
③ 지질   ④ 멜라닌
⑤ 미네랄

 정답풀이 ①

일반적으로 모발은 케라틴(80%)>수분(12~15%)>지질(1~9%)>멜라닌(3%)>미네랄(0.5~0.9%) 로 구성되어 있다.

72 모발의 성장주기에 대한 설명으로 적절하지 않은 것은?

① 모발성장주기는 초기성장기, 성장기, 퇴행기, 휴지기로 구성된다.
② 성장기에는 모발을 구성하는 세포의 성장이 빠르게 이루어진다.
③ 퇴행기에는 성장이 감소하고 모구 주위의 상피세포가 죽는다.
④ 휴지기에는 모낭이 위축되고 성장이 멈춘다.
⑤ 탈모환자의 경우 전체 모발 중 성장기에 있는 모발의 수가 많다.

 정답풀이 ⑤

모발은 초기성장기를 거쳐 성장기, 퇴행기, 휴지기를 지나 빠지게 되는데, 탈모환자는 성장기가 감소하고 휴지기가 증가되어 있어 전체 모발 중 휴지기에 있는 모발의 수가 많다.

73 일반적으로 성인에게서 탈모되는 양은 얼마나 되는가?

① 약 10~20개/일   ② 약 20~50개/일
③ 약 30~40개/일   ④ 약 40~70개/일
⑤ 약 50~100개/일

 정답풀이 ④

일반적으로 성인에게서 탈모되는 양은 약 40~70개/일이며 병적인 탈모는 120개 이상/일이다.

74 모발에 존재하는 결합의 종류를 모두 고르면?

> • 보기 •
>
> 가. 염결합
> 다. 수소결합
>
> 나. 시스틴(디설파이드) 결합
> 라. 펩티드결합

① 가
③ 가, 나, 다
⑤ 정답 없음

② 가, 나
④ 가, 나, 다, 라

정답풀이 ④
모발에 존재하는 결합은 염결합, 시스틴(디설파이드) 결합, 수소결합, 펩티드결합이 있다.

75 화장품에서 탈모방지 기능성화장품의 주성분으로 사용되는 것이 아닌 것은?

① 덱스판테놀
③ 엘−멘톨
⑤ 페트롤라툼

② 비오틴
④ 징크피리치온

정답풀이 ⑤
화장품에서는 덱스판테놀, 비오틴, 엘−멘톨, 징크피리치온이 탈모방지 기능성화장품의 주성분으로 사용된다.

76 다음 〈보기〉 중 탈모치료제로 사용되는 것을 모두 고르면?

> • 보기 •
>
> 가. 레조르시놀
> 다. 피나스테이드
>
> 나. 미녹시딜
> 라. 두타스테리드

① 가, 나, 다
③ 가, 다, 라
⑤ 가, 나, 다, 라

② 가, 나, 라
④ 나, 다, 라

정답풀이 ④
탈모치료제로 미녹시딜(외용제), 피나스테이드(경구용), 두타스테리드(경구용제제)가 사용되고 있다. '가'의 레조르시놀은 여드름 치료제이다.

77 탈모치료제 중 두피의 말초혈관을 확장시켜 모발이 성장하는 데 필요한 영양분이 원활히 공급되도록 돕는 것은?

① 미녹시딜
② 피나스테이드
③ 두타스테리드
④ 벤조일퍼옥사이드
⑤ 살리실릭애씨드

 정답 풀이 ①
미녹시딜은 두피의 말초혈관을 확장시켜 모발이 성장하는 데 필요한 영양분이 원활히 공급되도록 돕는다.

78 다음 여드름의 종류 중 염증성 여드름이 아닌 것은?

① 면포
② 구진
③ 농포
④ 뾰루지
⑤ 결절

 정답 풀이 ①
여드름은 염증의 유무에 따라 염증성 여드름과 비염증성 여드름을 구분하는데, 염증성 여드름에는 구진, 뾰루지, 농포, 결절 등이 있으며, 비염증성 여드름은 면포이다.

79 비듬에 대한 설명으로 틀린 것은?

① 비듬은 표피세포의 각질화에 의해 떨어져 나온 조각으로 피지나 땀, 먼지 등이 붙어 있다.
② 비듬의 발생빈도는 성별이나 계절, 연령 등에 따라 차이를 보인다.
③ 피부가 건조해지기 쉬운 겨울에 발생하기 쉽다.
④ 비듬은 남성이 여성에 비해 비듬의 양이 많아 여성의 3배 정도 된다.
⑤ 비듬이 심해지면 탈모의 원인이 되며 비듬 원인균은 피나스테이드이다.

 정답 풀이 ⑤
비듬의 원인균은 말라세시아라는 진균이다.

80 다음 〈보기〉 중 비듬치료에 도움이 되는 기능성화장품 주성분을 모두 고르면?

• 보기 •

가. 징크피리치온
나. 피록톤올아민
다. 살리실릭애씨드
라. 레조르시놀
마. 벤조일퍼옥사이드

① 가, 나, 다
② 가, 나, 라
③ 가, 나, 마
④ 가, 다, 라
⑤ 가, 다, 마

정답
풀이 ①
'라'와 '마'는 여드름치료에 사용되는 성분이다.

81 다음 〈보기〉에서 설명하는 피부타입은?

• 보기 •

가. 피지와 땀의 분비가 적어서 피부표면이 건조하고 윤기가 없다.
나. 피부노화에 따라 피지와 땀의 분비량이 감소하여 더 건조해지는 피부이다.
다. 잔주름이 생기기 쉬운 피부로 피부의 수분량이 부족하다.

① 건성피부
② 지성피부
③ 중성피부
④ 복합성 피부
⑤ 민감성 피부

정답
풀이 ①
건성피부의 특징

• 유·수분량의 균형이 깨진 상태로 각질층 수분함유량이 10% 이하이다.
• 모공이 거의 보이지 않으며 잔주름이 많다.
• 피부가 얇고 피부결이 섬세하며 세안 후 얼굴 당김을 느낀다.
• 건성피부, 표피수분부족 건성피부, 진피수분부족 건성피부로 나뉜다.

82 지성피부의 특징과 거리가 먼 것은?

① 피지의 분비량이 많다.
② 얼굴이 번들거린다.
③ 모공이 넓다.
④ 피부결이 곱고 얇다.
⑤ 피지 분비량이 많은 T존에 검은 여드름이 생긴다.

정답
풀이
④

지성피부는 피부색이 칙칙하고 피부결이 거칠며 피부가 두껍다.

83 복합성 피부의 특징으로 적당하지 않은 것은?

① 2가지 이상의 다른 피부유형이 공존한다.   ② 코와 이마 부위는 피지가 많다.
③ 모공이 작다.   ④ 볼 부위에는 피지가 적다.
⑤ 피부결이 섬세한 경우가 많다.

정답
풀이
③

복합성 피부는 지성과 건성이 함께 존재하는 피부유형으로 피지분비량이 많은 T존과 피지 분비량이 적은 U존이 존재하여 T
존은 번들거리고 여드름이 있으며, U존은 수분이 부족하여 건조하다. 일반적으로 모공이 큰 경우가 많다.

84 전기전도도를 통한 피부측정항목은?

① 피부수분   ② 피부유분
③ 피부표면   ④ 피부탄력도
⑤ 피부 pH

정답
풀이
①

전기전도도를 통해 피부의 수분량을 측정한다.

85 피부측정에서 카트리지 필름을 피부에 일정시간 밀착시킨 후 카트리지 필름의 투명도를 통해 측정하는 항목은?

① 피부수분   ② 피부유분
③ 피부표면   ④ 피부탄력도
⑤ 피부 pH

정답
풀이
②

카트리지 필름을 피부에 일정시간 밀착시킨 후 카트리지 필름의 투명도를 통해 피부의 유분량을 측정한다.

86 다음 〈보기〉 중 진피의 유두층에 대한 내용으로 옳은 것을 모두 고르면?

• 보기 •

가. 표피와 진피와의 경계인 물결 모양의 탄력조직으로 돌기를 형성함
나. 진피의 대부분을 이루며 피하조직과 연결됨
다. 혈관과 신경종말이 존재하며, 모세혈관을 통한 기저세포에 산소와 영양을 공급함
라. 미세한 섬유질(콜라겐)과 섬유 사이의 빈 공간으로 이루어짐

① 가, 나, 다   ② 가, 나, 라
③ 가, 다, 라   ④ 나, 다, 라
⑤ 가, 나, 다, 라

정답
풀이   ③

유두층

> • 표피와 진피와의 경계인 물결 모양의 탄력조직으로 돌기를 형성함
> • 혈관과 신경종말이 존재하며, 모세혈관을 통한 기저세포에 산소와 영양을 공급함
> • 미세한 섬유질(콜라겐)과 섬유 사이의 빈 공간으로 이루어짐

87 다음 진피의 망상층에 대한 설명으로 옳은 것을 모두 고르면?

• 보기 •

가. 그물 모양의 결합조직이다.
나. 진피의 대부분을 이루며 피하조직과 연결되어 있다.
다. 혈관, 림프관, 한선, 피지선, 모낭 등이 존재한다.
라. 표피층의 기저층에 산소와 영양을 공급한다.

① 가, 나, 다   ② 가, 나, 라
③ 가, 다, 라   ④ 나, 다, 라
⑤ 가, 나, 다, 라

정답
풀이   ①

망상층

> • 그물 모양의 결합조직이다.
> • 진피의 대부분을 이루며 피하조직과 연결되어 있다.
> • 혈관, 림프관, 한선, 피지선, 모낭 등이 존재한다.

88 다음 피하지방층의 역할과 거리가 먼 것은?

① 수분조절기능
② 체온조절기능
③ 외부충격으로부터 완충작용
④ 감각조절기능
⑤ 여성의 곡선미 연출기능

정답
풀이
④

피하지방층의 기능

- 피하지방을 생산하여 체온조절기능
- 외부의 충격으로부터 몸을 보호하는 완충작용(탄력성 유지기능)
- 수분조절 기능 및 영양소 저장기능
- 피하지방층의 두께에 따라 비만도가 결정
- 여성의 곡선미 연출기능

89 다음 〈보기〉 중 대한선(아포크린선)이 존재하는 위치로 적절한 곳을 모두 고르면?

• 보기 •

가. 겨드랑이
나. 유두주위
다. 배꼽주위
라. 성기주위
마. 귀 주위

① 가, 나, 다, 마
② 가, 나, 라, 마
③ 가, 다, 라, 마
④ 나, 다, 라, 마
⑤ 가, 나, 다, 라, 마

정답
풀이
⑤

대한선(아포크린선)은 겨드랑이, 유두주위, 배꼽주위, 성기주위, 귀 주위 등 특정부위에 존재한다.

90 대한선(아포크린선)에 대한 설명으로 틀린 것은?

① 대한선은 소한선보다 크며 피하지방 가까이 위치한다.
② 대한선은 피부에 직접 연결되어 있다.
③ 대한선은 99%가 수분이며 1%는 NaCl, K, Ca, 젖산, 암모니아 · 요산, 크레아티닌 등으로 구성된다.
④ 대한선은 pH가 5.5~6.5로 단백질의 함유가 많고 특유의 체취를 발생시킨다.
⑤ 대한선은 성 · 인종을 결정짓는 물질을 함유하고 있으며, 흑인이 가장 많이 함유되어 있다.

정답 풀이 ②

대한선(아포크린선)

구성성분	대한선은 99%가 수분이며 1%는 NaCl, K, Ca, 젖산, 암모니아 · 요산, 크레아티닌 등으로 구성된다.
특징	• 소한선보다 크며 피하지방 가까이에 위치한다. • 모공과 연결되어 있다. • pH 5.5 ~ 6.5로 단백질 함유가 많고 특유의 독특한 체취를 발생한다. • 사춘기 이후에 주로 발달하며 젊은 여성에게 많이 발생한다. • 성 · 인종을 결정짓는 물질을 함유하며, 특히 흑인에게 많이 함유되어 있다. • 정신적 스트레스에 반응한다.
위치	겨드랑이, 유두주위, 배꼽주위, 성기 주위, 귀 주위 등 특정부위에 존재한다.

91 소한선(에크린선)에 대한 설명으로 적절하지 않은 것은?

① 소한선은 지질, 수분, 단백질, 당질, 암모니아, 철분, 형광물질 등으로 구성된다.
② 소한선은 실뭉치 모양으로 진피 깊숙이 위치한다.
③ 입술, 음부, 손톱을 제외한 전신에 분포한다.
④ pH 6.4~ 9.2 정도로 약알칼리성인 무색, 무취이다.
⑤ 체온조절의 기능을 한다.

정답 풀이 ④

소한선

구성성분	지질(중성지방, 지방산, 콜레스테롤), 수분, 단백질, 당질, 암모니아, 철분, 형광물질 등
특징	• 실뭉치 모양으로 진피 깊숙이 위치한다. • 피부에 직접 연결된다. • pH 3.8~5.6의 약산성인 무색 · 무취이다. • 체온조절 기능을 한다. • 온열성 발한, 정신성 발한, 미각성 발한
위치	• 입술, 음부, 손톱을 제외한 전신에 분포한다. • 손바닥>발바닥>이마>빰>몸통>팔>다리의 순서로 분포한다.

92 다음 신체 중 피지선이 존재하지 않는 곳은?

① 손바닥
② 입술
③ 귀두
④ 목
⑤ 등

정답
풀이 ①

피지선의 종류와 분포

큰 피지선	얼굴의 T존 부위, 목, 등, 가슴
작은 피지선	손바닥과 발바닥을 제외한 전신에 분포함
독립 피지선	털과 연결되어 있지 않은 피지선(입술, 성기, 유두, 귀두)
피지선이 없는 곳	손바닥, 발바닥

93 다음 〈보기〉 중 모발의 기능으로 옳은 것을 모두 고르면?

• 보기 •

가. 유해한 외부환경으로부터 피부보호기능
나. 신체 외관에 중요한 부분으로 성적매력, 미용적 효과
다. 노폐물 배출기능
라. 지각기능
마. 충격완화기능

① 가, 나, 다, 마　　　　　　　② 가, 나, 라, 마
③ 가, 다, 라, 마　　　　　　　④ 나, 다, 라, 마
⑤ 가, 나, 다, 라, 마

정답
풀이 ⑤

모발의 기능

- **보호기능** : 유해한 외부환경으로부터 피부를 보호하는 기능
- **장식기능** : 신체 외관에 중요한 부분으로 성적매력, 미용적 효과
- 노폐물배출기능
- 지각기능
- 충격완화기능

94 모발의 가장 바깥쪽으로 모근에서 모발의 끝을 향해 비늘모양으로 겹쳐져 모피질을 보호하는 역할을 하는 것은?

① 모표피　　　　　　　　② 모피질
③ 모수질　　　　　　　　④ 모낭
⑤ 모구

①

모표피는 모발의 가장 바깥쪽으로 모근에서 모발의 끝을 향해 비늘모양으로 겹쳐져 모피질을 보호한다.

95 다음 〈보기〉 중 모간의 구성요소를 모두 고르면?

• 보기 •

가. 모표피　　　　　　　　　　　나. 모피질
다. 모수질　　　　　　　　　　　라. 모유두
마. 모낭과 모구

① 가, 나, 다　　　　　　　　　　② 가, 나, 라
③ 가, 다, 라　　　　　　　　　　④ 나, 다, 라
⑤ 가, 나, 다, 라, 마

①

모간

- 모간이란 피부표면에 나와 있는 부분이다.
- **모표피** : 모발의 가장 바깥쪽으로 모근에서 모발의 끝을 향해 비늘모양으로 겹쳐져 모피질을 보호한다.
- **모피질** : 모발의 85~90%를 차지하며, 멜라닌 색소와 공기를 포함하여 모발을 지탱한다.
- **모수질** : 모발의 가장 안쪽의 층으로 각화세포로 이루어져 있다.

96 다음 〈보기〉 중 모근의 구성요소를 모두 고르면?

• 보기 •

가. 모낭　　　　　　　　　　　　나. 모구
다. 모세포　　　　　　　　　　　라. 모유두
마. 멜라닌세포

① 가, 나, 다　　　　　　　　　　② 가, 나, 라
③ 가, 다, 라　　　　　　　　　　④ 나, 다, 라
⑤ 가, 나, 다, 라, 마

⑤

모근

- 모근이란 피부 내부에 있는 부분을 말한다.

- 모낭이란 모근을 싸고 있는 조직으로 피지선과 연결되어 있다.
- 모구는 모근의 아래쪽 둥근 모양이다.
- 모세포와 멜라닌 세포가 존재한다.
- 세포분열의 시작점이다.
- **모유두** : 모구의 중심부에 모발의 영양을 관장하는 혈관이나 신경이 분포한다.

97 자율신경계에 영향을 받으며 외부의 자극에 의해 수축하는 것은?

① 모표피   ② 기모근
③ 모세포   ④ 모피질
⑤ 모수질

정답
풀이   ②
기모근이란 자율신경계에 영향을 받아 외부의 자극에 의해 수축하며, 속눈썹, 눈썹, 겨드랑이를 제외한 대부분의 모발에 존재한다.

98 모발의 성장기는 모발이 성장을 계속하는 시기로 대략 그 기간은?

① 3~4개월   ② 3~4주간
③ 3~10일간   ④ 1~2개월
⑤ 2~6년

정답
풀이   ⑤
성장기는 모발이 성장을 계속하는 시기로 평균 성장기는 3~10년 정도이고 대략은 2~6년이며, 전체 모발의 85~90%를 차지한다.

99 모발의 성장주기별로 전체 모발에서 차지하는 비율 순으로 잘 연결된 것은?

① 성장기＞퇴행기＞휴지기   ② 성장기＞휴지기＞퇴행기
③ 퇴행기＞성장기＞휴지기   ④ 퇴행기＞휴지기＞성장기
⑤ 휴지기＞퇴행기＞성장기

정답
풀이 ②
전체 모발의 성장주기별 존재량은 성장기(전체 모발의 85~90%)>휴지기(전체 모발의 10~15%)>퇴행기(전체 모발의 2%) 순이다.

100 모발의 성장주기별 지속기간이 큰 순서로 옳은 것은?

① 성장기>휴지기>퇴행기
② 성장기>퇴행기>휴지기
③ 휴지기>퇴행기>성장기
④ 휴지기>성장기>퇴행기
⑤ 퇴행기>휴지기>성장기

정답
풀이 ①
모발의 성장주기별 지속기간은 성장기(2~6년)>휴지기(2~3개월)>퇴행기(2~3주) 순이다.

101 피부유형의 분석방법 중 모공, 예민도, 혈액순환 등을 육안 또는 피부분석기를 이용하여 판독하는 방법은?

① 문진법
② 견진법
③ 기기판독법
④ 화학분석법
⑤ 촉진법

정답
풀이 ②
견진법이란 모공, 예민도, 혈액순환 등을 육안 또는 피부분석기를 이용하여 판독하는 방법이다.

102 피부분석방법 중 피지분비상태 기준에 따른 피부유형이 아닌 것은?

① 건성 피부
② 지성 피부
③ 지루성 피부
④ 여드름 피부
⑤ 예민성 피부

정답
풀이 ⑤
피지분비상태에 따라 건성 피부, 정상 피부, 지성 피부, 지루성 피부, 여드름 피부 등으로 구분된다.

103 다음 〈보기〉 중 지성피부의 특징을 설명한 것이 아닌 것을 모두 고르면?

> • 보기 •
>
> 가. 모공이 넓고 피부결이 거칠며 피부가 두껍다.
> 나. 코와 이마 부위는 피지가 많고 모공이 큰 경우가 많다.
> 다. 볼 부위에는 피지가 적고 모공이 거의 보이지 않으며 피부결이 섬세한 경우가 많다.
> 라. 모공이 거의 보이지 않으며 잔주름이 많다.
> 마. 피부가 얇고 피부결이 섬세하며 세안 후 얼굴 당김을 느낀다.

① 가, 나
② 나, 다
③ 다, 라
④ 라, 마
⑤ 가, 나, 다, 라, 마

정답풀이 ④

'라'와 '마'는 건성피부의 특징이다.

104 피부유형 분석방법 중 기기 판독법의 기기종류가 아닌 것은?

① 우드램프
② 확대경
③ 피부분석기
④ 수분 pH 측정기
⑤ 스패튤러

정답풀이 ⑤

스패튤러는 피부에 자극을 주어 판독하는 것으로 촉진법의 유형에 속한다.

105 다음 중 표피층과 그 존재물질의 연결이 옳지 않은 것은?

① 각질층 – 천연보습인자(NMF)
② 투명층 – 엘라이딘
③ 과립층 – 혈관, 림프관
④ 유극층 – 랑게르한스세포
⑤ 기저층 – 멜라닌세포

정답풀이 ③

표피층 유형별 존재물질

- **각질층** : 천연보습인자가 존재함
- **투명층** : 엘라이딘이라는 반유동성물질이 존재함
- **과립층** : 케라토하이알린 과립이 존재함
- **유극층** : 면역기능을 담당하는 랑게르한스세포가 존재함
- **기저층** : 멜라닌형성세포가 존재함

106 표피층의 유형별 기능의 연결이 옳지 않은 것은?

① 각질층 : 수분손실을 막아주며 자극으로부터 피부보호 및 세균침입방지
② 투명층 : 혈관과 신경종말이 존재하며, 모세혈관을 통해 기저세포에 산소와 영양을 공급
③ 과립층 : 외부로부터 수분침투를 막음(수분저지막)
④ 유극층 : 림프액이 흘러 혈액순환, 물질교환이 일어남
⑤ 기저층 : 모세혈관으로부터 영양분과 산소를 공급받아 세포분열을 통한 새로운 세포형성

정답
풀이   ②

혈관과 신경종말이 존재하며, 모세혈관을 통해 기저세포에 산소와 영양을 공급하는 것은 진피의 유두층이다.

107 표피층별 구성형태로 틀린 것은?

① 각질층 : 약 15~25층의 납작한 무핵세포로 구성
② 투명층 : 2~3층의 편평한 세포로 구성
③ 과립층 : 2~5층의 방추형 세포로 구성
④ 유극층 : 그물 모양의 망상조직으로 구성
⑤ 기저층 : 단층의 원주형 세포로 구성

정답
풀이   ④

유극층은 5~10층의 다각형 세포로 구성된다.

108 다음 피지선의 종류와 그 분포위치를 연결한 것으로 틀린 것은?

① 큰 피지선 – 얼굴의 T-zone 부위, 목, 등, 가슴 등에 분포
② 작은 피지선 – 발바닥을 포함한 전신에 분포
③ 독립피지선 – 털과 연결되어 있지 않은 피지선으로 입술, 성기, 유두, 귀두에 분포
④ 피지선이 없는 곳 – 손바닥
⑤ 피지선이 없는 곳 – 발바닥

정답
풀이   ②

작은 피지선은 손바닥과 발바닥을 제외한 전신에 분포한다.

109 다음 〈보기〉 중 각질층의 주성분으로 옳은 것을 모두 고르면?

• 보기 •

가. 케라틴단백질　　　　　　　　　　　나. 천연보습인자
다. 세포 간 지질　　　　　　　　　　　　라. 섬유질(콜라겐)

① 가, 나, 다　　　　　　　　　　　　② 가, 나, 라
③ 가, 다, 라　　　　　　　　　　　　④ 나, 다, 라
⑤ 가, 나, 다, 라

정답
풀이　①
'라'의 섬유질은 진피의 유두층 구성성분이다.

110 표피층 중 본격적인 각화과정이 시작되는 층은?

① 각질층　　　　　　　　　　　　② 투명층
③ 과립층　　　　　　　　　　　　④ 유극층
⑤ 기저층

정답
풀이　③
과립층은 본격적인 각화과정이 시작되며, 외부로부터 수분 침투를 막는 역할을 한다.

111 표피층 중 가장 두꺼운 층은?

① 각질층　　　　　　　　　　　　② 투명층
③ 과립층　　　　　　　　　　　　④ 유극층
⑤ 기저층

정답
풀이　④
유극층은 5~10층의 다각형세포로 구성되며, 표피에서 가장 두꺼운 층이다.

112 표피층 중 기저층에 대한 설명으로 적절하지 않은 것은?

① 표피의 가장 아래층에 위치하며 단층의 원주형 세포로 구성된다.
② 모세혈관으로부터 영양분과 산소를 공급받아 세포분열을 통한 새로운 세포형성을 한다.
③ 멜라닌형성세포가 존재한다.
④ 기저세포와 멜라닌세포는 4~10 : 1 비율로 존재한다.
⑤ 주로 손바닥과 발바닥에 존재한다.

정답
풀이   ⑤
주로 손바닥과 발바닥에는 투명층이 존재한다.

113 다음 〈보기〉의 각질층 구성성분 중 세포 간 지질의 구성성분을 모두 고르면?

• 보기 •

가. 세라마이드   나. 지방산
다. 콜레스테롤에스터   라. 콜라겐

① 가, 나, 다   ② 가, 나, 라
③ 가, 다, 라   ④ 나, 다, 라
⑤ 가, 나, 다, 라

정답
풀이   ①
세포 간 지질의 성분은 세라마이드(50%), 지방산(30%), 콜레스테롤에스터(5%) 등이다.

114 다음 〈보기〉의 표피의 구조에서 (   ) 안에 들어갈 층은?

• 보기 •

표피는 각질층 → 투명층 → 과립층 → (   ) → 기저층 순으로 구성되어 있다.

① 유극층   ② 유두층
③ 망상층   ④ 피하층
⑤ 한선층

정답
풀이   ①
표피는 각질층, 투명층, 과립층, 유극층, 기저층으로 구성되며, 진피는 유두층과 망상층으로 구성되어 있다.

115 다음 〈보기〉 중 진피의 망상층에 위치한 감각기능을 모두 고르면?

• 보기 •

가. 온각   나. 냉각
다. 압각   라. 통각
마. 촉각

① 가, 나, 다   ② 가, 나, 라
③ 가, 나, 마   ④ 나, 다, 라
⑤ 다, 라, 마

정답
풀이 ①
　　진피의 유두층에는 통각과 촉각이 위치하며, 망상층에는 온각, 냉각, 압각이 위치한다.

116 진피의 유두층에 위치하며 피부에 가장 많이 분포된 감각기능은?

① 촉각   ② 통각
③ 온각   ④ 냉각
⑤ 압각

정답
풀이 ②
　　통각은 진피 유두층에 존재하며 피부에 가장 많이 분포되어 있다.

117 피부의 흡수기능에 대하여 틀린 것은?

① 피부의 수분량이 많을 때 흡수율이 높다.
② 피부의 온도가 높을 때 흡수율이 높다.
③ 혈액순환이 빠를 때 흡수율이 높다.
④ 유효성분의 입자가 작을 때 흡수율이 높다.
⑤ 유효성분이 수용성일 때 흡수율이 높다.

정답
풀이 ⑤
　　강제흡수의 경우 피부의 수분량과 온도가 높고 혈액순환이 빠를 때, 유효성분의 입자가 작고 지용성일 때 흡수율이 높다.

118 피부의 체온조절기능은 무엇을 통하여 이루어지는가?

① 신경조직   ② 모세혈관
③ 모낭   ④ 피지선
⑤ 한선

> **정답풀이** ②
> 체온조절은 모세혈관의 확장과 수축작용을 통하여 기능을 수행한다.

119 자외선으로부터 피부를 보호하는 것은?

① 멜라닌 색소   ② 크레아티닌
③ 피지선   ④ 한선
⑤ 모세혈관

> **정답풀이** ①
> 멜라닌 색소는 자외선을 흡수하여 신체를 보호한다.

120 다음 〈보기〉는 소한선(에크린선)의 분포위치이다. 많이 분포된 순서로 옳은 것은?

① 발바닥＞손바닥＞이마＞몸통＞팔＞다리＞뺨
② 발바닥＞이마＞뺨＞손바닥＞몸통＞팔＞다리
③ 손바닥＞발바닥＞이마＞뺨＞몸통＞팔＞다리
④ 이마＞뺨＞몸통＞팔＞다리＞손바닥＞발바닥
⑤ 몸통＞이마＞뺨＞팔＞다리＞손바닥＞발바닥

> **정답풀이** ③
> 소한선(에크린선)은 손바닥＞발바닥＞이마＞뺨＞몸통＞팔＞다리 순으로 분포되어 있다.

121 화장품의 관능평가에 대한 설명으로 적절하지 않은 것은?

① 관능평가는 여러 가지 품질을 인간의 오감에 의하여 평가하는 제품검사를 말한다.

② 관능평가에는 좋고 싫음을 주관적으로 판단하는 기호형이 있다.

③ 관능평가에는 표준품 및 한도품 등 기준과 비교하여 합격품, 불량품을 객관적으로 평가·선별하는 분석형이 있다.

④ 사람의 식별력 등을 조사하는 것은 기호형에 속한다.

⑤ 사용감은 원자재나 제품을 사용할 때 피부에서 느끼는 감각으로 매끄럽게 바른 후 가볍거나 무거운 느낌, 밀착감, 청량감 등을 말한다.

> **정답 풀이** ④
> 관능평가에는 좋고 싫음을 주관적으로 판단하는 기호형과 표준품 및 한도품 등 기분과 비교하여 합격품, 불량품을 객관적으로 평가, 선별하거나 사람의 식별력 등을 조사하는 분석형의 2가지 종류가 있다.

122 육안을 통한 관능평가에 사용되는 표준품과 그 기준에 대한 연결이 옳지 않은 것은?

① 제품 표준견본 – 완제품의 개별포장에 관한 표준

② 벌크제품 표준견본 – 내용물을 제품용기에 충진할 때의 액면위치에 관한 표준

③ 레벨 부착 위치견본 – 완제품의 레벨 부착위치에 관한 표준

④ 색소원료 표준견본 – 색소의 색조에 관한 표준

⑤ 원료 표준견본 – 원료의 색상, 성상, 냄새 등에 관한 표준

> **정답 풀이** ②
> 벌크제품 표준견본은 성상, 냄새, 사용감에 관한 표준이다.

123 관능평가 절차에 대한 설명으로 틀린 것은?

① 유화제품은 표준견본과 대조하여 내용물 표면의 매끄러움과 내용물의 흐름성, 내용물의 색이 유백색인지를 육안으로 확인한다.

② 색조제품은 표준견본과 내용물을 슬라이드 글라스에 각각 소량씩 묻힌 후 슬라이드 글라스로 눌러서 대조되는 색상을 육안으로 확인한다.

③ 색조제품은 손등 혹은 실제 사용부위에 발라서 색상을 확인할 수도 있다.

④ 향취는 비커에 일정량의 내용물을 담고 코를 비커에 가까이 대서 향취를 맡는다.

⑤ 사용감은 내용물을 손등에 문질러서 지속되는 시간 등을 측정한다.

> **정답 풀이** ⑤
> 사용감은 내용물을 손등에 문질러서 느껴지는 **사용감을 촉각을 통해서 확인한다.**

화장품 인체적용시험 및 효력시험 가이드라인에 의한 제품평가 측면의 관능평가 내용으로 틀린 것은?

① 관능시험은 패널 또는 전문가의 감각을 통한 제품성능에 대한 평가이다.
② 소비자에 의한 사용시험은 소비자들이 관찰하거나 느낄 수 있는 변수들에 기초하여 제품효능과 화장품 특성에 대한 소비자의 인식을 평가하는 것으로 맹검과 비맹검 사용시험으로 분류된다.
③ 맹검사용 시험은 제품의 상품명, 표기사항 등을 알려주고 제품에 대한 인식 및 효능 등이 일치하는지를 조사하는 시험이다.
④ 전문가 패널에 의한 평가는 정확한 관능기준을 가지고 교육을 받은 전문가 패널의 도움을 얻어 실시해야 한다.
⑤ 전문가에 의한 시험은 의사의 감독하에서 실시하는 평가나 그 외의 전문가 관리하에서 실시하는 평가이다.

정답풀이 ③

소비자(일반 패널)에 의한 평가

맹검사용 시험	소비자의 판단에 영향을 미칠 수 있고 제품의 효능에 대한 인식을 바꿀 수 있는 상품명, 디자인, 표시사항 등의 정보를 제공하지 않는 제품사용시험
비맹검사용 시험	제품의 상품명, 표기사항 등을 알려주고 제품에 대한 인식 및 효능 등이 일치하는지를 조사하는 시험

125 화장품 부작용 중 건선과 같은 심한 피부건조에 의해 각질이 은백색의 비늘처럼 피부표면에 발생하는 것은?

① 홍반
② 가려움
③ 인설생성
④ 자통
⑤ 작열감

정답풀이 ③

인설생성이란 건선과 같은 심한 피부건조에 의해 각질이 은백색의 비늘처럼 피부표면에 발생하는 것을 말한다.

126 맞춤형화장품 소분·혼합 전 배합금지 원료의 확인은 누가 하는가?

① 식품의약품안전처장
② 지방 식품의약품안전청장

③ 화장품 제조업자　　　　　　　　④ 책임판매관리자

⑤ 맞춤형화장품 조제관리사

 정답풀이 ⑤

제품상담을 통해 맞춤형화장품에 배합하기로 한 화장품 원료가 유통화장품 안전관리에 관한 기준 별표에서 규정한 화장품에 사용할 수 없는 원료인지 소분·혼합 전에 <mark>맞춤형화장품 조제관리사</mark>는 확인하여야 한다.

127 다음 중 포장에 기재되는 표시사항으로 거리가 먼 것은?

① 화장품의 명칭　　　　　　　　　② 관리번호

③ 영업자의 상호 및 주소　　　　　　④ 내용물의 용량 또는 중량

⑤ 사용할 때의 주의사항

 정답풀이 ②

관리번호가 아니라 <mark>제조번호</mark>이다.

> 〈화장품의 1차 포장 또는 2차 포장에 기재·표시하여야 할 사항〉
>
> • 화장품의 명칭
> • 영업자의 상호 및 주소
> • 해당 화장품 제조에 사용된 모든 성분(인체에 무해한 소량 함유 성분 등 총리령으로 정하는 성분은 제외)
> • 내용물의 용량 또는 중량
> • 제조번호
> • 사용기한 또는 개봉 후 사용기간
> • 가격(화장품을 직접 판매하는 자가 표시)
> • 기능성화장품의 경우 '기능성화장품'이라는 글자 또는 기능성 화장품을 나타내는 도안으로서 식품의약품안전처장이 정하는 도안
> • 사용할 때 주의사항
> • 영·유아용 제품류, 어린이용 제품류의 경우 보존제의 함량
> • 그 밖에 총리령으로 정하는 사항

128 화장품에 기재되는 표시사항 중 보존제의 함량을 표시하여야 하는 제품류는?

① 영·유아용 제품류　　　　　　　　② 눈화장용 제품류

③ 방향용 제품류　　　　　　　　　　④ 목욕용 제품류

⑤ 색조화장용 제품류

129 다음 중 포장에 기재되는 표시사항에서 총리령으로 정하여 기재하지 않아도 되는 것으로 옳지 않은 것은?

① 기능성 화장품의 경우 심사받거나 보고된 효능·효과, 용법·용량

② 방향용 제품의 성분명을 제품 명칭의 일부로 사용한 경우 그 성분명과 함량

③ 식품의약품안전처장이 정하는 바코드

④ 인체세포·조직 배양액이 들어 있는 경우 그 함량

⑤ 화장품에 천연 또는 유기농으로 표시·광고하려는 경우에는 원료의 함량

정답
풀이 ②
성분명을 제품 명칭의 일부로 사용한 경우 그 성분명과 함량은 기재하지 않아도 된다. 다만, 방향용 제품은 제외한다.

130 다음 〈보기〉 중 의약외품에서 기능성화장품으로 전환된 품목을 모두 고르면?

• 보기 •

가. 탈모증상의 완화에 도움을 주는 화장품
나. 여드름성 피부를 완화하는 데 도움을 주는 화장품
다. 피부에 탄력을 주어 피부의 주름을 완화 또는 개선하는 기능을 가진 화장품
라. 피부에 침착된 멜라닌색소의 색을 엷게 하여 피부의 미백에 도움을 주는 기능을 가진 화장품

① 가, 나   ② 가, 다

③ 가, 라   ④ 나, 다

⑤ 나, 라

정답
풀이 ①
의약외품에서 기능성화장품으로 전환된 품목

• 탈모증상의 완화에 도움을 주는 화장품
• 여드름성 피부를 완화하는 데 도움을 주는 화장품
• 아토피성 피부로 인한 건조함 등을 완화하는 데 도움을 주는 화장품
• 튼살로 인한 붉은 선을 엷게 하는데 도움을 주는 화장품

131 다음 중 1차 포장의 필수적 기재항목이 아닌 것은?

① 가격
② 화장품의 명칭
③ 영업자의 상호
④ 제조번호
⑤ 사용기한 또는 개봉 후 사용기간

정답
풀이 ①

1차 포장의 필수 기재항목

- 화장품의 명칭
- 영업자의 상호
- 제조번호
- 사용기한 또는 개봉 후 사용기간

132 다음 〈보기〉 중 가격대신에 견본품이나 비매품으로 표시할 수 있는 경우를 모두 고르면?

• 보기 •

가. 판매의 목적이 아닌 제품의 선택 등을 위하여 미리 소비자가 시험·사용하도록 제조된 화장품의 포장
나. 판매의 목적이 아닌 제품의 선택 등을 위하여 미리 소비자가 시험·사용하도록 수입된 화장품의 포장
다. 내용량이 10㎖ 이하 또는 10g 이하인 화장품의 포장
라. 유아용 제품 또는 어린이용 제품류

① 가, 나
② 가, 다
③ 가, 라
④ 나, 다
⑤ 나, 라

정답
풀이 ①

판매의 목적이 아닌 제품의 선택 등을 위하여 미리 소비자가 시험·사용하도록 제조 또는 수입된 화장품의 포장 시에는 가격대신에 견본품이나 비매품으로 표시한다.

133 전성분 표시를 할 때 기재·표시를 생략할 수 있는 성분을 모두 고르면?

• 보기 •

가. 제조과정 중에 제거되어 최종 제품에 남아 있지 않은 성분
나. 안정화제가 원료 자체에 들어 있는 부수성분으로서 그 효과가 나타나게 하는 양보다 적은 양이 들어 있는 성분
다. 보존제가 원료 자체에 들어 있는 부수성분으로서 그 효과가 나타나게 하는 양보다 적은 양이 들어 있는 성분
라. 내용량이 10㎖ 초과 50㎖ 이하의 타르색소가 포함된 제품
마. 내용량이 10g 초과 또는 50g 이하의 과일산(AHA)가 포함된 제품

① 가, 나, 다　　　　　　　　　② 가, 다, 라
③ 가, 다, 마　　　　　　　　　④ 나, 다, 마
⑤ 가, 나, 다, 라, 마

①

전성분 표시를 할 때 기재 · 표시를 생략할 수 있는 성분이란 다음 각 호의 성분을 말한다.

- 제조과정 중에 제거되어 최종 제품에 남아 있지 않은 성분
- 안정화제, 보존제 등 원료 자체에 들어 있는 부수성분으로서 그 효과가 나타나게 하는 양보다 적은 양이 들어 있는 성분
- 내용량이 10㎖ 초과 50㎖ 이하 또는 중량이 10g 초과 50g 이하 화장품의 포장인 경우로서 다음 각 목의 성분을 제외한 성분
  - 타르색소
  - 금박
  - 샴푸와 린스에 들어 있는 인산염의 종류
  - 과일산(AHA)
  - 기능성 화장품의 경우 그 효능 · 효과가 나타나게 하는 원료
  - 식품의약품안전처장이 사용한도를 고시한 화장품의 원료

134 화장품 제조에 사용된 성분의 기재 · 표시를 생략하는 경우로 옳은 것을 모두 고르면?

• 보기 •

가. 소비자가 모든 성분을 즉시 확인할 수 있도록 포장에 전화번호나 홈페이지 주소를 적을 것

나. 모든 성분이 적힌 책자 등의 인쇄물을 판매업소에 늘 갖추어 둘 것

다. 내용량을 10m 이하 또는 10g 이하인 화장품의 포장

라. 판매의 목적이 아닌 제품의 선택 등을 위하여 미리 소비자가 시험 · 사용하도록 제조 또는 수입된 화장품의 포장

① 가, 나　　　　　　　　　② 가, 다
③ 가, 라　　　　　　　　　④ 나, 다
⑤ 나, 라

①

'다'와 '라'는 1차 포장 또는 2차 포장에 화장품의 명칭, 화장품 책임판매업자의 상호, 가격, 제조번호와 사용기한 또는 개봉 후 사용기간만을 기재 · 표시할 수 있다. 반면에 '가'와 '나'는 화장품의 제조에 사용된 성분의 기재 · 표시를 생략하려는 경우에 '가'와 '나'에 해당하는 방법으로 생략된 성분을 확인할 수 있도록 한다.

135 화장품 포장의 기재 · 표시 및 화장품의 가격표시상 준수사항 등에 대한 설명으로 적절하지 않은 것은?

① 한글로 읽기 쉽도록 기재 · 표시하여야 한다.
② 한자 또는 외국어를 함께 적을 수 있다.
③ 수출용 제품 등의 경우에는 그 수출대상국의 언어로 적을 수 있다.
④ 화장품의 성분을 표시하는 경우에는 표준화된 일반명을 사용하여야 한다.
⑤ 가격은 제조업체가 제시한 것을 표시하여야 한다.

**정답
풀이** ⑤
가격은 소비자에게 화장품을 직접 판매하는 자가 판매하려는 가격을 표시하여야 한다.

136 화장품 가격표시제 요령의 내용으로 적절하지 않은 것은?

① 화장품을 판매하는 자에게 당해 품목의 공장도가격을 표시하도록 함으로써 소비자의 보호와 공정한 거래를 도모함을 목적으로 한다.
② 가격표시의무자란 화장품을 일반 소비자에게 판매하는 자를 말한다.
③ 판매가격표시 대상은 국내에서 제조되거나 수입되어 국내에서 판매되는 모든 화장품으로 한다.
④ 소매점포에서 화장품을 일반소비자에게 판매하는 경우 소매업자가 표시의무자가 된다.
⑤ 판매가격표시 의무자는 매장 크기에 관계없이 가격표시를 하지 아니하고 판매하거나 판매할 목적으로 진열 · 전시하여서는 안 된다.

**정답
풀이** ①
화장품 가격표시실시 요령은 화장품을 판매하는 자에게 당해 품목의 실제거래 가격을 표시하도록 함으로써 소비자의 보호와 공정한 거래를 도모함을 목적으로 한다. 여기서 판매가격은 화장품을 일반 소비자에게 판매하는 실제 가격을 말한다.

137 화장품 포장의 세부적인 표시기준 및 표시방법에 대한 내용으로 적절하지 않은 것은?

① 화장품의 명칭은 다른 제품과 구별할 수 있도록 표시된 것으로 같은 화장품 책임판매업자의 여러 제품에서 공통으로 사용하는 명칭을 포함한다.
② 화장품 제조업자 또는 화장품 책임판매업자의 주소는 등록필증에 적힌 소재지 또는 반품 · 교환업무를 대표하는 소재지를 기재 · 표시하여야 한다.
③ 화장품제조업자, 화장품 책임판매업자, 맞춤형화장품 판매업자는 각각 구분하여 기재 · 표시하여야 한다.

④ 공정별로 2개 이상의 제조소에서 생산된 화장품의 경우에는 일부 공정을 수탁한 화장품 제조업자의 상호 및 주소도 같이 기재·표시한다.

⑤ 수입화장품의 경우에는 추가로 기재·표시하는 제조국의 명칭, 제조회사명 및 그 소재지를 국내 화장품 제조업자와 구분하여 기재·표시하여야 한다.

④

공정별로 2개 이상의 제조소에서 생산된 화장품의 경우에는 일부 공정을 수탁한 화장품 제조업자의 상호 및 주소의 기재·표시를 생략할 수 있다.

138 화장품 제조에 사용된 성분의 표시기준 및 방법에 대한 내용으로 적당하지 않은 것은?

① 글자의 크기는 5포인트 이상으로 한다.

② 화장품 제조에 사용된 함량이 많은 것부터 기재·표시한다.

③ 10% 이하로 사용된 성분, 착향제 또는 착색제는 순서에 상관없이 기재·표시할 수 있다.

④ 혼합원료는 혼합된 개별 성분의 명칭을 기재·표시한다.

⑤ 산성도 조절 목적으로 사용되는 성분 또는 비누화 반응을 거치는 성분은 그 성분을 표시하는 대신 중화반응 또는 비누화 반응에 따른 생성물로 기재·표시할 수 있다.

③

화장품 제조에 사용된 함량이 많은 것부터 기재·표시하되, 1% 이하로 사용된 성분, 착향제, 착색제는 순서에 상관없이 기재·표시할 수 있다.

139 다음 〈보기〉 중 화장품의 제조에 사용된 성분표시에서 함량과 무관하게 순서 없이 표시가 가능한 것을 모두 고르면?

• 보기 •

가. 1% 이하로 사용된 성분　　　　　　　　　　나. 착향제
다. 착색제　　　　　　　　　　　　　　　　　　라. 비누화 반응을 거치는 성분
마. 산성도 조절 목적으로 사용되는 성분

① 가, 나, 다　　　　　　　　　　　　　　　② 가, 나, 라
③ 가, 나, 마　　　　　　　　　　　　　　　④ 다, 라, 마
⑤ 가, 나, 다, 라, 마

①

화장품 제조에 사용된 함량이 많은 것부터 기재·표시한다. 다만, 1% 이하로 사용된 성분, 착향제 또는 착색제는 순서에 상관없이 기재·표시할 수 없다.

140 호수별로 착색제가 다르게 사용된 경우 '± 또는 +/−'의 표시 다음에 사용된 모든 착색제 성분을 함께 기재·표시할 수 있는 제품류가 아닌 것은?

① 색조화장품 제품류

② 눈 화장용 제품류

③ 두발염색용 제품류

④ 손발톱용 제품류

⑤ 영·유아용 제품류

 ⑤

색조화장품 제품류, 눈 화장용 제품류, 두발염색용 제품류 또는 손발톱용 제품류에서 호수별로 착색제가 다르게 사용된 경우 '± 또는 +/−'의 표시 다음에 사용된 모든 착색제 성분을 함께 기재·표시할 수 있다.

141 각질층에 대한 설명으로 옳지 않은 것은?

① 죽은 세포와 지질로 구성되며, 두께는 약 10~15µm 정도이다.

② 지질은 세라마이드 40%, 콜레스테롤 25%, 유리지방산 25%, 콜레스테롤 설페이트 10% 등으로 구성된다.

③ 천연보습인자(NMF)가 존재한다.

④ 수분이 10~15%가 보통인데 10% 이하로 수분량이 떨어지면 건조함과 가려움을 느끼게 된다.

⑤ 진피의 유두층으로부터 영양을 공급받으며, 세포분열을 통해 표피세포를 생성한다.

 ⑤

기저층은 진피의 유두층으로부터 영양을 공급받으며, 세포분열을 통해 표피세포를 생성한다.

142 화장품법령상 화장품 표시·광고 시 준수사항으로 적절하지 않은 것은?

① 외국과의 기술제휴를 하지 않고 외국과의 기술제휴 등을 표현하는 표시·광고를 하지 말 것

② 품질·효능 등에 관하여 객관적으로 확인할 수 없거나 확인되지 않았는데도 불구하고 이를 광고하거나 화장품의 범위를 벗어나는 표시·광고를 하지 말 것

③ 인체적용시험 결과가 관련 학회 발표 등을 통하여 공인된 경우라도 관련 문헌을 인용하지 말 것

④ 기능성화장품, 천연화장품 또는 유기농화장품이 아님에도 불구하고 제품의 명칭, 제조방법, 효능·효과 등에 관하여 기능성화장품, 천연화장품, 유기농화장품으로 잘못 인식할 우려가 있는 표시·광고를 하지 말 것

⑤ 저속하거나 혐오감을 주는 표현·도안·사진 등을 이용하는 표시·광고를 하지 말 것

정답
풀이 ③

인체적용시험 결과가 관련 학회 발표 등을 통하여 공인된 경우에는 그 범위에서 관련 문헌을 인용할 수 있다.

143 다음 표시 · 광고표현과 그 실증자료의 연결 중 옳지 않은 것은?

① 여드름성 피부에 사용 적합 – 인체적용시험 자료 제출
② 항균(인체세정용 제품은 제외) – 인체적용시험 자료 제출
③ 피부노화 완화 – 인체적용시험 자료 제출
④ 콜라겐 증가, 감소 또는 활성화 – 기능성화장품에서 해당 기능을 실증한 자료 제출
⑤ 효소증가, 감소 또는 활성화 – 기능성화장품에서 해당 기능을 실증한 자료 제출

> 정답 풀이 ②
> 항균과 관련해서는 인체세정용 제품에 한하여 인체적용시험 자료를 제출하여야 한다.

144 맞춤형화장품에 표시 · 기재하는 사항과 거리가 먼 것은?

① 명칭　　　　　　　　　　② 가격
③ 식별번호　　　　　　　　④ 맞춤형화장품 조제관리사 성명
⑤ 책임판매업자 상호

> 정답 풀이 ④
> **맞춤형화장품에 표시 · 기재하는 사항**
>
> - 명칭
> - 가격(소비자가 잘 확인할 수 있는 위치에 표시)
> - 식별번호
> - 사용기한 또는 개봉 후 사용기간
> - 책임판매업자 상호
> - 맞춤형화장품 판매업자 상호

145 맞춤형화장품 안전기준과 관련하여 소비자에게 설명하여야 하는 사항과 거리가 먼 것은?

① 혼합 또는 소분에 사용되는 내용물 및 원료
② 맞춤형화장품에 대한 사용 시 주의사항
③ 맞춤형화장품의 사용기한 또는 개봉 후 사용기간
④ 맞춤형화장품의 특징과 사용법
⑤ 맞춤형화장품 제조업체의 생산규모

⑤

맞춤형화장품 안전기준 관련 소비자에게 설명하여야 할 내용

- 혼합 또는 소분에 사용되는 내용물 및 원료
- 맞춤형화장품에 대한 사용 시 주의사항
- 맞춤형화장품의 사용기한 또는 개봉 후 사용기간
- 맞춤형화장품의 특징과 사용법

146 기능성화장품 기준 및 시험방법 별표1에서 정하는 제형 중 유화제 등을 넣고 유성성분과 수성성분을 균질화하여 반고형상으로 만든 것은?

① 로션제

② 액제

③ 크림제

④ 겔제

⑤ 침적마스크제

③

기능성화장품 기준 및 시험방법 별표1에서 정하는 제형의 정의

- **로션제** : 유화제 등을 넣고 유성성분과 수성성분을 균질화하여 점액상으로 만든 것
- **액제** : 화장품에 사용되는 성분을 용제 등에 녹여서 액상으로 만든 것
- **크림제** : 유화제 등을 넣고 유성성분과 수성성분을 균질화하여 반고형상으로 만든 것
- **침적마스크제** : 액제, 로션제, 크림제, 겔제 등을 부직포 등의 지지체에 침적하여 만든 것
- **에어로졸제** : 원액을 같은 용기 또는 다른 용기에 충진한 분사제의 압력을 이용하여 안개모양, 포말상 등으로 분출하도록 만든 것

147 화장품 제형분류 중 다음 〈보기〉에서 설명하는 것은?

• 보기 •

서로 섞이지 않는 두 액체 중에서 한 액체가 미세한 입자형태로 유화제를 사용하여 다른 액체에 분산되는 것을 이용한 제형

① 유화제형

② 가용화제형

③ 유화분산제형

④ 고형화제형

⑤ 파우더혼합제형

①

유화제형이란 서로 섞이지 않는 두 액체 중에서 한 액체가 미세한 입자형태로 유화제를 사용하여 다른 액체에 분산되는 것을 이용한 제형으로 크림, 로션, 영양액 등의 제품류이다. 이의 주요제조설비는 호모믹서이다.

148 화장품 제형분류 중 다음 〈보기〉에서 설명하는 것은?

> • 보기 •
>
> 물에 대한 용해도가 아주 작은 물질을 가용화제를 이용하여 용해도 이상으로 녹게 하는 것을 이용한 제형

① 유화제형   ② 가용화제형
③ 유화분산제형   ④ 고형화제형
⑤ 파우더혼합제형

정답
풀이 ②
가용화제형은 물에 대한 용해도가 아주 작은 물질을 가용화제를 이용하여 용해도 이상으로 녹게 하는 것을 이용한 제형으로
화장수 등의 액상이며, 주요제조설비로는 아지믹서, 디스퍼 등이다.

149 화장품 제형분류 중 다음 〈보기〉에서 설명하는 것은?

> • 보기 •
>
> 분산매가 유화된 분산질에 분산되는 것을 이용한 제형

① 유화제형   ② 가용화제형
③ 유화분산제형   ④ 고형화제형
⑤ 파우더혼합제형

정답
풀이 ③
유화분산제형은 분산매가 유화된 분산질에 분산되는 것을 이용한 제형으로 비비크림, 파운데이션, 메이크업베이스, 마스카
라, 아이라이너 등이며 주요제조설비는 호모믹서와 아지믹서이다.

150 화장품의 제형과 그에 속하는 제품의 연결이 옳지 않은 것은?

① 유화제형 – 크림, 유액, 영양액
② 가용화제형 – 화장수, 향수
③ 유화분산제형 – 샴푸, 컨디셔너, 린스
④ 고형화제형 – 립스틱, 립밤, 컨실러, 스킨커버
⑤ 파우더혼합제형 – 페이스파우더, 팩트, 투웨어케익, 아이섀도우

정답
풀이

③

제형별 유형과 제품류

제형	제품류
유화제형	크림, 유액(로션), 영양액(에센스, 세럼)
가용화제형	화장수(스킨로션, 토너), 미스트, 아스트린젠트, 향수
유화분산제형	비비크림, 파운데이션, 메이크업베이스, 마스카라, 아이라이너
고형화제형	립스틱, 립밤, 컨실러, 스킨커버
파우더혼합제형	페이스파우더, 팩트, 투웨어케익, 치크브러쉬, 아이섀도우
계면활성제혼합제형	샴푸, 컨디셔너, 린스, 바디워시, 손 세척제

151 화장품 제형분류 중 다음 〈보기〉에서 설명하는 유형은?

• 보기 •

안료, 펄, 바인더, 향을 혼합한 제형(단, 페이스파우더는 고형화 없음)

① 유화제형

② 가용화제형

③ 유화분산제형

④ 고형화제형

⑤ 파우더혼합제형

정답
풀이

⑤

파우더혼합제형은 안료, 펄, 바인더, 향을 혼합한 제형(단, 페이스파우더는 고형화 없음)으로 페이스파우더, 팩트, 투웨어케익, 치크브러쉬, 아이섀도우 등이 있으며, 주요제조설비로는 헨셀믹서, 아토마이저 등이다.

152 화장품 제형과 그 주요제조설비의 연결이 옳지 않은 것은?

① 유화제형 – 호모믹서

② 가용화제형 – 아지믹서, 디스퍼

③ 유화분산제형 – 호모믹서, 아지믹서

④ 고형화제형 – 호모믹서, 헨셀믹서

⑤ 파우더혼합제형 – 헨셀믹서, 아토마이저

④
화장품 제형과 그 주요제조설비

- **유화제형** : 호모믹서
- **가용화제형** : 아지믹서, 디스퍼
- **유화분산제형** : 호모믹서, 아지믹서
- **고형화제형** : 3단롤러, 아지믹서
- **파우더혼합제형** : 헨셀믹서, 아토마이저
- **계면활성제혼합제형** : 호모믹서, 아지믹서

153 다음 중 에멀젼에 관한 설명으로 틀린 것은?

① 에멀젼이란 서로 섞이지 않는 두 액체 중에서 한 액체가 미세한 입자형태로 다른 액체에 분산되어 있는 불균일계이다.
② 에멀젼을 만드는 반응은 비자발적인 반응으로 열 에너지와 기계적 에너지가 필요하고 섞이지 않은 두 액체를 섞기 위하여 계면활성제가 필요하다.
③ O/W 에멀젼은 외상이 유상으로 콜드크림, 선크림, 비비크림 등이 해당된다.
④ 에멀젼 입자는 브라운 운동을 하면서 서로의 충돌에 의해 응집과 크리밍 혹은 오스트발크라이프닝되어 합일의 과정을 거쳐 상분리가 일어난다.
⑤ 에멀젼은 입자크기에 따라 매크로 에멀젼과 마이크로 에멀젼으로 분류된다.

③
에멀젼은 외상의 종류에 따라 O/W 에멀젼, W/O 에멀젼, 다중 에멀젼으로 분류하며, O/W 에멀젼은 외상이 수상으로 일반적인 기초화장품(크림, 로션, 에센스 등)이 해당되며, W/O 에멀젼은 외상이 유상으로 콜드크림, 선크림, 비비크림 등이 해당된다.

154 다음 에멀젼 중 O/W 에멀젼에 속하는 제품류를 모두 고르면?

• 보기 •

가. 크림	나. 로션
다. 에센스	라. 콜드크림
마. 비비크림	

① 가, 나, 다
② 나, 다, 라
③ 나, 다, 마
④ 다, 라, 마
⑤ 가, 나, 다, 라, 마

①

O/W 에멀젼은 외상이 수상으로 일반적인 기초화장품(크림, 로션, 에센스 등)이 해당되며, W/O 에멀젼은 외상이 유상으로 콜드크림, 선크림, 비비크림 등이 해당된다.

155 다음 중 점증제의 원료와 거리가 먼 것은?

① 잔탄검
② 알진
③ 메틸파라벤
④ 하이드록시에틸셀룰로오스
⑤ 카보머

 ③

점증제 성분

> 잔탄검, 알진, 하이드록시에틸셀룰로오스, 카보머, 아크릴레이트/ C10−30알킬아크릴레이트크로스폴리머

156 다음 중 에멀젼 안정화제는?

① 고급 알코올
② 프로필파라벤
③ 소르비탄계열
④ 레시틴
⑤ 엘라스틴

 ①

에멀젼 안전화제는 고급 알코올이다.

157 다음 〈보기〉 중 활성성분을 모두 고르면?

• 보기 •

가. 우레아	나. 소르비톨
다. 콜라겐	라. 세라마이드

① 가, 나
② 가, 다
③ 가, 라
④ 나, 라
⑤ 다, 라

정답
풀이 ⑤

활성성분

> 식물성 추출물, 비타민류, 콜라겐, 엘라스틴, 세라마이드, 펩타이드, 산화방지제 등

158 가용화 처방에서 수렴 기능을 하는 원료는?

① 에틸알코올
② 위치하젤 추출물
③ 판테놀
④ 잔탄검
⑤ 카보머

정답
풀이 ②
가용화 처방에서 수렴제는 위치하젤 추출물이다.

159 유화분산에 대한 설명으로 틀린 것은?

① W/O 에멀젼은 외상이 오일이다.
② W/Si 에멀젼은 외상이 실리콘으로 친유성인 피부표면과의 친화도가 높아서 부드러운 사용감을 준다.
③ W/Si 에멀젼은 발수력이 있어 화장이 오래 지속되고 화장붕괴가 일어나지 않아 색조화장품에 많이 응용되는 제형이다.
④ 실리콘은 특유의 실키한 사용감으로 끈적이지 않는다.
⑤ 휘발성 실리콘은 화장이 뭉치는 단점이 있다.

정답
풀이 ⑤
휘발성 실리콘은 화장이 뭉치지 않아 대부분의 파운데이션, 쿠션, 비비크림, 선크림이 W/Si 에멀젼에 안료를 분산시킨 유화분산제형이다.

160 펌제(퍼머넌트 웨이브)의 제1제(환원제) 성분이 아닌 것은?

① 치오글라이콜릭애씨드
② 과산화수소
③ 시스테인
④ 알칼리제
⑤ 컨디셔닝

정답 풀이	②

펌제

1제	• 기능 : 환원제 • 성분 : 치오글라이콜릭애씨드, 시스테인, 알칼리제(암모니아수, 모노에탄올아민 등), 컨디셔닝 성분, 정제수
2제	• 기능 : 산화제(중화제) • 성분 : 과산화수소, 브롬산나트륨, 과붕산나트륨 등

161 염모제의 제2제는?

① 암모늄하이드록사이드

② 과산화수소

③ 에탄올아민

④ 디에탄올아민

⑤ 컨디셔닝 성분 등

정답 풀이	②

염모제

1제	• 기능 : 염모제 • 성분 : 염모성분, 알칼리제(암모늄하이드록사이드, 에탄올아민, 디에탄올아민, 컨디셔닝 성분 등)
2제	• 기능 : 산화제 • 성분 : 과산화수소 등

162 향수의 구성요소와 거리가 먼 것은?

① 에틸알코올

② 산화방지제

③ 에탄올아민

④ 금속이온봉쇄제

⑤ 향과 색소

정답 풀이	③

향수는 향, 에틸알코올, 물, 산화방지제, 금속이온봉쇄제, 색소 등으로 구성된다.

4편 맞춤형화장품의 이해

163 다음 향취 중 수컷 사향노루의 사향샘에서 만들어지는 향은?

① 워터리
② 프루티
③ 머스크
④ 푸제르
⑤ 시프레

 정답풀이 ③

머스크는 수컷 사향노루의 사향샘에서 만들어지는 향으로 페로몬향, 러브메이커 등이 있다. ①의 워터리는 풀이 이슬을 머금은 듯 싱싱한 향이며, ②의 프루티는 과일향이고, ④의 푸제르는 라벤더향, 풀잎처럼 신선한 향기이며, ⑤의 시프레는 떡갈나무향, 나뭇잎이 축축하게 젖은 듯한 향을 말한다.

164 향수의 구비요건과 거리가 먼 것은?

① 향에 특징이 있을 것
② 향의 확산성이 좋을 것
③ 향의 강도가 클 것
④ 향의 지속성이 있을 것
⑤ 시대유행에 맞는 향일 것

 정답풀이 ③

향의 강도가 적당하고 지속성이 있어야 한다.

165 충진기의 종류에 속하지 않는 것은?

① 피스톤방식 충진기
② 원심력식 충진기
③ 파우치방식 충진기
④ 파우더 충진기
⑤ 카톤 충진기

 정답풀이 ②

충진기에는 피스톤방식 충진기, 파우치방식 충진기, 파우더 충진기, 카톤 충진기, 액체 충진기, 튜브 충진기 등이 있다.

166 용기의 소재 중 유백색의 광택이 없고 수분투과가 적어 화장수, 유액, 샴푸, 린스용기 및 튜브에 사용되는 고분자용기는?

① 저밀도 폴리에틸렌
② 고밀도 폴리에틸렌
③ 폴리프로필렌
④ 폴리스티렌
⑤ 폴리염화비닐

정답
풀이 ②

고분자 용기소재의 종류와 특성

- **저밀도 폴리에틸렌** : 반투명의 광택성, 유연하게 눌러 짜는 병과 튜브, 마개, 패킹에 이용
- **고밀도 폴리에틸렌** : 유백색의 광택이 없고 수분투과가 적어 화장수, 유액, 샴푸, 린스용기 및 튜브에 사용되는 고분자 용기
- **폴리프로필렌** : 반투명의 광택성, 내약품성 우수
- **폴리스티렌** : 딱딱하고 투명, 광택성, 성형 가공성 매우 우수
- **AS수지** : 투명, 광택성, 내충격성 우수
- **ABS수지** : AS수지의 내충격성을 더욱 향상시킨 수지
- **폴리염화비닐** : 투명, 성형 가공성 우수
- **폴리에틸렌테레프탈레이트** : 딱딱하고 유리에 가까운 투명성, 광택성, 내약품성 우수
- **산** : 투명성, 열변형성, 내화학성, 광택성 우수, 열에 대해 안정

167 유통화장품의 비의도적으로 유래된 검출물 허용한도로 틀린 것은?

① 메탄올 : 0.2%(v/v) 이하
② 카드뮴 : 10µg/g 이하
③ 수은 : 1µg/g 이하
④ 안티몬 : 10µg/g 이하
⑤ 다이옥신 : 100µg/g 이하

정답
풀이 ②

카드뮴의 검출허용한도는 5µg/g 이하이다.

168 유통화장품의 비의도적으로 유래된 검출물 허용한도로 옳은 것은?

① 폼알데하이드 : 물휴지의 경우 20µg/g 이하
② 비소 : 5µg/g 이하
③ 수은 : 5µg/g 이하
④ 안티몬 : 20µg/g 이하
⑤ 납 : 10µg/g 이하

정답
풀이 ①

비의도적으로 유래된 검출물 허용한도

- 납 : 20µg/g 이하 (점토를 원료로 사용한 분말제품은 50µg/g 이하)
- 비소, 안티몬 : 각각 10µg/g 이하
- 수은 : 1µg/g 이하
- 카드뮴 : 5µg/g 이하
- 다이옥산 : 100µg/g 이하
- 메탄올 : 0.2%(v/v) 이하, 물휴지는 0.002%(v/v) 이하
- 폼알데하이드 : 2,000µg/g 이하, 물휴지는 20µg/g 이하
- 프탈레이트류(다이부틸프탈레이트, 부틸벤질프탈레이트, 다이에틸헥실프탈레이트에 한함) : 총합으로서 100µg/g 이하

169 유통화장품 안전관리기준상 미생물한도 중 불검출 대상인 것을 모두 고르면?

> • 보기 •
>
> 가. 대장균　　　　　　　　　　　　　　　나. 녹농균
> 다. 황색포도상구균　　　　　　　　　　　라. 세균 및 진균

① 가, 나, 다　　　　　　　　　　　　　② 가, 다, 라
③ 나, 다, 라　　　　　　　　　　　　　④ 가, 나, 다, 라
⑤ 정답 없음

정답 풀이 ①

미생물한도

> • **총호기성생균수** : 영 · 유아 제품류 및 눈화장품 제품류의 경우 500개/g 이하
> • **세균 및 진균수** : 물휴지의 경우 각각 100개/g 이하, 기타화장품의 경우 각각 1,000개/g 이하
> • **대장균, 녹농균, 황색포도상구균** : 불검출

170 화장품에 사용상의 제한이 필요한 원료 및 그 사용기준에서 살균보조제의 종류와 그 내용이 틀린 것은?

① 메틸아이소티아졸리논 : 사용 후 씻어내는 제품에 0.0015%, 그 외 제품에는 사용금지이다.
② 메틸클로로아이소티아졸리논 : 사용 후 씻어내는 제품에 0.0015%, 그 외 제품에는 사용금지이다.
③ 징크피리티온 : 사용 후 씻어내는 제품에 0.5%, 그 외 제품에는 사용금지이다.
④ 페녹시에탄올 : 사용 후 씻어내는 제품에 1%, 그 외 제품에는 사용금지이다.
⑤ p-하이드록시벤조익애씨드, 그 염류 및 에스터류 : 단일성분일 경우 0.4%(산으로서), 혼합인 경우 0.8%(산으로서)

정답 풀이 ④

페녹시에탄올은 1%이다.

171 다음 〈보기〉 중 자외선차단성분의 종류와 그 사용기준으로 옳은 것을 모두 고르면?

> • 보기 •
>
> 가. 징크피리티온 : 10%　　　　　　　　　나. 에틸헥실메톡시신나메이트 : 7.5%
> 다. 징크옥사이드 : 25%　　　　　　　　　라. 타이타늄다이옥사이드 : 25%

① 가, 나, 다   ② 가, 다, 라
③ 나, 다, 라   ④ 가, 나, 다, 라
⑤ 정답 없음

 ③

징크피리티온은 살균보조제의 성분으로 사용제한 원료이다.

172 혼합·소분 시 오염방지를 위한 안전관리기준의 내용으로 적절하지 않은 것은?

① 혼합·소분 전에는 손을 소독 또는 세정하거나 일회용 장갑을 착용한다.
② 혼합·소분에 사용되는 장비 또는 기기 등은 사용 전·후 세척한다.
③ 혼합·소분된 제품을 담을 용기의 오염여부를 사전에 확인 후 항상 소독하여 사용한다.
④ 원료 및 내용물에 변성이 생기지 않도록 한다.
⑤ 사용금지 또는 사용제한성분 여부를 체크한다.

정답풀이 ⑤

⑤의 경우는 혼합·소분 시 시행하는 것이 아니라 제조단계에서 확인하여야 한다.

173 제품에 맞는 충진 방법으로 적절하지 않은 것은?

① 충전용량을 확인할 것
② 포장인력 및 원가를 확인할 것
③ 포장기기의 포장능력을 확인할 것
④ 포장 가능한 크기를 확인할 것
⑤ 단위시간 당 몇 개를 포장할 것인가를 확인할 것

정답풀이 ②

포장인력 및 원가 확인은 충진 방법에서 확인할 사항이 아니다.

174 포장재의 종류와 특징의 연결이 적절하지 않은 것은?

① 알루미늄 – 가공성이 우수함
② 폴리스티렌 – 딱딱하고 내약품성, 내충격성이 우수함
③ 칼리 납유리 – 굴절률이 매우 낮음

④ AS 수지 – 투명, 광택, 내충격성, 내유성 우수함

⑤ 고밀도 폴리에틸렌 – 광택이 없고 수분 투과가 적음

정답
풀이 　③

칼리 납유리는 굴절률이 매우 높다.

175 제형의 물리적 특성 중 가용화제의 특징으로 맞는 것을 모두 고르면?

• 보기 •

가. 물에 소량의 오일을 넣으면 계면활성제에 의해 용해된다.

나. 미셀입자가 커서 가시광선이 통과하지 못하므로 불투명하게 보인다.

다. 화장수, 향수, 헤어토닉, 네일 에나멜 등이 있다.

① 가　　　　　　　　　　　　② 가, 나

③ 가, 다　　　　　　　　　　④ 나, 다

⑤ 가, 나, 다

정답
풀이 　③

'나'의 경우 가용화제는 미셀입자가 작아 가시광선이 통과되므로 투명하게 보인다.

176 다음 중 화장품바코드 표시를 생략할 수 있는 기준으로 맞는 것은?

① 내용량이 5ml 이하 또는 5g 이하인 제품의 용기나 포장

② 내용량이 10ml 이하 또는 10g 이하인 제품의 용기나 포장

③ 내용량이 15ml 이하 또는 15g 이하인 제품의 용기나 포장

④ 내용량이 30ml 이하 또는 30g 이하인 제품의 용기나 포장

⑤ 내용량이 50ml 이하 또는 50g 이하인 제품의 용기나 포장

정답
풀이 　①

내용량이 5ml 이하 또는 5g 이하인 제품의 용기와 포장이나 견본품, 시공품 등 비매품에 대해서는 화장품 바코드 표시를 생략할 수 있다.

단 답 형

177 맞춤형화장품 판매업자의 준수사항 중 맞춤형화장품의 내용물 및 원료의 입고 시 품질 관리 여부를 확인하고 책임판매업자가 제공하는 무엇을 구비하여야 하는가?

정답 풀이   품질성적서

178 맞춤형화장품과 관련된 안전정 정보에 대하여 맞춤형화장품 판매업자는 누구에게 보고 하여야 하는가?

정답 풀이   책임판매업자

179 맞춤형화장품의 혼합 또는 소분에 사용되는 내용물 및 원료의 제조번호와 혼합·소분 기록을 포함하여 맞춤형화장품 판매업자가 부여한 번호는?

정답 풀이   식별번호

180 다음 〈보기〉는 맞춤형화장품 판매업자의 변경사유 신고에 대한 설명이다. ( ) 안에 들어갈 숫자를 차례대로 쓰시오.

• 보기 •

맞춤형화장품 판매업자는 변경사유가 발생한 날부터 (Ⓐ)일 이내에 신고하여야 한다. 다만, 행정구역 개편 에 따른 소재지 변경의 경우에는 (Ⓑ)일 이내에 신고한다.

정답 풀이   Ⓐ 30, Ⓑ 90

181 다음 〈보기〉는 맞춤형화장품 판매업 변경신고를 지방 식품의약품안전청장이 접수한 후 처리기간에 대한 내용이다. 차례대로 쓰시오.

• 보기 •

가. 맞춤형화장품 판매업 변경신고 처리기간 : (Ⓐ)일
나. 맞춤형화장품 조제관리사의 변경신고 처리기간 : (Ⓑ)일

정답
풀이　Ⓐ 10, Ⓑ 7

182 다음 〈보기〉는 화장품 안전성 정보의 신속보고에 대한 설명이다. (　　) 안에 들어갈 숫자는?

• 보기 •

화장품 제조판매업자가 다음 각 호의 화장품 안전성 정보를 알게 된 때에는 (　　)일 이내에 식품의약품안전처장에게 신속히 보고하여야 한다.
• 중대한 유해사례 또는 이와 관련하여 식품의약품안전처장이 보고를 지시한 경우
• 판매중지나 회수에 준하는 외국정부의 조치 또는 이와 관련하여 식품의약품안전처장이 보고를 지시한 경우

정답
풀이　15

183 다음 〈보기〉의 피부의 구성요소와 관련된 설명은 무엇에 대한 설명인가?

• 보기 •

표피와 진피 사이를 연결하여 표피가 진피에 고정되도록 하는 역할과 건강한 피부를 유지하는 데 필요한 피부 대사를 돕고, 라미닌, 콜라겐, 피브로넥틴으로 구성되어 있다.

정답
풀이　DEJ(Dermal Epidenmal Junction)

184 다음 〈보기〉는 피부의 각질층에 존재하는 어떤 성분에 대한 설명이다. 알맞은 것을 쓰시오.

> • 보기 •
>
> 피부에 존재하는 보습성분으로 유리아미노산, 피롤리돈카복실릭애씨드, 요소(우레아), 알칼리 금속, 젖산(락틱애씨드), 인산염, 염산염, 젖산염, 구연산, 당류, 기타 유기산이 있으며, 각질층의 수분량이 일정하게 유지되도록 돕는 역할을 한다.

정답
풀이 　천연보습인자(NMF)

185 표피층 중 투명층이 수분을 흡수하고 죽은 세포로 구성되며, 손바닥, 발바닥과 같은 특정부위에만 존재하는 것은?

정답
풀이 　엘라이딘

186 표피층 중 각화가 시작되는 층으로 두께는 약 20~60μm 정도인 층은?

정답
풀이 　과립층

187 다음 〈보기〉에서 설명하는 표피층은?

> • 보기 •
>
> 가. 표피의 대부분을 차지하며 두께는 약 20~60μm 정도이다.
> 나. 수분을 많이 함유하고 표피에 영양을 공급하는 층이다.
> 다. 항원전달세포인 랑커한스세포가 존재한다.

정답
풀이 　유극층

4편 맞춤형화장품의 이해

188 다음 〈보기〉에서 설명하는 표피층은?

• 보기 •

가. 진피의 유두층으로부터 영양을 공급받음

나. 멜라닌형성세포 멜라노사이트가 존재함

다. 각질형성세포 케라티노사이트가 존재함

라. 촉각상피세포인 메르켈세포가 존재하여 감각을 인지함

마. 세포분열을 통해 표피세포 생성

정답
풀이 　기저층

189 다음 〈보기〉에서 설명하는 진피층은?

• 보기 •

가. 기저층의 세포분열을 돕는다.

나. 모세혈관이 분포하여 표피에 영양을 공급한다.

정답
풀이 　유두층

190 다음 〈보기〉는 진피층 중 어느 층에 대한 설명이다. 해당하는 층을 쓰시오.

• 보기 •

가. 교원섬유와 탄성섬유가 존재함　　　　　　나. 피지선과 혈관이 존재함

다. 모낭, 모구, 신경이 존재함　　　　　　　　라. 소한선과 대한선이 존재함

마. 섬유아세포가 존재함

정답
풀이 　망상층

191 다음 〈보기〉는 피부의 무엇에 대한 설명인가?

• 보기 •

가. 지방세포가 존재함
나. 열격리 , 충격흡수, 영양저장소의 기능을 함

정답
풀이 | 피하지방

192 다음 〈보기〉의 여드름의 종류에서 ( ) 안에 들어갈 말은?

• 보기 •

가. 비염증성 여드름에는 (ⓐ)가 있다.
나. 염증성 여드름에는 (ⓑ), 뾰루지, 농포, 결절이 있다.

정답
풀이 | ⓐ 면포, ⓑ 구진

193 모간의 구성요소로 모발의 85~90%를 차치하며, 멜라닌 색소와 공기를 포함하여 모발을 지탱하는 것은?

정답
풀이 | 모피질

194 모근의 구성부분으로 모구의 중심부에 모발의 영양을 관장하는 혈관이나 신경이 분포되어 있는 곳은?

정답
풀이 | 모유두

4편 맞춤형화장품의 이해

319

195 다음 〈보기〉의 모근에 대한 설명에서 ( ) 안에 차례대로 들어갈 말은?

> • 보기 •
>
> 가. (Ⓐ) : 모근을 싸고 있는 조직으로 피지선과 연결된다.
> 나. (Ⓑ) : 모근의 아래쪽 둥근 모양이다.

정답
풀이 　Ⓐ 모낭, Ⓑ 모구

196 다음 〈보기〉에서 설명하는 한선은?

> • 보기 •
>
> 가. 지질, 수분, 단백질, 당질, 암모니아, 철분, 형광물질 등으로 구성된다.
> 나. 입술, 음부, 손톱을 제외한 전신에 분포한다.
> 다. 피부에 직접 연결되어 있으며, 체온조절을 한다.

정답
풀이 　소한선(에크린선)

197 다음 〈보기〉에서 설명하는 한선은?

> • 보기 •
>
> 가. 수분이 99%이며, 나머지 1%는 NaCl, K, Ca, 젖산, 암모니아, 요산, 크레아티닌 등으로 구성된다.
> 나. 모공과 연결되어 있으며, 피하지방 가까이에 위치한다.
> 다. 단백질 함유가 많고 특유의 독특한 체취를 발생시킨다.
> 라. 주로 겨드랑이, 배꼽주위, 성기주위, 귀 주의 등 특정부위에 존재한다.

정답
풀이 　대한선(아포크린선)

198 다음 〈보기〉의 내용은 모발의 무엇에 대한 설명인가?

• 보기 •

가. 피부 내에 있는 부분으로 모낭, 모구로 구성된다.
나. 모세포와 멜라닌 세포가 존재하며, 세포분열이 시작된다.
다. 모유두는 모구의 중심부에 모발의 영양을 관장하는 혈관이나 신경이 분포한다.

정답
풀이 모근

199 모발의 가장 바깥쪽으로부터 위치한 순서대로 나열하면?

정답
풀이 모표피 → 모피질 → 모수질

200 화장품 제형 중 서로 섞이지 않는 두 액체 중에서 한 액체가 미세한 입자 형태로 유화제를 사용하여 다른 액체에 분산되는 것을 이용한 제형은?

정답
풀이 유화

4편 맞춤형화장품의 이해

201 다음 〈보기〉에서 설명하는 피부유형은?

• 보기 •

피지와 땀의 분비활동이 정상적인 피부로 피부생리기능이 정상적이며 피부가 깨끗하고 표면이 매끄럽다. 피부에 탄력이 있어 혈색이 있고 모공도 눈에 띄지 않는다.

정답
풀이 중성피부

202 다음 〈보기〉의 피부상태 측정에 대한 내용에서 (   ) 안에 들어갈 숫자는?

• 보기 •

수분, 유분, 수분증발량은 피부에 특별한 조치를 하지 않고 그대로 측정을 하며, 측정시간과 측정값을 함께 남긴다. 측정은 (   )회 이상하여 그 평균값을 사용하는 것이 권장되며 측정 후에 프로브는 소독제로 소독하여 보관한다.

정답
풀이   3

203 화장품의 관능평가에서 원자재나 제품을 사용할 때 피부에서 느끼는 감각으로 매끄럽게 바른 후 가볍거나 무거운 느낌, 밀착감, 청량감 등을 무엇이라고 하는가?

정답
풀이   사용감

204 제품상담을 통해 맞춤형화장품에 배합하기로 한 화장품 원료가 유통화장품 안전관리에 관한 기준에서 규정한 화장품에 사용할 수 있는 원료인지 소분·혼합 전에 누가 확인하여야 하는가?

정답
풀이   맞춤형화장품 조제관리사

205 다음 〈보기〉의 화장품 제조에 사용된 성분표시에 관한 내용에서 (   ) 안에 공통으로 들어갈 말을 쓰시오.

• 보기 •

화장품 제조에 사용된 성분의 표시에서 착향제는 (   )로 표시할 수 있다. 다만, 착향제의 구성성분 중 식품의 약품안전처장이 정하여 고시한 알레르기 유발성분이 있는 경우에는 (   )로 표시할 수 없고, 해당 성분의 명칭을 기재·표시하여야 한다.

정답
풀이   향료

206 다음 〈보기〉의 화장품 제조성분 표시·기재에 대한 내용에서 (　　) 안에 들어갈 말로 적당한 것을 쓰시오.

> • 보기 •
>
> 성분을 기재·표시할 때 화장품 제조업자 또는 화장품 책임판매업자의 정당한 이익을 현저히 침해할 우려가 있을 경우 화장품 제조업자 또는 화장품 책임판매업자는 식품의약품안전처장에게 그 근거자료를 제출해야 하고, 식품의약품안전처장이 정당한 이익을 침해할 우려가 있다고 인정하는 경우 (　　)으로 기재·표시할 수 있다.

정답 풀이 　 기타성분

207 화장품의 원료 중 유, 수성분의 경계면에 흡착해 성질을 변화시키는 물질로 물과 기름이 잘 섞이게 하는 유화제와 소량의 기름을 물에 녹게 하는 가용화제, 고체입자를 물에 균일하게 분산시키는 분산제, 거품을 없애 주는 소포제와 그 외 습윤제, 기포제, 세정제 등이 있다. 이 원료는?

정답 풀이 　 계면활성제

208 화장품 제형 중 유화제 등을 넣어 유성성분과 수성성분을 균질화하여 반고형상으로 만든 것은?

정답 풀이 　 크림제

209 다음 〈보기〉는 내용량이 10ml 초과 50ml 이하 또는 중량이 10g 초과 또는 50g 이하 화장품의 포장인 경우 기재·표시를 생략할 수 있는 성분이다. (　　) 안에 들어갈 말은?

> • 보기 •
>
> 가. (　　)
> 나. 금박
> 다. 샴푸와 린스에 들어 있는 인산염의 종류
> 라. 과일산(AHA)
> 마. 기능성화장품의 경우 그 효능·효과가 나타나게 하는 원료
> 바. 식품의약품안전처장이 배합한도를 고시한 화장품의 원료

210 다음 〈보기〉의 화장품 성분은 무슨 원료인가?

• 보기 •

잔탄검, 천열셀룰로스, 하이셀, 메틸셀룰로스, 카모머, 카보플 프리젤, 젤라틴 등

점증제

211 물 베이스에 오일성분이 분산되어 있는 상태로 로션, 에센스가 있으며 물에 오일성분이 섞여 있을 때의 유화상태는?

O/W형

212 아이라이너 마스카라를 만들 때 미세한 고체입자가 물 또는 오일성분과 계면활성제에 의해 균일하게 혼합되는 것을 무엇이라고 하는가?

분산기술

213 화장품 안전기준 등에 관한 규정에 의하면 사용금지 원료를 사용한 경우 전 품목 판매 (제조) 정지 (   )개월의 처분을 받는다.

3

214 화장품 안전기준 등에 관한 규정에 의하면 사용제한 기준 위반 시 해당 품목 판매(제조) 정지 (　　)개월의 처분을 받는다.

정답
풀이　　3

215 다음 〈보기〉의 위해평가 과정에서 (　　) 안에 들어갈 적당한 말을 차례대로 쓰시오.

• 보기 •
가. 위해요소의 인체 내 독성을 확인하는 (　Ⓐ　)과정
나. 위해요소의 인체노출 허용량을 산출하는 (　Ⓑ　)과정
다. 위해요소가 인체에 노출된 양을 산출하는 (　ⓒ　)과정
라. 위의 결과를 종합하여 인체에 미치는 위해 영향을 판단하는 (　Ⓓ　)과정

정답
풀이　Ⓐ 위험성 확인, Ⓑ 위험성 결정, ⓒ 노출평가, Ⓓ 위해도 결정

216 다음 〈보기〉의 성분은?

• 보기 •
가. 에틸헥실메톡시신나메이트 7.5%
나. 징크옥사이드 25%
다. 타이타늄다이옥사이드 25%

정답
풀이　자외선차단성분

217 다음 〈보기〉의 1차 포장에 표시하여야 할 사항에서 (　　) 안에 들어갈 말로 적절한 것은?

• 보기 •
가. 화장품의 명칭　　　　　　　　　　나. 영업자의 상호
다. (　　)　　　　　　　　　　　　　라. 사용기한 또는 개봉 후 사용기간

정답
풀이 제조번호

218 다음 〈보기〉의 화장품 책임판매업자의 준수사항에서 (   ) 안에 들어갈 말로 적당한 것은?

• 보기 •

다음에 해당하는 성분을 (   )% 이상 함유하는 제품의 경우에는 해당 품목의 안정성시험 자료를 최종 제조된 제품의 사용기한이 만료되는 날부터 1년간 보존한다.

가. 레티놀 및 그 유도체
나. 아스코빅애씨드 및 그 유도체
다. 토코페롤
라. 과산화화합물
마. 효소

정답
풀이 0.5

219 다음 〈보기〉의 맞춤형화장품에 대한 정의에서 (   ) 안에 들어갈 말은?

• 보기 •

가. 제조 또는 수입된 화장품의 내용물에 다른 화장품의 내용물이나 (   )이 정하는 원료를 추가하여 혼합한 화장품
나. 제조 또는 수입된 화장품의 내용물을 소분한 화장품

정답
풀이 식품의약품안전처장

220 다음 〈보기〉의 색소에 대한 설명에서 (   ) 안에 들어갈 말을 차례대로 쓰시오.

• 보기 •

가. (Ⓐ)는 물 또는 오일에 녹는 색소로 화장품 자체에 시각적인 색상효과를 부여하기 위해 사용된다.
나. 안료는 마스카라, 파운데이션처럼 커버력이 우수한 (Ⓑ)와 립스틱과 같이 선명한 색을 가진 (Ⓒ)가 있다.

정답 풀이	Ⓐ 염료, Ⓑ 무기안료, Ⓒ 유기안료

221 오일베이스에 물이 유화제로 분산되어 있는 상태로 영양크림, 클렌징크림, 자외선차단 제 등의 특징을 갖는 것은?

정답 풀이	W/O형

222 화장품의 제형 중 분말상 또는 미립상으로 균질하게 만든 것을 말하며, 부형제 등을 사용할 수 있는 것은?

정답 풀이	분말제

223 화장품의 제형 중 액체를 침투시킨 분자량이 큰 유기분자로 이루어진 반고형상은?

정답 풀이	겔제

224 화장품에서 사용되고 있는 대표적인 방부제로 안식향산이라 불리고, 박테리아 성장을 억제하며 곰팡이에 대한 항균력도 가진 것은?

정답 풀이	파라벤

4편 맞춤형화장품의 이해

225 점도를 측정할 때 우베로데형 점도계의 점도단위는 무엇인가?

정답
풀이
센티스톡스(CS)

226 점도를 측정할 때 브룩필드형 점도계의 점도 단위는 무엇인가?

정답
풀이
센티푸아즈

227 화장품 제조판매업자는 화장품 안전성 정보를 알게 된 날로부터 며칠 이내에 식품의약품안전처장에게 보고하여야 하는가?

정답
풀이
15일

228 화장품 안전성 확보 및 품질관리에 관한 교육을 매년 받아야 하는 자 2명을 쓰시오.

정답
풀이
책임판매관리자, 맞춤형화장품 조제관리사

229 화장품 책임판매업자는 총리령으로 정하는 바에 따라 화장품의 생산실적 또는 수입실적, 화장품의 제조과정에 사용된 원료의 목록 등을 누구에게 보고하여야 하는가?

정답
풀이   식품의약품안전처장

230 취급하는 화장품의 품질 및 안전 등을 관리하면서 이를 유통 · 판매하거나 수입대행형 거래를 목적으로 알선 · 수여하는 영업을 하는 자를 무엇이라고 하는가?

정답
풀이   화장품 책임판매업자

231 다음 〈보기〉는 화장품 제조업 또는 화장품 책임판매업의 금지를 명하거나 그 업무의 전부 또는 일부에 대한 정지를 명할 수 있는 경우를 설명한 것이다. (   ) 안에 들어갈 말은?

• 보기 •

화장품 제조업을 등록하려는 자가 총리령으로 정하는 시설기준을 갖추지 아니한 경우 등록을 취소하거나 영업소 폐쇄를 명하거나, 품목의 제조 · 수입 및 판매의 금지를 명하거나 (   )의 범위에서 기간을 정하여 그 업무의 전부 또는 일부에 대한 정지를 명할 수 있다.

정답
풀이   1년

232 다음 〈보기〉의 맞춤형화장품 조제관리사 시험에 관련된 내용에서 (   ) 안에 들어갈 말은?

• 보기 •

식품의약품안전처장은 맞춤형화장품 조제관리사가 거짓이나 그 밖의 부정한 방법으로 시험에 합격한 경우 자격을 취소하여야 하며, 자격이 취소된 사람은 취소된 날부터 (   )년간 자격시험에 응시할 수 없다.

정답
풀이   3

233 다음 〈보기〉에서 설명하는 용어는?

• 보기 •

사람의 피부에 UVB를 조사한 후 16~24시간의 범위 내에 조사영역의 전 영역에 홍반을 나타낼 수 있는 최소한의 자외선 조사량

정답
풀이   최소홍반량(MED)

234 분말 또는 과립제품의 혼합 상태가 깨지거나 분리 발생여부를 판단하기 위해 수행하는 시험방법을 무엇이라고 하는가?

정답
풀이   진동시험

235 동식물에서 추출한 것으로 3중 나선구조이며, 보습작용이 우수하여 피부에 촉촉함을 부여하는 화장품 원료는?

정답
풀이 콜라겐

236 동식물에서 추출한 것으로 약간의 끈적임이 있고 피부의 파열을 방지하는 스프링역할과 수분증발 억제작용이 있는 것은?

정답
풀이 엘라스틴

237 다음 〈보기〉의 ( ) 안에 적합한 용어를 쓰시오.

> • 보기 •
>
> 유해사례란 화장품의 사용 중 발생한 바람직하지 않고 의도되지 아니한 징후, 증상 또는 ( )을 말하며, 해당 화장품과 반드시 인과관계를 가져야 하는 것은 아니다.

정답
풀이 질병

238 화장품의 저장조건에서 사용기한을 설정하기 위하여 장기간에 걸쳐 물리·화학적, 미생물학적 안정성 및 용기 적합성을 확인하는 시험은?

정답
풀이 ┃ 장기보존시험

239 다음 〈보기〉는 화장품의 포장에 대한 설명이다. 차례대로 쓰시오.

• 보기 •

가. **1차포장** : 화장품 내용물을 (ⓐ)으로 접촉하는 것
나. **2차포장** : 포장재가 상자와 같이 (ⓑ)를 포장하는 것

정답
풀이 ┃ ⓐ 직접적, ⓑ 외부

240 다음 〈보기〉의 화장품은 1차 포장 또는 2차 포장에 화장품의 명칭, 화장품 책임판매업자의 상호, 가격, 제조번호와 사용기한 또는 개봉 후 사용기간만을 기재·표시한다. ( ) 안에 공통적으로 들어갈 숫자를 쓰시오.

• 보기 •

가. 내용량이 ( )㎖ 이하 또는 ( )g 이하인 화장품의 포장
나. 판매의 목적이 아닌 제품의 선택 등을 위하여 미리 소비자가 시험·사용하도록 제조 또는 수입된 화장품의 포장

정답
풀이 ┃ 10